物联网智能家居系统集成

主　编　谢　珊　徐鹏鹏（企业）

副主编　苏　鑫（企业）　周　璟　蒲映红
　　　　张良玺（企业）　曾　妍　张凤仪
　　　　周　炜（企业）　范智慧（企业）

北京理工大学出版社
BEIJING INSTITUTE OF TECHNOLOGY PRESS

内 容 简 介

"智能家居"已写入了国家"十四五"规划纲要，它正从"孤岛式"的单品智能向"万物互联"的全屋智能蜕变。本书及时更新新知识、新技术、新产品和新案例，科学规划项目任务，突破传统教材壁垒，由介绍智能家居功能转为介绍智慧场景；由只介绍智能家居硬件转为硬件、软件结合介绍；对标 1+X 考证标准，重点介绍智能家居设备装调、智能家居综合应用、智能家居全屋设计和物联网云平台开发。

本书通俗易懂，图文并茂；内容新颖，实用性、操作性强；配套资源丰富，形式多样；编写团队专业，由一线教师、企业技术人员与品牌代理商共同编写，案例讲解便于教学。本书可作为高等职业院校物联网应用技术、应用电子技术、智能控制技术等专业的教材，也可作为广大装饰装修电工、智能家居和智能小区从业人员的自学参考用书。

版权专有 侵权必究

图书在版编目（CIP）数据

物联网智能家居系统集成／谢珊，徐鹏鹏主编. --

北京：北京理工大学出版社，2024.2

ISBN 978-7-5763-3655-9

Ⅰ.①物… Ⅱ.①谢…②徐… Ⅲ.①物联网-应用

-住宅-智能化建筑 Ⅳ.①TU241-39

中国国家版本馆 CIP 数据核字（2024）第 046751 号

责任编辑：陈莉华	文案编辑：陈莉华
责任校对：刘亚男	责任印制：施胜娟

出版发行 ／ 北京理工大学出版社有限责任公司

社　　址 ／ 北京市丰台区四合庄路 6 号

邮　　编 ／ 100070

电　　话 ／ （010）68914026（教材售后服务热线）

　　　　　　（010）63726648（课件资源服务热线）

网　　址 ／ http://www.bitpress.com.cn

版 印 次 ／ 2024 年 2 月第 1 版第 1 次印刷

印　　刷 ／ 涿州市新华印刷有限公司

开　　本 ／ 787 mm×1092 mm 1/16

印　　张 ／ 22

字　　数 ／ 504 千字

定　　价 ／ 88.00 元

图书出现印装质量问题，请拨打售后服务热线，负责调换

前言

随着人工智能（AI）、物联网（IoT）、5G以及云计算等技术的发展，智能家居正在从物理空间向智能空间、单品智能向生态系统智能、单一场景向全屋场景转型，智慧化、生态化、全屋化，将成为未来家居的发展方向。全球知名市场研究机构IDC预计，未来5年中国智能家居设备市场出货量将以21.4%的复合增长率持续增长，到2025年，智能家居设备市场出货量将接近5.4亿台。

2021年4月6日，住房和城乡建设部等16部门联合印发《关于加快发展数字家庭提高居住品质的指导意见》（简称《指导意见》），就加快发展数字家庭、提高居住品质、改善人居环境提出4方面15项意见。《指导意见》明确指出，要"加强数字家庭系统基础平台建设、加强与相关平台对接、推进智能家居产品跨企业互联互通和质量保障、强化网络和数字安全保障"。

家居智能化可以让普通的家居生活变得更加智慧、安全、舒适、便利以及更具艺术性；就连在中国载人空间站里，也能享受全屋智能家居生活。宇航员可以按照个人需求，通过手持终端上的App调节舱内照明环境、睡眠模式、工作模式、运动模式等不同的舱内灯光，能够调节宇航员的情绪，避免长时间处于单调的环境所带来的不适。中国载人空间站的照明环境模拟了日出、中午、黄昏和夜晚等多个自然状态，最大限度地为身处太空的宇航员营造了地球的生活氛围。

本书通俗易懂，图文并茂；内容新颖，实用性、操作性强；配套资源丰富，形式多样；编写团队专业，由一线教师、企业技术人员与品牌代理商共同编写，案例讲解便于教学。

本书主要有以下几个特点。

①以实际项目入手，引导理论学习。作为一本理实一体化教材，书中每个项目都以实际开发项目为载体，创建真实项目情境，让读者带着任务完成基础知识的学习和任务实施。

②以1+X考证为标杆，设定教材内容。本书采用考学结合模式，以在校学生与考证人员为主要学习对象，对接物联网系统集成技术人员岗位实际需求。

③以高标准编写，配套资源完善。本书实践操作性强，配套资源丰富。提供了11个重点知识点的微课，以及22个任务（含拓展练习）的全部源代码工程文件。

本书由谢珊担任主编，并负责全书的策划、制定目录和项目7的编写；企业主编徐鹏鹏负责提供技术资料、产品实物图片，参与项目1~3的编写。企业副主编苏鑫负责制作配套资源，完成项目1的编写。副主编周璟，负责课程思政建设，完成项目5及"素养进课堂"的编写。副主编蒲映红负责与出版社沟通、资源建设，完成项目6的编写。企业副主编张良玺负责确定教材编写大纲，参与项目2的编写。副主编曾妍负责把握教材编写进度，参与项目4的编写。副主编张凤仪负责教材统稿、定稿，参与项目5的编写。企业副主编周炜负责资源建设、课程思政建设，参与"素养进课堂"的编写。企业副主编范智慧负责案例收集整理、内容更新，参与项目3的编写。鉴于智能家居产业在我国发展迅猛，智能家居技术日新月异，产品标准尚未统一，加之编者水平有限，书中难免存在疏漏与不足，恳请专家和广大读者不吝赐教。

编　者

目 录

项目 1

认识物联网智能家居

🌀 素养进课堂

关键核心技术是国之重器，对推动我国经济高质量发展、保障国家安全都具有十分重要的意义，必须切实提高我国关键核心技术创新能力，把科技发展主动权牢牢掌握在自己手里，为我国发展提供有力科技保障。突破关键核心技术，关键在于有效发挥人的积极性。要发扬光大"两弹一星"精神，形成良好精神面貌。教育引导广大科技工作者强化责任意识，弘扬科学精神，坚定自信，潜心研究，努力做出更多有价值的原创性成果。既要培养优秀的带头人，也要有好的团队。要发挥年轻科学家作用，使优秀青年人才脱颖而出。

——2018 年 7 月 13 日习近平在中央财经委员会第二次会议上的重要讲话

项目情境	清晨起来，卧室内背景音乐缓缓响起你最喜欢的音乐，随后窗帘拉开，透入清晨的第一缕阳光将你自然唤醒，物联网智能家居系统伴你开启全新的一天。当早餐吃完之后，该上班了，一个按键即可关闭灯光和电器，窗帘全部关闭，同时安防系统自动开启，简单、省时！工作一天到家后，门厅灯感应开启，关闭安防系统，感受适宜的温湿度环境及干净清新的空气，听着舒缓的背景音乐，客厅电动窗帘缓缓拉开，夜色美景尽在眼前。晚饭时间到了，就餐灯光效果启动，背景音乐开启，触摸屏就能让你完全掌控家中的娱乐系统。睡觉时间到了，轻按"睡眠"场景键，灯光调节到合适的亮度，全部电器关闭，窗帘缓缓合上，户外防区启动，开始你的美梦时刻。随着物联网技术的发展，智能家居产品日趋成熟，给人们的生活带来了美好舒适的体验。 ××公司主营业务包括智能家居产品开发以及系统集成，企业也随着人们对智能化生活的要求进入了快速发展期。今天，实习生小陈来到了工程技术部进行实习，工程技术部主要负责智能家居产品的安装调试工作。部门安排小李作为带教师傅带领小陈进行实习工作。 小陈刚刚接触"物联网"和"智能家居"这些新名词，对于物联网和智能家居还不是很清楚，大家和他一起学习吧。
知识目标	• 理解物联网的概念、架构和技术； • 理解智能家居的概念、设备和通信技术； • 能分析物联网应用场景； • 了解常见的物联网云平台。
技能目标	• 能分析物联网应用场景； • 能分析物联网云平台的功能应用。

任务 1.1　认识物联网

学习型任务单	任务 1.1　认识物联网
1. 任务描述 　　技术员小李向小陈介绍道："物联网概念"是在"互联网概念"的基础上，将其用户端延伸和扩展到任何物品与物品之间，进行信息交换和通信的一种网络概念，也是未来科技发展的方向，你首先要学习什么是物联网。 　　小陈听了技术员小李的介绍后，开始学习物联网的相关知识。	
2. 任务分析 　　本任务通过对物联网核心技术和应用的介绍，使学员掌握下列内容： 　（1）物联网的来源和概念； 　（2）物联网的体系架构； 　（3）实现物联网的核心技术； 　（4）物联网的应用场景。	
3. 任务要求 　（1）通过学习，掌握以下知识点： 　①进一步熟悉物联网的来源和概念； 　②进一步熟悉物联网的体系架构。 　（2）通过学习，掌握以下技能点： 　掌握物联网的核心技术，构建物联网的应用场景。	
学习总结：	

1.1.1　相关知识

1. 物联网的定义

物联网的定义

　　早在 1995 年，比尔·盖茨在《未来之路》一书中就已经提及物联网概念。但是，"物联网"概念的真正提出是在 1999 年，由 EPCglobal 的 Auto-ID 中心提出，被定义为：把所有物品通过射频识别等信息传感设备与互联网连接起来，实现智能化识别和管理的技术。那究竟什么是物联网呢？简单地说，物联网的主体是物，核心是网络，也就是物与物之间通过连接网络进行信息传输和数据处理。

　　欧盟的定义：将现有的互联的计算机网络扩展到互联的物品网络。

　　国际电信联盟（ITU）的定义：物联网主要解决物品到物品（T2T）、人到物品

（H2T）、人到人（H2H）之间的互联。

现在较为普遍的理解是，物联网是将各种信息传感设备，如射频识别（RFID）、传感器、全球定位系统（GPS等）、智能摄像头、激光扫描器和各种通信手段，如有线、无线、长距、短距，按照约定的协议，实现人与人、人与物、物与物在任何时间、任何地点的连接（Anything、Anytime、Anywhere），从而进行信息交换和通信，以实现智能化识别、定位、跟踪、监控和管理的庞大网络系统。

从物联网的上述定义，可以清楚地知道物联网的数据信息采集到处理可以通过感知、传输和处理3个步骤进行，其处理流程如图1.1.1所示。

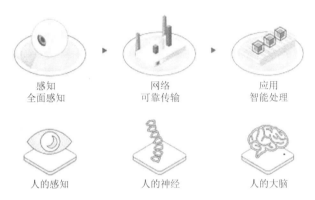

图 1.1.1　物联网的数据信息处理流程

（1）全面感知：利用RFID、传感器、二维码等随时随地获取物体的信息，比如装载在高层建筑、桥梁上的监测设备；人体携带的心跳、血压、脉搏等监测医疗设备；商场货架上的电子标签。

（2）可靠传输：通过各种电信网络与互联网的融合，将物体的信息实时、准确地传递出去。

（3）智能处理：利用云计算、模糊识别等各种智能计算技术，对海量的数据和信息进行分析和处理，对物体实施智能化的控制。

2. 物联网的体系结构

物联网体系架构被公认为有3个层次，底层是用来感知数据的感知层，中间层是数据传输的网络层，最上面则是内容的应用层，如图1.1.2所示。

3. 物联网的核心技术

1）物联网感知层关键技术

（1）传感器技术。传感器位于物联网的末梢，可以通过有线或无线的方式接入泛在网络。传感器可以对外界模拟信号进行探测，将声、光、温、压等模拟信号转化为适合计算机处理的数字信号，以达到信息的传送、处理、存储、显示、记录和控制的要求，使物联网中的节点充满感应能力，通过与信息平台的相互配合实现自检和自控的功能。

（2）射频识别技术。射频识别（Radio Frequency Identification，RFID）是通过无线电信号识别特定目标，并读写相关数据的无线通信技术。RFID技术市场应用成熟，标签成本低廉，但RFID一般不具备数据采集功能，多用来进行物品的甄别和属性的存储，且在金属和液体环境下应用受限。

图 1.1.2　物联网体系架构

（3）卫星定位技术。目前常用的定位方式有 GPS 定位、基站定位、WiFi 定位、IP 定位等标签识别定位、蓝牙定位、声波定位、场景识别定位。卫星空间定位作为一种全新的现代定位方法，已逐渐在越来越多的领域取代了常规光学和电子仪器。自 20 世纪 80 年代，尤其是进入 20 世纪 90 年代以来，GPS 卫星定位和导航技术与现代通信技术相结合，在空间定位技术方面引起了革命性的变化。

物联网的
四层架构

2）物联网网络层关键技术

（1）无线传感器网络技术。基本功能是将一系列空间分散的传感器单元通过自组织的无线网络进行连接，从而将各自采集的数据通过无线网络进行传输汇总，以实现对空间分散范围内的物理或环境状况的协作监控，并根据这些信息进行相应的分析和处理。

（2）蜂窝移动通信技术。采用蜂窝无线组网方式，在终端和网络设备之间通过无线通道连接起来，进而实现用户在活动中可相互通信。其主要特征是终端的移动性，并具有越区切换和跨本地网自动漫游功能。蜂窝移动通信业务是指经过由基站子系统和移动交换子系统等设备组成蜂窝移动通信网提供的语音、数据、视频图像等业务。

（3）Internet 技术。Internet，中文译为因特网，广义的因特网叫互联网，是以相互交流信息资源为目的，基于一些共同的协议，并通过许多路由器和公共互联网连接而成，它是一个信息资源和资源共享的集合。凡是使用 TCP/IP 协议，并能与 Internet 中任意主机进行通信的计算机，无论是何种类型，采用何种操作系统，均可看成 Internet 的一部分，可见 Internet 覆盖范围之广，物联网也被认为是 Internet 的进一步延伸。

3）物联网应用层关键技术

（1）对象的智能标签。通过二维码、RFID 等技术标识特定的对象，用于区分对象个体。例如，在生活中我们使用的各种智能卡和条码标签，其基本用途就是用来获得对象的识别信息。此外，通过智能标签还可以获得对象物品所包含的扩展信息，如智能卡上的金额余额、二维码中所包含的网址和名称等。

（2）环境监控和对象跟踪。利用多种类型的传感器和分布广泛的传感器网络，实现对某个对象的实时状态的获取和特定对象行为的监控。例如，使用分布在市区的各个噪声探头监测噪声污染；通过二氧化碳传感器监控大气中二氧化碳浓度；通过 GPS 标签跟踪车辆位置，通过交通路口的智能摄像头捕捉实时交通流量等。

什么是嵌入
式技术

（3）对象的智能控制。物联网基于云计算平台和智能网络，可以依据传感器网络用获取的数据进行决策，改变对象的行为，或进行控制和反馈。例如，根据光线的强弱调整路灯的亮度，根据车辆的流量自动调整红绿灯的时间间隔等。

4. 物联网的应用

1）物联网在智慧工业领域的应用

工业是物联网应用的重要领域，对于具有环境感知能力的各类终端借助物联网通信、人工智能等技术可大幅提高制造效率，改善产品质量，降低产品成本和资源消耗，将传统工业提升到智能工业的新阶段，如图 1.1.3 所示。从当前技术发展和应用前景来看，物联网在工业领域的应用一般集中在以下几个方面。

（1）生产过程工艺智能化管理。

（2）产品设备监控智能化管理。

（3）工业安全生产智能化管理。

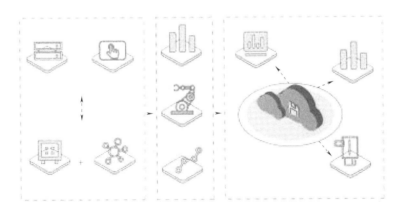

图 1.1.3　智慧工业

2）物联网在智慧农业领域的应用

将物联网技术运用到传统农业中实现智慧农业，运用传感器和软件通过移动平台或者计算机平台对农业生产进行控制，使传统农业更具有"智慧"。例如，智慧农业中的农产品追溯系统，农产品追溯平台通过对农作物的生长、运输、仓储等环节的监控，实现农产品的可靠追溯，如图 1.1.4 所示。

物联网在农业领域的应用如下。

（1）物联网传感器应用于农业环境的信息采集和控制。

（2）无线通信网络搭建农业环境下的数据传输通道。

（3）物联网云平台提供用户应用入口。

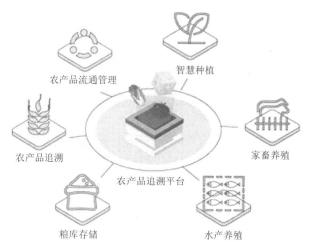

图 1.1.4　智慧农业

3）物联网在智慧电网领域的应用

电力工业是现代经济发展和社会进步的基础和重要保障，将物联网技术应用于智慧电网，是信息技术发展到一定阶段的必然结果，如图 1.1.5 所示。

图 1.1.5　智慧电网

智慧电网通过对供配电各个环节进行监控，实现了一种新型的智慧电网，其优势有以下几个方面。

（1）有效提升了电网信息化、自动化、互动化水平。

（2）提高了电网的运行能力和服务质量。

（3）用户可以实时了解供电能力、电能质量、电价状况和停电信息。

4）物联网在智慧医疗领域的应用

智慧医疗系统借助简易实用的家庭医疗传感设备，对家中病人或老人的生理指标进行自测，并将生成的生理指标数据通过宽带网络或 3G/4G/5G 无线网络传送到护理人或有关医疗单位，如图 1.1.6 所示。

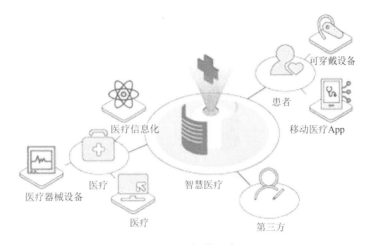

图 1.1.6　智慧医疗

智慧医疗系统在人们生活中日益重要，其优势有以下几个方面。

（1）可以准确掌握病人病情、提高诊断的准确性。

（2）方便医生对病人的情况进行有效跟踪，提升医疗服务质量。

（3）有效提高医院包括药品和医疗器械在内的医疗资源管理和共享，从而达到医院医疗资源的有效整合，提升医院服务效能。

5）物联网在智慧交通领域的应用

智慧交通是将物联网系统与交通管理业务相结合，利用先进的传感、通信以及数据处理等技术，构建一个安全、畅通和环保的交通运输系统，如图 1.1.7 所示。

图 1.1.7　智慧交通

智慧交通系统主要由交通路况信息采集设备、车辆信息采集设备和信息交互设备通过智慧交通平台进行融合应用，各部分的功能如下。

（1）交通路况信息采集设备如视频采集、RFID 采集、其他交通信息采集设备，实时采集路况信息。

（2）车辆信息采集设备如车载 GPS 定位、车辆信息采集器等设备，对行驶中的车辆进行实时信息采集。

（3）信息交互设备如平板电脑、智能手机等设备，通过应用程序和 Web 网页浏览的方式和智慧交通平台互动。

（4）智慧交通平台主要将各类设备上传的信息进行融合，通过人工智能、大数据处理等技术提升交通质量。

6）物联网在智慧物流领域的应用

物联网技术最早应用于物流与供应链行业，它使用 RFID 技术对仓储、物品运输管理和物流配送等物流核心环节进行数据采集、无线传输和智能应用等，提高了管理效率，降低了物流成本，如图 1.1.8 所示。

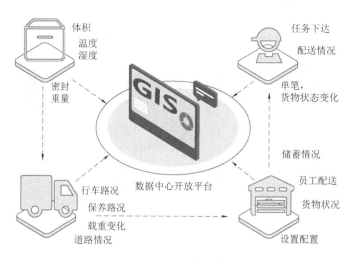

图 1.1.8　智慧物流

智慧物流实现了物品的快速流通，同时降低了物流成本，其特点有以下两个方面。

（1）智慧物流打造了集信息展现、电子商务、物流配载、仓储管理等功能于一体的物流园区综合信息服务平台。

（2）信息服务平台以功能集成、效能综合为主要开发理念，以电子商务、网上交易为主要交易形式，建设了高标准、高品位的综合信息服务平台。

7）物联网在智能家居领域的应用

智能家居是基于物联网技术，由硬件、软件系统、云计算平台构成的一个家庭生态圈，实现人远程控制设备、设备间互联互通、设备自我学习等功能。通过收集、分析用户行为数据为用户提供个性化的生活服务，提升家居安全性、便利性、舒适性、艺术性，使家居生活更加安全、舒适、便捷，并实现环保节能的居住环境。

在实际应用中，人们把智能家居系统的设备根据功能不同，划分为智能中控、电器影音、安防监控、安全监测和环境监控等子系统。通过智能家居系统提供的场景管理功能，实现不同子系统设备间的互联互通，达到联动控制的目的，如图 1.1.9 所示。

环境监控系统

电器影音系统

智能中控系统

安全监测系统

安防监控系统

图 1.1.9　智能家居

1.1.2　知识链接

物联网的来源

1969 年，ARPANet 是现代互联网的先驱，由美国国防部高级研究项目机构（DARPA）开发并投入使用。这是物联网"网络"的基础。

1980 年，ARPANet 是由商业提供商向公众开放的，使人们可以根据需要连接物品。

1982 年，卡内基·梅隆大学的程序员将一台可口可乐自动售卖机连接到互联网上，使他们可以在去购买之前检查机器是否有冷饮。这通常被认为是最早的物联网设备之一。

1990 年，为了响应挑战，John Romkey 将烤面包机连接到互联网上，并成功地打开和关闭它，这使我们更接近所认为的现代物联网设备。

1993 年，剑桥大学的工程师们开发了一种每分钟拍摄 3 次咖啡机照片的系统，并且一旦浏览器能够显示图像，它们就会被放到网上，以方便工作人员随时查看咖啡是否煮好。这是世界上第一个网络摄像头。

1995 年，由美国政府运营的 GPS 卫星计划的第一个版本终于完成，自此许多物联网设备可以提供最重要功能之一，即位置。

1998 年，IPv6 成为一个标准草案，可使更多的设备能够连接到互联网。之前的 32 位的 IPv4 仅能为大约 43 亿个设备提供唯一的（标识符）网络地址。

1999 年，对物联网来说，这是重要的一年，因为"物联网"一词出现了。麻省理工学院自动识别实验室的负责人凯文·阿什顿在给宝洁公司高管的演示中提到了"物联网"这个术语，以此来说明射频识别跟踪技术的潜力。

2000 年，LG 率先推出了"连网冰箱"计划。这是一个非常有趣的创意，配有屏幕和跟踪器来帮助你跟踪冰箱里的物品，但因它 2 万美元以上的价格并没有赢得消费者的喜爱。

2004 年，"物联网"这个术语开始出现在各种书名中，并在媒体上传播。

2007 年，第一部 iPhone 手机出现，它为公众提供了一种与世界和联网设备互动的全新方式。

智能传感器

2008 年，第一届国际物联网大会在瑞士苏黎世举行。正是这一年，物联网设备数量首次超过了地球上人口的数量。

2009 年，谷歌启动了自动驾驶汽车测试项目，圣裘德医疗中心发布了联网心脏起搏器。圣裘德的设备将继续创造更多历史，成为 2016 年首个遭遇重大安全漏洞的物联网医疗设备（幸运的是，没有人员伤亡）。此外，比特币开始运营，这是区块链技术的先驱，而且很可能成为物联网的重要组成部分。

2010 年，中国政府将物联网列为关键技术，并宣布物联网是其长期发展计划的一部分。同年，Nest 发布了一款智能恒温器，它可以学习人的习惯，并自动调节家里的温度。Nest 让"智能家居"概念成为众人瞩目的焦点。

2011 年，市场研究机构 Gartner 将物联网添加到他们的"炒作周期"中，这是一个用来衡量一项技术受欢迎程度与其实际效用的图表。截至 2018 年，物联网刚刚走出预期膨胀的顶峰，可能会在最终达到生产力顶峰之前，要在幻灭的低谷中接受现实考验。

2013 年，谷歌眼镜（GoogleGlass）的发布，这是物联网和可穿戴技术的一个革命性进步。

2014 年，亚马逊发布了 Echo 智能扬声器，为进军智能家居中心市场铺平了道路。在其他新闻中，工业物联网标准联盟的成立证明了物联网有可能改变任何制造和供应链流程的运行方式。

2016 年，通用汽车、Lyft、特斯拉和 Uber 都在测试自动驾驶汽车。不幸的是，第一次大规模的物联网恶意软件攻击也得到了证实，Mirai 僵尸网络用制造商默认的用户名和密码来攻击物联网设备，并接管它们，同时将其用于分布式拒绝服务攻击（DDoS）。

2017—2019 年，物联网开发变得更便宜、更容易，也更被广泛接受，从而导致整个行业掀起了一股创新浪潮。自动驾驶汽车不断改进，区块链和人工智能开始融入物联网平台，智能手机/宽带普及率的提高将继续使物联网成为未来一个吸引人的价值走向。

1.1.3　思考与练习

（1）简述物联网的定义。

（2）简述物联网和互联网之间的区别和联系。

（3）简述物联网在工业领域中的主要应用。

任务 1.2　认识智能家居系统

学习型任务单	任务 1.2　认识智能家居系统

1. 任务描述

在了解了物联网的相关知识后，技术员小李向小陈继续介绍道：我们公司目前开展的物联网智能家居业务，是物联网在家居行业的一个应用，你首先要了解智能家居系统的相关知识，然后再进行实践训练，下面我们一起学习智能家居系统的相关知识。

小陈认同地点了点头，拿出计算机开始学习。

2. 任务分析

通过本任务对智能家居系统的学习，使学员掌握以下内容：

（1）智能家居的概念；

（2）物联网智能家居的应用系统；

（3）物联网智能家居的通信技术。

3. 任务要求

（1）通过学习，掌握以下知识点：

①进一步熟悉智能家居的应用系统；

②进一步熟悉智能家居的通信技术。

（2）通过学习，掌握以下技能点：

能分析和选择智能家居应用系统、智能家居的通信技术。

学习总结：

1.2.1　相关知识

1. 智能家居的定义

智能家居的定义

智能家居在英文中常用 Smart Home，最初定义为将家庭中各种与信息相关的通信设备、家用电器和家庭安防装置，通过家庭总线技术（HBS）连接到家庭智能系统上，进行集中或异地监视、控制和家庭事务性管理，并保持这些家庭设施与住宅环境的和谐与协调。

与智能家居概念相近的有"家庭网络""网络家电""家庭自动化"和"数字家庭"。一一细数，其中侧重点也是各不相同。究竟什么是智能家居呢？近年来推动行业新一轮发展浪潮的互联网企业普遍认为：智能家居是家电联网，并且能够自动组成一个系统，帮助人们解决实际问题。

究其特征，智能家居是以提升家居的生活质量为目的，以设备互操作为条件，以家庭网络为基础。因此，在智能家居系统设计的过程中，智能家居集成强调系统的自动运行；中控主机应了解用户习惯，具有用户习惯学习功能；控制不是智能家居系统的中心内容，因为用户的核心需求不在控制上，只做控制的智能家居系统是没有前途的；家庭环境中人、物的状态，以及整个家庭的需求计算是智能家居设计的重要方向；不同环境中人的状态计算以及信息分享，促进人和人之间的链接将是智能家居集成的重要内容。

2. 智能家居各应用系统

智能家居系统是指以住宅为平台，将家中的各种设备连接到一起，提供家电控制、照明控制、窗帘控制、电话远程控制、室内外遥控、防盗报警以及可编程定时控制等多种功能和手段，帮助家庭与外部保持信息交流畅通，优化人们的生活方式，帮助人们有效安排时间，增强家居生活的安全性。根据功能和应用场景的不同，可把智能家居系统分为以下5 个子系统。

1）智能中控系统

无论我们身在何处，都可以通过语音或手机 App 对家庭智能设备进行远程控制。智能中控系统相当于人的大脑，可以支配和控制家庭中的智能家居终端产品。

常见的智能中控系统产品有智能中控主机、智能网关、智能音箱、智能语音面板、智能开关等，如图 1.2.1 所示。

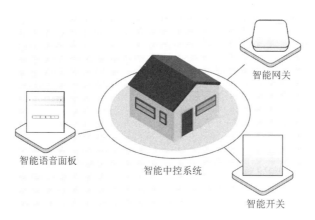

图 1.2.1 智能中控系统

（1）智能网关。

智能网关是家居智能化的心脏，通过它可实现系统信息的采集、信息输入、信息输出、集中控制、远程控制和联动控制等功能。

（2）智能语音面板。

智能语音独特的人机交互功能可以成为智能家居的总指挥，它可以是家庭消费者用语音进行上网的一个工具，如点播歌曲、上网购物或是了解天气预报；它也可以对智能家居设备进行控制，如打开窗帘、设置冰箱温度、提前让热水器中的水升温等。

（3）智能开关。

普通开关属于手动、机械和本地操作，费力且不方便。而智能开关具有触摸控制、感应控制、集中控制、定时控制、远程控制、场景控制和夜光等功能。

2）电器影音系统

当我们在观看精彩视频大片，欣赏美妙音乐的时候，总希望智能家居系统能简化我们的操作，了解并记忆我们的爱好和需求，一键进入观影模式。这时就需要一些智能设备以辅助我们自动开启电视、音箱等影音设备，同时自动关闭影响娱乐的灯光、电器等设备。

常见的电器影音系统设备有万能遥控器、红外遥控器、智能多功能排插、智能插座、智能灯组、智能球泡灯等，如图 1.2.2 所示。

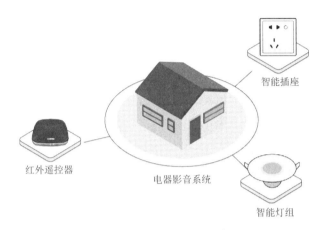

图 1.2.2　电器影音系统

（1）红外遥控器。

使用红外遥控器可以对家里的电视机、家庭影院功放等影音设备进行集中、远程或联动控制。可以想象，当你想在家里来一场听觉与视觉的饕餮大餐时，突然发现家里的电视遥控器、功放遥控器、幕布遥控器，要么找不到，要么没有电，这是一个多么令人尴尬和影响心情的事情！这个时候，你家里如果有个红外遥控器，只需要在手机 App 上轻轻一点，或者通过智能语音设备，便可轻松开启这些电气设备。当然，你也可以一键开启智能家居系统的电影场景模式，瞬间开启所有的智能影音设备。

（2）智能插座。

将电饭煲、热水器、洗衣机等家庭用电设备连接到智能插座上，由于智能插座内置无线通信模块，可以通过安装在移动设备上的智能家居 App 遥控智能插座通断电，可以定时开关控制智能插座。

（3）智能灯组。

照明是家庭中使用最频繁、使用场合最多的设备。通过对智能灯组的控制，可以实现对灯光亮度和色温的调节。智能照明系统能够给人提供额外的安全性和内心的宁静。暖光可以使人放松，身体机能更容易恢复；冷光可以使人保持警觉，更容易专注于某个特定的任务。

3）安防监控系统

入户门和外窗是家庭第一道防线，守护好入户门和外窗才能守护好家庭财产和家人生命的安全。在智能家居系统中，为了监测每次的开门和非法闯入，监视滞留门口的异常人员情况，防范非法人员从外窗强行闯入，可以在入户门上安装多功能的智能门锁，在住宅外窗安装门窗磁传感器，在入户门外安装智能摄像头设备，如图 1.2.3 所示。

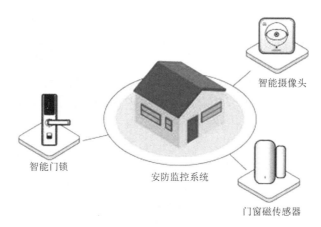

图 1.2.3　安防监控系统

（1）智能门锁。

在入户门安装智能门锁，可以实现机械钥匙、指纹、密码、非接触卡、动态密码和远程控制等多种方式开锁功能。实现门户的安全，有异动进行报警等行为。

（2）智能摄像头。

安防设备一般由传感器和摄影头来实现完成，传感器感应环境变化，可以通过智能摄像头来进行联动人脸识别，进行报警等行为。

（3）门窗磁传感器。

在住宅入户门、窗户或者保险柜、抽屉等安装门窗磁传感器，只要有人非法进入或者打开，触发传感器就会报警，报警信号即刻发送给智能网关，最终报警信息被发送到业主手机上。

4）环境监控系统

智能家居的目标是为用户提供一个舒适、高效的生活环境，为了优化人们的生活质量，环境监控系统的重要性就凸显出来了。目前，智能家居环境监控系统主要包括室内温湿度探测、空气质量检测、人体运动监测、室外噪声检测及室内光照控制等。

常见的环境监控系统设备有温湿度传感器、PM2.5 探测器、电控开窗器、人体运动传感器、智能窗帘电机等，如图 1.2.4 所示。

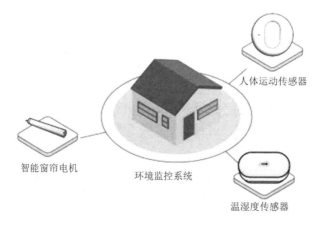

图 1.2.4　环境监控系统

（1）温湿度传感器。

通过温湿度、PM2.5 等环境监测传感器监测居住环境的温湿度、PM2.5 等信息，并进行联动空气净化器、空调、排风扇等设备，让环境保持最适宜居住的状态。

（2）人体运动传感器。

人体运动传感器采用热释电红外传感器，感知探测区范围内的人体移动，具有智能联动和异常告警功能。在布防状态下，传感器探测到人体异动时，就会通过网关将信息传输至云端，无论人在何处，都可以在 App 上实时接收告警推送信息。

（3）智能窗帘电机。

智能窗帘能随时随地通过 App 查看窗帘状态、操作家里的窗帘设备，不管你在哪里，都可使用手机操作实现对窗帘的远程控制，任意调节窗帘开关，减少因为忘记拉窗帘而造成的各种麻烦。

5）安全监测系统

安全监测系统是智能家居的基础系统，可以应对燃气泄漏、火灾、漏水、紧急情况呼叫等情况，实用性非常强，如图 1.2.5 所示。通过漏水探测器、烟雾探测器、天然气报警器、智能阀门机械手、无线紧急按钮等设备，让智慧科技保护家里的每一处角落、保护每一个家庭成员的安全。

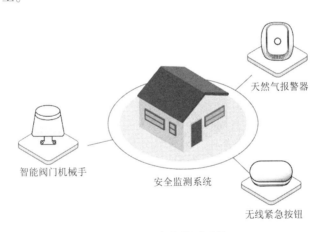

图 1.2.5　安全监测系统

（1）天然气报警器。

用于检测室内天然气泄漏，防止发生中毒危险，守护家庭安全。具有燃气检测报警、App 远程查看、历史记录查询等功能。检测到可燃气体泄漏后，可实现蜂鸣器鸣笛本地告警、LED 灯闪烁提醒、智能场景联动关闭燃气阀门、开窗通风等功能。

（2）智能阀门机械手。

可用于水龙头、燃气等一字形阀门开关，控制管道供水或者气体输出。具有 App 远程控制、AI 语音控制、定时开关控制和智能联动控制等功能。

（3）无线紧急按钮。

具有报警信息远程推送、紧急呼救和智能场景联动报警等功能。在 App 上开启报警信息推送功能后，按下无线紧急按钮，网关将报警信息传至云端，并向手机发送信息，App

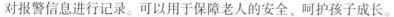

对报警信息进行记录。可以用于保障老人的安全、呵护孩子成长。

3. 智能家居的通信技术

家庭环境内的智能硬件之间的通信技术是智能家居核心技术，该通信技术分为"有线"和"无线"两种。每种通信技术都有优缺点，而这些优缺点都是相对的。各种通信技术在不同的应用场合均能发挥各自的优势，智能终端的生产厂商针对不同的应用环境选择特定的通信技术，因地制宜地有效实现用户对智能家居的需求。

1）智能家居有线通信技术

（1）RS-485：协助构建智能家居总线。

RS-485是一种常见的通信接口标准，使用该电气标准开发的通信协议的产品其通信距离满足几十米到上千米的项目传输需求。RS-485通信接口标准采用平衡发送和差分接收，具有抑制共模干扰的能力和良好的可扩展性能，广泛应用于分布式数据采集系统中。

RS-485用于多点互联非常方便，可以省掉许多信号线。应用RS-485通信接口标准构建的分布式总线系统中，一个RS-485串口可以串联设备的数量由网络中的电气特性和协议特性决定。电气特性指的是要保证RS-485网络中的特征阻抗在允许的范围内，比如120 Ω，串联的设备越多，特征阻抗越小，一般在总线两端要加120 Ω的终端电阻。协议特性指的是在RS-485网络中传输的协议支持的寻址范围，如ModBus协议是31个。另外，还要保证信号在线路上的衰减在可接受范围内，所以长距离传输要加RS-485中继器。

从智能照明发展的轨迹看，早期产品一般采用RS-485串行通信标准技术。由于该标准只是在物理层的电气连接方面进行规范，导致市场上每家产品生产公司可以自行定义产品的通信协议，所以我们会遇到品类繁多，却不能直接使用RS-485通信接口标准进行通信的产品。

RS-485通信接口标准要求采用轮询方式通信，一般需要一个主接点，模块之间采用"手拉手"的方式接线，通信速率不高，一般只有9 600 bit/s，另外，模块数量也有限。近年来，智能家居领域不少厂家基于RS-485推出冠以各种总线之名的私有总线系统产品，突出该技术在总线产品中的性价比优势。

（2）KNX：提供家居和楼宇自动化完全解决方案。

NX通过一条总线将各个分散的设备连接并分组和赋予不同的功能，系统采用串行数据通信进行控制、监测和状态报告。KNX是基于事件控制的分布式总线系统，只有当总线上有事件发生时和需要传输信息时才将报文发送到总线上。

KNX技术的通信模型采用5层结构，包括物理层、数据链路层、网络层、传输层和应用层。KNX物理层支持双绞线、电力线、射频和以太网，其中使用双绞线介质的最多。数据链路层实现总线设备之间的数据传输，并解决网络中的通信冲突问题。传输层完成设备之间的数据传输，有点到点无连接、点到点有连接、广播和多播4种数据传输方式。

KNX协议由欧洲三大总线协议合并发展而来，协议以EIB为基础，兼顾了BatiBus和EHS在物理层规范和配置模式等方面的优点，提供了家居和楼宇自动化的完全解决方案。

KNX协议作为一个开放性的标准，从2006年起成为建筑物的现场总线标准。全球应用KNX技术的制造厂商有ABB、西门子、施耐德等电气巨头，KNX成员遍布34个国家，超过几千种产品在市场上应用。

在智能家居领域，KNX能实现对灯光照明、电动窗帘、空调、安防、监控、地暖等设

备的监测和控制功能。

（3）LonWorks：神经元网络协同工作。

LonWorks 总线是由美国 Echelon 公司于 1991 年推出的一种全面的现场总线测控网络，又称为局部操作网。该总线由 Motorola、Toshiba 公司共同倡导。它采用 ISO/OSI 模型的全部 7 层通信协议，采用面向对象的设计方法，通过网络变量把网络通信设计简化为参数设置。支持双绞线、同轴电缆、光缆和红外线等多种通信介质，通信速率从 300 bit/s 至 1.5 Mbit/s 不等，直接通信距离可达 2 701 m（78 Kbit/s），被誉为通用控制网络。

LonWorks 总线技术采用的 LonTalk 协议被封装到 Neuron 神经元的芯片中，并得以实现。在智能家居领域，其最大的特点就是不像别的智能家居总线技术，必须有一个类似大脑的主机。LonWorks 总线技术不需要主机，它采用的是神经元网络。每个节点都是一个神经元，这些神经元连接到一起的时候就能协同工作，并不需要另外一个大脑来控制。所以，安全性和稳定性较其他总线大大提高。不过，LonWorks 在实时性、处理大量数据的能力方面有些欠缺；还有，由于 LonWorks 依赖于 Echelon 公司的 Neuron 芯片，所以它的完全开放性也有限制。

（4）ModBus：全球第一个真正用于工业现场的总线协议。

ModBus 是由现在施耐德电气公司旗下品牌 Modicon 于 1979 年发明的，是全球第一个真正用于工业现场的总线协议。目前施耐德公司已将 ModBus 协议的所有权移交给 IDA 分布式自动化接口组织，并成立了 ModBus-IDA 组织。

ModBus 协议是应用于电子控制器上的一种通用语言。通过此协议，控制器相互之间或经由网络（如以太网）和其他设备之间进行通信，ModBus 协议已经成为通用工业标准。有了它，不同厂商生产的控制设备可以连成工业网络，进行集中监控。

此协议定义了一个控制器能认识使用的消息结构，而不管它们是经过何种网络进行通信。它描述了控制器请求访问其他设备的过程，如何回应来自其他设备的请求，以及怎样侦测错误并记录。它制定了消息域格式和内容的公共格式。当在 ModBus 网络上通信时，此协议决定了每个控制器需要知道它们的设备地址，识别按地址发来的消息，决定要产生何种动作。如果需要回应，控制器将生成反馈信息并用 ModBus 协议发出。在其他网络上，包含了 ModBus 协议的消息转换为在此网络上使用的帧或包结构。这种转换也扩展了根据具体的网络解决节地址、路由路径及错误检测的方法。目前，支持 ModBus 的厂家超过 400 家，支持 ModBus 的产品超过 600 种。ModBus 可以支持多种电气接口，如 RS-232、RS-485 等，还可以在各种介质上传送，如双绞线、光纤、无线等。

2）智能家居无线通信技术

智能家居无线接入技术种类众多，包括蓝牙、WiFi、ZigBee 等短距离通信技术和 LoRa、SigFox、eMTC、NB-IoT 等长距离通信技术。由于智能家居的特点，所需智能设备无线信号覆盖面积较小，所以比较适合采用短距离通信技术。

（1）蓝牙。

2016 年蓝牙技术联盟提出蓝牙技术标准——蓝牙 5.0。蓝牙 5.0 主要针对低功耗设备，有着更广的覆盖范围和相较现在 4 倍的速度提升。此外，蓝牙 5.0 还加入了室内定位辅助功能，结合 WiFi 可以实现精度小于 1 m 的室内定位。而在速度方面，蓝牙 5.0 的传输速度上限为 24 Mbit/s，是之前 4.2LE 版本的 2 倍，传输级别更是达到无损级别。工作距离方面，蓝牙 5.0 的有效工作距离可达 300 m，是之前 4.2LE 版本的 4 倍。此外，蓝牙 5.0 还添加了导航功能，可以实现 1 m 的室内定位。为应对移动客户端需求，蓝牙 5.0 功耗更低，且兼容老的版本。

2019 年 1 月 29 日，蓝牙技术联盟正式公布了蓝牙 5.1 技术。蓝牙 5.1 将会在蓝牙 5.0 的基础上，新增"寻向（direction finding）"功能，配合蓝牙近接（proximity）技术，即可让设备更容易被侦测发现，同时将蓝牙定位的精准度提升到厘米级，借此应用在小型蓝牙设备中实现定位。

目前正是物联网飞速发展的时期，物联网设备的连接需要更远的传输距离、更快的传输速度，还要在没有网络的情况下脱机运行，甚至还需要有定位功能。

（2）WiFi。

WiFi 是一种短程无线传输技术，能够在数百米范围内支持互联网接入的无线电信号。它的最大特点就是方便人们随时随地接入互联网。但对于智能家居应用来说，WiFi 的缺点也很明显，其功耗高、组网专业性强。高功耗对于随时随地部署低功耗传感器是非常致命的缺陷，所以 WiFi 虽然非常普及，但在智能家居的应用中只是起到辅助和补充的作用。

（3）射频技术。

射频技术被广泛运用在车辆监控、遥控、遥测、小型无线网络、工业数据采集系统、无线标签、身份识别、非接触 RF 等场所，也有厂商将其引入智能家居系统，但由于其抗干扰能力弱、组网不便、可靠性一般，在智能家居中的应用效果差强人意，乏善可陈，最终被主流厂商抛弃。

（4）ZigBee。

ZigBee 又称紫蜂协议，来源于蜜蜂的八字舞。它是基于 IEEE 802.15.4 标准的低功耗局域网协议。根据国际标准规定，ZigBee 技术是一种短距离、低功耗的无线通信技术。ZigBee 相比其他几种无线通信技术，具有可靠性高、方便安全、抗干扰力强、保密性好、误码率低、免费频段和价格低的优点。

ZigBee 应用范围非常广泛，可以针对工业自动化、家庭自动化、遥测遥控、汽车自动化、农业自动化和医疗护理、油田、电力、矿山和物流管理等应用领域。比如智慧家庭中的照明控制设备、环境控制设备、窗帘控制设备、烟雾传感器设备、家庭安防设备等。

1.2.2　知识链接

智能家居的发展历程

1）国外的智能之家

2000 年以前可以称为是智能家居概念形成期。零星概念与相关产品开始出现，后来无疾而终的微软维纳斯计划在此时提出，比尔·盖茨之家的智能化是见诸报端的各种宣传中最为广泛被提及的应用案例，但遗憾的是，我们地球上的绝大多数小伙伴对于这一智能豪宅也只是只闻其名，难见其形。

2000—2005 年间，一些后来耳熟能详的国外智能化产品通过代理与国内经销渠道零星进入国内市场，此时也成为智能家居的蓄势发展期。这一阶段的标志性事件是，国内首个以智能家居为应用概念的楼盘项目——深圳红树西岸出现，项目开发商百仕达地产更是用了前后 8 年的时光对其精心打磨。

2）国内智能家居市场的星星之火

智能家居的概念渐热，也直接影响到 2005—2008 年间，智能家居领域的国内生产制造企业开始出现了第一波浪潮，家庭安防、智能灯控系统、影音中控、家庭背景音乐细分市场逐步形成并发展。最为令人欣喜的是，关注智能家居的系统集成商群体逐步形成并出现，将之称为市场摸索期。回顾过往，这或许可以称得上是智能家居在国内发展历程中第一个激动人心的创业浪潮。略显残酷的是，如星星之火般刚刚出现的第一批集成商需要充当的是野蛮成长过程中悲催的"小白鼠"。不无意外，受限于当时的技术条件与厂商实力，很多在这一时期崭露头角的国内品牌因为各种原因早已逐一淡出我们的视野。

2008—2012 年间，智能家居迎来了近 10 年来另一个重要的发展浪潮，家电企业、楼宇对讲企业、电气、安防类外资品牌纷纷着力于延伸智能家居产品线与新业务板块。很多以往如雷贯耳品牌的出现，为依然坚守在智能家居市场上的先行者们增强了不少信心。

在这一密集发展的厂商关注期中，智能家居与影音集成的融合发展，为智能家居在遥控灯光、电动窗帘、背景音乐等单系统应用以外，探寻到一个重要的应用立足点。在高端住宅项目中智能家居集成业务落地生根，开始通过装饰设计渠道被部分业主所接受。为了噱头也罢，为了销量也好，楼盘宣传开始考虑如何炒作智能家居，也曾让不少人为之激动。我们感受到渐行渐近的智能家居脚步。

3）拥抱智能家居发展大时代

随着物联网概念兴起，传感器、控制技术、云计算、大数据、移动互联等基础应用不断发展。2012—2014 年，以轻智能与智能单品厂商为代表的创新创业团队层出不穷。通过这一时期的技术沉淀期，一大利好在于可谓喷涌而出的各种智能单品极大地降低了普通用户体验和使用智能家居的门槛。智能插座、手机遥控、智能灯组开始以百余元的亲民价格，所带来的是原本遥不可及的智能家居初体验第一次向普通消费者伸出了橄榄枝。而 App 和 WiFi 模块一起连接起的不仅仅是传统家电的智能升级，更是一个全新互联时代的序幕开启。

2014—2016 年间，生态圈成为行业热词，互联网企业的全面关注，让更多巨头企业开始谋求生态圈构建。智能模块出货量增长，传统企业纷纷希望借由智能家居实现产品线升级。我们再谈智能家居，所频繁提及的也不再是原本那些植根于细分行业领域"业内有名，业外无名"的厂家，诸如 BAT 为代表的互联网巨头，身边熟悉的手机、家电巨头让智能家居开始进入更多人的视野。我们不再因为影视作品中频繁出现的智能家居产品镜头而激动不已，因为上至国家两会提案，下至街头巷尾随手可见的楼盘广告，都开始有了更多智能家居出现的机会。

伴随智能家居整体受关注度呈现出逐年上涨趋势，从搜索引擎"百度"热度关注来看，自 2006 年起的数据可以看出智能家居市场关注热度在短期范围内形成了一定的波动，但整体受关注度较为平均，从 2008 年起逐渐蓄力，外资品牌、可视对讲企业的涉足带动了智能家居一轮新发展；2010 年前后更多国外品牌产品进入国内市场，同时影音集成融合智能家居需求凸显，夯实了智能家居在集成项目市场的基础，集成商群体也是在这一时期得到了快速发展。

1.2.3 思考与练习

（1）简述智能家居的定义。
（2）简述智能家居的发展历程。
（3）简述智能家居的网络传输协议。

任务 1.3 认识智能家居和云任务

学习型任务单	任务 1.3 认识智能家居和云任务
1. 任务描述 随着云技术的应用越来越广泛，开始深入地影响我们生活的方方面面。云计算也开始在智能家居领域有所应用，提升了智能家居设备的处理能力和使用范围，为个性化的需求提供了丰富的产品和体验。 让我们也随着小陈来认识一下智能家居中的云吧。	
2. 任务分析 通过本任务对常见的几个物联网云平台的介绍，使学员掌握以下内容： （1）云计算的含义及用途； （2）智能家居云的作用； （3）常见的物联网云平台。	
3. 任务要求 （1）通过学习，掌握以下知识点： ①进一步熟悉云计算的含义及用途； ②进一步熟悉智能家居中云的作用。 （2）通过学习，掌握以下技能点： 能选择和使用物联网云平台。	
学习总结： 	

1.3.1 相关知识

1. 云计算

术语"云"并不是什么新鲜事物。简单来说，"云"是互联网的隐喻。实际上，云符号被重复用在图表上描绘 Internet。如果将 Internet 视

什么是云计算

为连接全球各地用户的虚拟"空间"，则它就像云一样。它通过网络共享信息。

所以，云计算是指通过网络共享资源，如软件和信息。在这种情况下，通过"Internet"或更正确的方式是 Internet 连接。信息和数据存储在物理或虚拟服务器上，这些服务器由云提供商维护和控制。作为个人或企业云计算用户，可以通过 Internet 连接访问"云"上存储的信息。它的优势在于以下几点。

（1）成本。云计算消除了购买硬件和软件以及建立和运行现场数据中心所需的资本支出，这些数据中心包括服务器机架、用于供电和散热的全天候用电以及用于管理基础架构的 IT 专家。

（2）世界规模。云计算服务的优势包括弹性扩展的能力。用云计算来说，这意味着在需要时从正确的地理位置提供适当数量的 IT 资源，如或多或少的计算能力、存储、带宽。

（3）性能。最大的云计算服务在安全数据中心的全球网络上运行，这些网络定期升级到最新一代的快速、高效的计算硬件。与单个公司数据中心相比，这提供了多个好处，包括减少了应用程序的网络延迟和更大的规模经济。

（4）安全。许多云提供商提供了广泛的策略、技术和控件，可以整体上增强你的安全状况，从而帮助保护数据、应用程序和基础架构免受潜在威胁。

（5）速度。大多数云计算服务都是按需提供自助服务，因此即使在几分钟之内也可以配置大量计算资源，通常只需单击几下鼠标，即可为企业提供很大的灵活性，并减轻了容量规划的压力。

（6）生产率。现场数据中心通常需要大量的"竞争和堆叠"，包括硬件设置、软件修补和其他耗时的 IT 管理工作。云计算消除了对许多任务的需求，因此 IT 团队可以花时间来实现更重要的业务目标。

（7）可靠性。由于可以在云提供商网络上的多个冗余站点上镜像数据，因此云计算使数据备份、灾难恢复和业务连续性变得更容易且成本更低。

2. 云计算的用途

也许你没有意识到，你现在可能正在使用云计算。如果你使用在线服务发送电子邮件、编辑文档、看电影或看电视、听音乐、玩游戏或存储图片和其他文件，则云计算很可能在幕后使一切变为可能。最初的云计算服务只有不到 10 年的历史，但是已经有各种各样的组织（从小型初创公司到跨国公司、政府机构再到非营利组织）出于各种原因而采用该技术。

以下是云提供商提供的今天可能实现的一些云服务示例。

（1）创建云原生应用程序。快速构建、部署和扩展应用程序，如 Web、移动和 API。利用云原生技术和方法，如容器、Kubernetes、微服务架构、API 驱动的通信和 DevOps。

（2）测试和构建应用程序。通过使用可以轻松扩展或缩减的云基础架构来减少应用程序开发成本和时间。

（3）存储、备份和恢复数据。将数据通过 Internet 传输到可从任何位置和任何设备访问的异地云存储系统，可以更经济、高效地大规模保护数据。

（4）分析数据。通过跨云中的团队、部门和位置来统一你的数据，然后使用云服务（如机器学习和人工智能）来学习，以做出更明智的决策。

（5）流音频和视频。通过全球发行的高清视频和音频可以随时随地在任何设备上与你的观众建立联系。

（6）嵌入情报。使用智能模型来帮助吸引客户，并从捕获的数据中提供有价值的信息。

（7）按需交付软件。按需软件也称为软件，即服务（SaaS），可让您随时随地为客户提供最新的软件版本和更新。

云计算、人工智能、物联网与大数据的关系如图 1.3.1 所示。

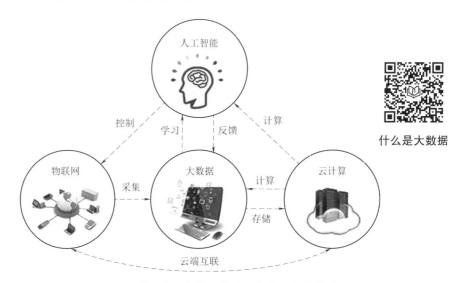

什么是大数据

图 1.3.1　云计算、人工智能、物联网与大数据的关系

3. 智能家居云的作用

无可否认，有更多的智能家居制造商希望提供基于云的服务，也就是利用云计算来提供其设备所需的处理能力，原因如下。

（1）它更方便于制造商。他们不需要对每台设备进行编程来分析复杂的数据。相反，他们不是对每台设备进行编程以分析复杂数据，而是简单地将处理算法上载到云中。他们的设备将数据传输到云，云可以执行所有繁重的工作。

（2）云可以应对更复杂的处理。例如，你不能在 iPhone 上运行 Photoshop，但你可以在一台像样的计算机上运行它。智能设备并不总是足够强大，有时也无法完成这个工作，因此云充当计算机来完成工作，让功能较弱的设备获得所有成果。目前有些智能音箱产品就是使用基于云的服务分析数据的设备，但它能在本地进行工作吗？当然可以，但这可能埋没了它理解丰富、自然语言的能力，更重要的是，它可能使设备更不经济实惠。

但是，基于云的处理并非没有缺点，其中最大的可能就是泄露隐私。数据从你的设备传输到云，你可能不希望其他人看到这些数据。因为这可能包括来自家庭安全摄像头的视频、智能锁发送的到达/离开时间以及智能网关内设置的家庭地址。虽然制造商保证数据是加密和安全的，但不能保证设备是防黑客的。

依赖云的设备的另一个缺点是，它们也依赖互联网：当互联网关闭时，你的智能家居就会关闭。让你无法控制你的灯、锁、恒温器和其他智能家居设备。在本地处理的设备的情况是，它们更安全，即使在互联网关闭时也能正常工作。

所以，智能家居最新趋势是混合解决方案：设备使用云，但并不完全依赖云。

4. 智能家居云平台

智能家居云平台是一个不断增长的细分市场，由智能家居控制和自动化系统平台以及智能家居设备平台组成。

家庭安全服务、宽带服务供应商和家庭装修零售商部署了智能家居系统平台，为用户提供统一的智能家居系统，包括传感器组件、跨设备的规则/程序进行自动控制以及监视服务。

智能家居设备平台支持单个 OEM 产品的链接和基于云的服务，通过专有应用程序提供远程控制，并可以通过与 API 集成实现与其他设备的互操作性。

智能家居系统平台的发展受到许多因素的影响。智能家居系统硬件和相关服务的供应商要么自己开发平台，要么与智能家居平台供应商合作，后者已经开发了智能家居服务所需的所有软件。从历史上看，家庭控制系统业务模型导致了传感器组件的商品化，以降低系统成本，从而提高采用率。对于通用设备，自动化功能已标准化，第三方集成功能受到限制，高级数据驱动功能和分析也不是优先事项。

最近，一些控制系统平台正在扩展其数据分析和集成功能，以提供与智能家居设备平台提供的以 OEM 为中心的服务竞争的用户产品。一些专有的智能家居控制平台还提供了开放平台，经认证的设备可以与该平台集成，以扩展其与其他智能家居设备的互操作性，比如采用的以下一些措施：

- 在通信层通过共享相同的标准，如 Z-Wave 或 ZigBee；
- 通过支持多种标准的集线器或网关设备；
- 在云的应用层中，通过 API 集成。

随着云平台的激增，设备制造商和公司扩展其生态系统将为平台提供在云中相互链接的机会。由于具有规模大以及使用户不必了解所有协议和互操作性问题的好处，实现互操作性更可能在云中发生。

物联网行业可能会朝着更加标准化的代表性状态传输 Web 服务的方向发展，从而在云级别实现更高的互操作性。如果制造商希望与其他第三方集成和服务一起使用，则须在某些点上提出解决方案，使其平台设计尽可能灵活。随着物联网走向更广泛的集成，封闭平台不太可能成功。

随着自然语言处理支持的智能助手采用得越来越多，更多的智能家庭设备制造商和家庭控制系统将提供语音控制功能。在国外随着 iOS9 的推出，Apple HomeKit 首次发布了 Siri 支持的语音命令列表，用于控制 HomeKit 设备。语音命令可用于特定的设备命令，如"打开灯"，或用于自定义区域或自动化场景的命令，如"为聚会准备，Siri"。

2016 年国外就推出了带有专用"家庭"控制应用程序的 iOS10 和新的 SiriKit，从而使开发人员可以使用 Siri 语音控制，并扩展了对 Siri 功能（如乘车预订和个人付款）的支持。

除了与主要的智能助手应用程序集成外，智能家居点解决方案还将通过把自然语言处理集成到其专有的控制应用程序中，开始在应用程序层支持语音控制。

物联网云平台通过启用远程控制和监视，固件和软件更新以进行安全保护和维修，购买后功能增强，与其他设备的协调以及应用程序的提供，为设备制造商和公司提供了极大扩展产品或服务价值的机会以及相关服务的开发和部署。

国外的智能家居云平台如 Google Home、Amazon Alexa、Apple HomeKit、AylaNetworks 等也已经开始在国内进行业务拓展。而在国内，总体来说，能够实现应用级技术支持的智能家居云平台有 4 家，包括阿里云、腾讯云、百度云、华为 HiLink。

能够广泛提供智能家居开放者支持的云平台有涂鸦智能、BroadLink DNA、机智云、海尔 U、京东智能云、讯飞开放平台、小米 IoT 开发者平台等。这类云平台中涂鸦智能、BroadLink DNA、机智云 3 家有芯片模块研发生产及供应能力，能够帮助家电厂商实现智能家电向云端的迁移部署，能够提供基于家电功能与云端业务实施的完整解决方案。

而立足房地产智慧社区需求，提供智能家居云服务的平台有智城云、云智易、麦驰云等。当然，还有以企业自己需求为主，对外联连的智能家居云平台，如 M-Smart、格兰仕 G、国美智能云、萤石云、乐橙云、鸿雁智+等。

下面列举几个较典型的智能家居云平台。

1）阿里云

阿里云致力于以在线公共服务的方式，提供安全、可靠的计算和数据处理能力，让计算和人工智能成为普惠科技。

阿里云服务着制造、金融、政务、交通、医疗、电信、能源等众多领域的领军企业，包括中国联通、12306、中石化、中石油、飞利浦、华大基因等大型企业客户，以及微博、知乎、锤子科技等明星互联网公司。在天猫双 11 全球狂欢节、12306 春运购票等极富挑战的应用场景中，阿里云保持着良好的运行纪录。

阿里云在全球各地部署高效节能的绿色数据中心，利用清洁计算为万物互联的新世界提供源源不断的能源动力，目前开始服务的区域包括中国（华北、华东、华南、香港）、新加坡、美国（美东、美西）、欧洲、中东、澳大利亚、日本。

通过对阿里智能家居生态的打造，包括阿里云生活物联网平台、阿里云城市物联网平台和阿里云商业共享平台以及阿里云基础产品、阿里云应用服务，阿里云通过全面搭建基础设施，打造智能平台，完善生态系统，实现人、物、云在数字世界的智能融合。

阿里云智能 IoT 的核心优势主要体现在强大的 AI 能力、云边端一体的协同计算以及开放便捷的连接平台。阿里云智能 IoT 从全球化物联网云平台、全方位 App 交互、多层次芯片模组支持、多元化出海销售渠道等方面持续推动家电家居行业智能化升级。

在 2019 OPPO 开发者大会上，阿里巴巴人工智能实验室、硬件终端总经理茹忆宣布，阿里巴巴将与 OPPO 联手推动中国智能家居互联互通联盟，开放设备发现、连接、控制等层面，还将共享 AIoT 生态产品。阿里云标志如图 1.3.2 所示。

图 1.3.2　阿里云

2）华为 HiLink

华为开发的智能家居开放互联平台，目的是解决各智能终端之间互联互动问题。平台功能主要包含智能连接、智能联动两部分。

据了解，HiLink 智能家居开放互联平台，就是为了让接入该平台的各智能终端之间"讲普通话"，从而可以联动并为用户提供全新的生活体验。

对用户，支持 HiLink 的终端之间，可以实现自动发现、一键连接，无须烦琐的配置和输入密码。在 HiLink 智能终端网络中，配置修改可以在终端间自动同步，实现智能配置学习，不用费时费力手动修改。支持 HiLink 开放协议的终端，可以利用智能网关、智能家居云，通过 App 对设备进行远程控制。

对行业，华为通过提供开放的 SDK，并建设开发者社区为开发者提供全方位的指导，帮助开发者从开发环境搭建到集成、测试提供一站式的开发服务。华为通过 HiLink 智能家居开放互联平台，将和所有智能硬件厂家一起，形成开放、互通、共建的智能家居生态。

HiLink 开放互联平台架构，用于连接人、物（智能设备）、服务应用（云）。

2019 年，华为宣布与 A. O. 史密斯、欧普照明、西门子、奥克斯、松下达成合作，由华为提供连接协议，共同组建全屋智能解决方案，如图 1.3.3 所示。

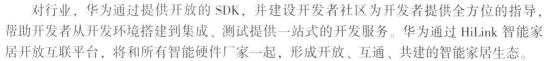

图 1.3.3　华为 HiLink

3）小米 IoT 开发者平台

小米 IoT 开发者平台（简称"小米 IoT"）是小米面向消费类智能硬件领域的开放合作平台，如图 1.3.4 所示。平台依托小米庞大的用户群体、丰富的 IoT 产品生态、卓越的 IoT 交互体验、深厚的 IoT 技术优势以及优质的供应链资源，为合作伙伴提供完善的硬件产品或场景应用的智能化解决方案，与合作伙伴一同打造极致的物联网体验。

图 1.3.4　小米 IoT 开发者平台

其平台优势在于以下几点。

（1）全球领先的消费级 IoT 平台。连接智能设备数超过 2.1 亿台，5 件及以上 IoT 产品用户数超过 350 万人，连接的产品服务全球 5 599 万个家庭。

（2）丰富且开放的 IoT 生态。"1+4+X"生态布局，即小米专注手机、电视、笔记本、路由器、智能音箱 5 类自研产品，其他生态中的产品均来自合作伙伴，目前平台已接入产品超过 2 000 款，且有数十个品类的产品销量行业领先。

（3）IoT 技术全面开放。支持 WiFi、BLE、BLE Mesh、ZigBee、2G~5G、云云对接等众多技术合作方案，同步提供业内极具性价比的模组方案，支持 IoT 产品在全球销售使用。

（4）深度赋能全渠道销售。接入产品可获得"Works with Mijia"认证，支持在厂商自有的各类电商渠道及线下渠道销售，优秀产品还可获得米家 App 运营资源的宣传支持，并有机会推荐进入小米有品商城销售。

4）涂鸦智能

涂鸦智能自身并不生产任何直接面向终端用户的产品，而是连接用户、制造品牌、OEM 厂商和零售连锁的智能化需求，为客户提供一站式人工智能物联网的解决方案，为消费类 IoT 智能设备提供 B 端技术及商业模式升级服务，从而满足用户对硬件产品更高的诉求，该平台图标如图 1.3.5 所示。任何品牌、任何协议、任何产品都能接入涂鸦智能平台，并得到一视同仁的开放待遇。

图 1.3.5　涂鸦智能

所有接入涂鸦智能平台的产品都可以申请"Powered by Tuya"标识。"Powered by Tuya"是一个互联互通的智能标识，拥有此标识的产品，可与其他不同品牌和品类的产品用一个 App 轻松控制。

截至 2019 年 10 月底，涂鸦智能已经服务全球超过 18 万家客户，日语音 AI 交互超过 4 000 万次，"Powered by Tuya"赋能超过 9 万款产品，赋能产品种数达到 500 种，位居世界第一，产品和服务覆盖超过 220 个国家和地区。

涂鸦智能丰富多样的"Powered by Tuya"互联互通产品生态，凭借丰富的可操作性与高度交互性，为客户补上了这一短板，让智能家电从单纯工具变身为家庭陪伴。

手机作为移动终端，开启了移动时代的信息与生活革命。有专家表示，没有一个东西能像手机这样让人依赖。全球化 AIoT 平台涂鸦智能所打造的"Powered by Tuya"互联互通产品生态，将成为下一个时代的"入口"，只不过这次不再是某一款商品，而是从刚需角度出发，去实现人类更好的生活体验，它与每个人的生活息息相关。即在衣食住行和吃喝玩乐各个层面上，都能获取 IoT 带来的非常便捷的服务，实现真正的全球互联互通。

1.3.2　知识链接

1. 智能家居私有云

智能家居私有云是相对于互联网公有云的概念，私有云相当于智能设备互联互通，自动构建一个局域网，其功能主要侧重于数据集中控制与处理，无论有、无网络，家里的智能设备都能自主协同工作，为用户所控制。

在当今社会，网络信息安全成为每个人都关注的话题。私有云最大的好处在于：智能家居设备无须时刻接入互联网，降低了隐私泄露风险。从用户的角度来说，其实居家生活是很私密的事情，而每时每刻都将自己的家居物件连上互联网，从隐私安全性上来说，是很不安全的。如果安装了用于控制智能家居 App 的手机被不怀好意的个人盗用，那更有可能产生不必要的损失。

不过要注意的是，目前不管是私有云还是公有云，各个智能云平台支持的智能设备还是可能存在无法互通互联的情况发生，所以在智能家居设计方案制订、智能设备选型上都要对此有所考虑。

2. 语音智能机器人

智能家居 1.0 到 3.0，由单品到人工智能，已经可以通过机器人和家居交互，真正做到通过语言手势这些更好的方式来实现对智能家居的控制。

语音智能管家是一款具有超强自然语言系统、超智能云端大脑、超精准数据处理功能的智能机器人。在不同的厂家或平台上有智能屏、智能管家、智能机器人等不同的称呼，甚至还有一些非常可爱的昵称，它具有以下特点（不同产品有所变化）。

1）多模式交互

交互是智能机器人最基本的功能，也最能突现其智能特点。

交互模式包括语音、触摸、人脸、表情、手势、眼神等。

机器人基于大数据、机器学习及自然语言等处理技术，对用户信息进行反馈，也可以通过识别不同用户来选择可以进行哪些操作，如童脸识别开启儿童模式、先学后玩帮助家长合理安排儿童使用时间。

不过交互识别率的高低还取决于开发厂家的技术能力。

2）强大的理解能力

机器人能通过用户的交互来分析语义、意图或情绪，给予用户更精确的反馈。

3）多样化的内容服务

通过前两项的特点，可以延伸出多样的内容来服务用户，功能示例如下。

（1）音乐（关联第三方 App）。

语音点播歌曲、切换歌曲、按歌手点播、分类点播、随机播放。

语音："播放＊＊年经典歌曲""唱一首＊＊""换一首歌""暂停""继续""音量40%"等。

（2）天气预报。

语音查询天气，按时间和地点查询天气。

语音："今天的天气""深圳今天的天气怎么样""播报天气"等（机器人会通过网络定位确定所在位置）。

（3）闹钟。

语音设置闹钟、删除闹钟，或在 App 上设置一种习惯。

语音："新建 8 点的闹钟""删除闹钟"（删除所有闹钟）"7 点叫我起床"。

App 设置"每天早上 7：00 早读"。

（4）提醒。

语音设置提醒、删除提醒。

语音："10分钟后提醒我喝水""下午2点提醒我上课""删除全部提醒"等。

（5）新闻。

语音点播新闻，可以按时间点播。

语音："播放今天的新闻"等。

听、看音视频资源（关联第三方App）。

语音点播故事视频、切换故事视频，可以按故事名和关键字点播、随机播放。

语音："放个故事听一下""播放＊＊＊故事""下一集""放一个＊＊的＊＊＊故事""我要看＊＊电影"；手势或语音："暂停""继续"等。

（6）远程监护。

音视频通话：随时与老人或孩子沟通。

远程监控、智能抓拍：随时了解机器人附近的情况，保护家人的安全。

（7）智能家居中控台。

智能机器人同时还可以代替智能网关对同平台的智能家居进行控制管理。支持WiFi直连、蓝牙组网等配对，语音、手触、移动端App多模式控制，轻松体验智能家居新时代。

但要明确的是，语音智能机器人只是智能家居系统的一部分，它只能控制、识别智能家居的单品，而不能进行场景控制和智能设备的联动。

随着技术的发展及物联网的无限扩大，最终人工智能会从家庭走向社区、走向城市。

1.3.3　思考与练习

（1）简述智能家居云的主要作用。

（2）简述智能家居云平台的发展过程。

（3）简述几个典型智能家居云平台的特点和优势。

拓展与提高

当工作一天到家后，门厅灯感应开启，关闭安防，感受适宜的温湿度及干净清新的空气，听着舒缓的背景音乐，客厅电动窗帘缓缓拉开，夜色美景尽在眼前。晚饭时间到了，就餐灯光效果启动，背景音乐开启，触摸屏就能让你完全掌控家中的娱乐系统。睡觉时间到了，轻按"睡眠"场景键，灯光调节到合适的亮度，全部电器关闭，窗帘缓缓合上，户外防区启动。

本项目学习了物联网、智能家居系统以及智能家居和云的知识，当需要使用智能家居系统时，请思考以下问题：

（1）智能家居和物联网有什么区别和联系？

（2）智能家居能给人们生活带来哪些便利？

（3）智能家居设备和智能家居云平台之间是什么关系？

项目 2

智能家居设备装调

素养进课堂

【芯人物】周立功

——永远的学习者和开拓者，用人生为单片机代言

周立功，生于 1964 年，最初从一个工厂技师，到现在成为中国嵌入式技术领域的风云人物，创立广州立功科技股份有限公司，是广东省电子学会副理事长、广州市半导体行业协会副会长、广州市软件行业协会副会长。

他从小志存高远，1981 年高考落榜后进入技校学习，当时非常喜欢看报纸和青年杂志，一次他在报纸上看到了比尔·盖茨在微机牛郎星 8800 上开发了 BASIC 编辑器，受到了启发，觉得自己也可以做到。在叔叔的引领下，1982 年 10 月周立功通过钻研，自己做出了一台相当于牛郎 8800 这样的微型计算机，"这可能是当时中国在业余条件下做出的第一台微型计算机"。1992 年，他有幸进入中国纺织大学学习自动化专业，当看到世界上第一颗集成了 Flash 的单片机 AT89C51 陈列在上海一家商店里，觉得这颗芯片代表了未来单片机的方向，决定辍学下海经商。

周立功通过技术带动单片机的销售，他的第一个订单是为一个客户做的电子秤提供技术支持，紧接着做了一个银行监控产品的客户，订单数量是 1 万片，一下就挣了 50 万元，这让周立功更坚定了用技术创造价值的理念。后来他与飞利浦建立了合作关系，用对技术的热爱与创新，把飞利浦推上了中国单片机市场的顶峰。由于锲而不舍的钻研精神，从事嵌入式行业多年后，周立功心中萌发一个很大的梦想：打造一个工业智能物联生态系统。几经波折，终于诞生了 AWorks OS，一个 IoT 智能物联生态系统。现在的 AWorks OS 已经被国内众多公司采用，真可谓是苦尽甘来，如果没有周立功学者的眼光、企业家的资源和执着的个性，AWorks OS 也难有今日。

——来源：《芯人物——致中国强芯路上的奋斗者》系列报道

项目情境	最近上级领导委派给技术员小李一项任务，让他带领实习生小陈一起完成对用户智能家居设备的安装和调试，实现对用户家庭的智能化改造，其中包括智能中控设备、电器影音设备、安防监控设备、环境监测设备和安全监测设备共 5 个部分。 　下面就让我们一起跟随小陈，去学习智能家居设备的安装和调试工作。
知识目标	● 理解并掌握智能家居设备的工作原理； ● 理解并掌握智能家居设备的功能； ● 理解并掌握智能家居设备的安装条件。
技能目标	● 能根据用户的需求选择合适的设备； ● 能对智能家居设备进行安装和调试。

任务 2.1　智能家居 App 初体验

学习型任务单	任务 2.1　智能家居 App 初体验
1. 任务描述 随着客户使用需求的提高和手机的运用越来越广泛，智能家居云平台越来越倾向于手机端 App 的使用和开发。 让我们也随着小陈来认识一下智能家居 App——智享人居 App 吧。	
2. 任务分析 通过本任务的学习，使学员掌握以下内容： （1）熟悉智享人居 App 的基本功能； （2）掌握智享人居 App 的下载安装。	
3. 任务要求 （1）通过学习，掌握以下知识点： 进一步熟悉智享人居 App。 （2）通过学习，掌握以下技能点： 能下载、安装、注册、登录智享人居 App。	
学习总结：	

任务实施与操作

1. 智享人居 App 的下载及安装

通过互联网下载和安装客户端应用程序——智享人居，如图 2.1.1 所示。

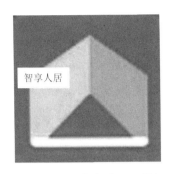

图 2.1.1　智享人居 App 图标

智享人居 App
下载与安装

2. 智享人居 App 的注册

智享人居 App 注册操作步骤如表 2.1.1 所示。

表 2.1.1　智享人居 App 注册操作步骤

步骤	操作	图示
1	打开 App 后，单击"注册"按钮。	
2	在弹出的"注册"对话框中输入 11 位手机号码和密码，单击"获取验证码"按钮，输入 6 位正确的验证码。	

续表

步骤	操作	图示
3	单击"下一步"按钮，账号注册成功，并自动登录到App内。	 ‹　　　　注册 +86　123456789012 ········· ········· 454555　　✓ 获取验证码 　　　　用户注册成功！ 下一步 注册即代表你阅读并同意《智享人居服务协议》

3. 智享人居 App 的登录

1）用户登录——密码登录

密码登录智享人居 App 操作步骤如表 2.1.2 所示。

表 2.1.2　密码登录智享人居 App 操作步骤

步骤	操作	图示
1	打开 App 后，在登录界面选择"密码登录"，输入已经注册过的 11 位手机号码和登录密码。	 　验证码登录　　密码登录 +86 忘记密码 注册
2	单击"登录"按钮，可直接跳转至 App 内。	 晴 32℃｜空气质量：轻度污染｜空气湿度：43% 上海市宝山区 搜设备 默认　常用　　　　　　　　⚙ 全部品类　　　　　　●在线 ●离线 暂无设备，请点击添加 添加设备 设备　　智能　　我的

2）用户登录——验证码登录

验证码登录智享人居 App 操作步骤如表 2.1.3 所示。

表 2.1.3　验证码登录智享人居 **App** 操作步骤

步骤	操作	图示
1	打开 App 后，在登录界面选择"验证码登录"，输入 11 位手机号码，单击"获取验证码"按钮，输入 6 位正确的验证码。	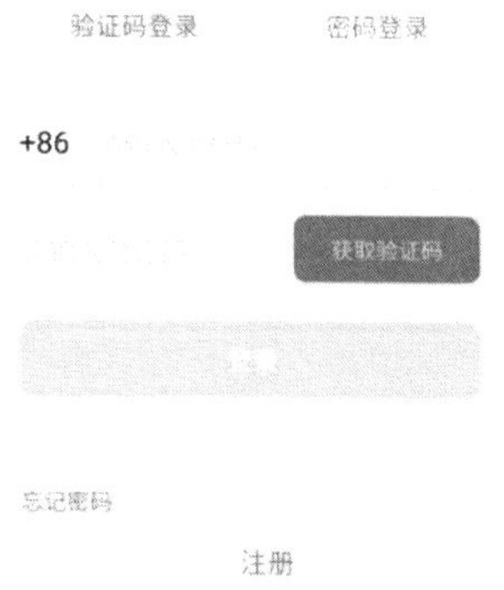 
2	单击"登录"按钮，可直接跳转至 App 内。	

3）忘记密码

忘记密码后重置密码的操作步骤如表 2.1.4 所示。

表 2.1.4　忘记密码后重置密码的操作步骤

步骤	操作	图示
1	打开 App 后，在登录界面单击"忘记密码"，跳转至"重新设置登录密码"页面。	

续表

步骤	操作	图示
2	输入 11 位手机号码和新密码后，单击"获取验证码"按钮，输入 6 位正确的验证码。	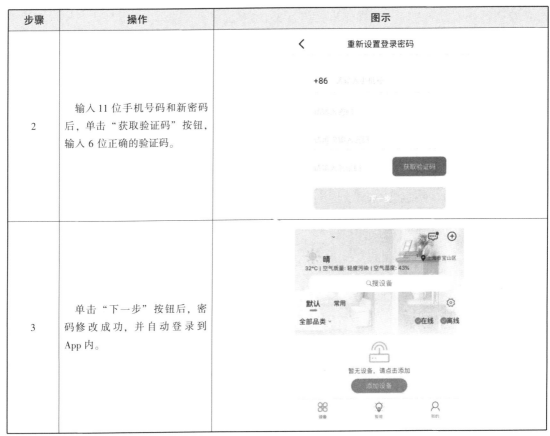
3	单击"下一步"按钮后，密码修改成功，并自动登录到 App 内。	

4. 智能家居 App 介绍

智能家居 App 是一个可以让你通过手机或平板电脑轻松管理你家的智能设备的应用，是智能家居可移动化的管理和控制方式，它的出现大大改变了人们的家庭生活习惯。智能家居 App 给用户提供了一个舒适的体验过程，让我们的居家生活更加便捷、更加智能。智能家居 App 一般具备以下功能。

智享人居 APP 简介

（1）设备控制：包括定时、远程、联动、场景控制等，如定时开关空调、远程关闭电视、打开门锁时玄关灯联动开启、一键开启"影院"模式等。

（2）场景设置：可以自由编辑设定手动场景和自动场景，让不同的设备之间联动工作，实现居家智能化控制功能。

（3）安全监控：连接 WiFi 的智能摄像头、通过 ZigBee 网关联网的安防传感器等设备设防触发后，向手机 App 推送视频图像、报警通知信息，或通过微信小程序推送报警信息等。对屋内屋外的环境形成全天候的安全监控。

（4）设备分享：授予指定用户特定设备的账号权限，实现家庭中其他成员分享设备的管理功能。

（5）信息反馈：将家中智能设备运行状态的各项数据实时反馈到手机 App 上，当出现异常情况时，可远程向手机 App 发送报警信息。

智能家居市场上，常见或常用到的智能家居 App 一般有 3 类，见表 2.1.5。

表 2.1.5　常见或常用到的智能家居 App 类型

第一类	单品型智能家居 App	指某一款智能家居单品所对应的 App，如智能插座 App、智能空调 App、智能路由器 App 等，基本上各个产品都是互相独立、各司其能
第二类	系统型智能家居 App	主要是指智能家居控制系统，以"智能控制中心+传感器+控制器"的方式，提供对门窗、家电、照明等家居设备的智能化使用和管理，注重相互产品间的互联、互通、互控
第三类	平台型智能家居 App	一种新型智能家居发展模式，包括腾讯、百度和京东就是打造智能家居平台 App 的典型代表。通过智能家居平台，打造一个使用"通用协议"的多设备连接、管理平台，来提升设备互联的便捷性

任务 2.2　智能中控设备装调

学习型任务单	任务 2.2　智能中控设备装调

1. 任务描述

技术员小李向小陈介绍道："智能中控系统相当于人的大脑，可以支配和控制家庭中的智能家居终端产品。中控系统包括中央控制主机（如智能网关）、各类控制接口（如智能语音面板、智能开关、场景开关）和受控设备。一般在住宅安装智能家居时，会先安装调试智能中控系统设备。常见的智能中控设备通常包括智能网关、智能语音面板和智能开关。"

下面就让我们一起跟随小陈学习智能中控设备的装调。

2. 任务分析

本任务通过对智能中控设备的实践操作，使学员掌握下列内容：

（1）智能中控设备的接线与安装；

（2）智能中控设备的配网；

（3）智能中控设备的测试流程；

（4）智能中控设备的功能及应用环境。

3. 任务要求

（1）通过学习，掌握以下知识点：

①进一步熟悉智能中控设备的接线与安装原理；

②进一步熟悉智能中控设备的配网原理；

③进一步熟悉智能中控设备的功能及应用环境。

（2）通过学习，掌握以下技能点：

能对智能中控设备进行接线与安装，能对智能中控设备进行配网，能完成智能中控设备的测试流程。

学习总结：

2.2.1 操作方法与步骤

设备选型

1. 准备工作

为完成本任务，需要做好软、硬件环境准备，如图 2.2.1 所示为软、硬件清单。

将智能手机和智能　　　智享人居App　　　智能手机　　　智能网关
网关连接到同一网络　　　账号登录

智能语音面板　　　单键智能开关　　　单键无线开关

图 2.2.1 软、硬件清单

在开始测试之前，还需要做好以下准备工作。

（1）供电：给智能网关、智能语音面板和单键智能开关接通电源；单键无线开关安装纽扣电池；单键智能开关连接照明负载，满足测试需要。

（2）网关联网：使用网线将智能网关接入所在测试环境的路由器，保障智能网关可以正常进入 Internet。

（3）移动无线网络要求：测试环境的路由器提供的是 2.4 GHz WiFi 网络，不支持5G。

（4）移动网络连接要求：确保智能手机、智能语音面板和智能网关在同一个路由器 WiFi 内。

（5）App：登录"智享人居"App账号。

2. 设备说明

1）智能网关设备说明

（1）智能网关接口如图 2.2.2 所示。

（2）智能网关按键功能见表 2.2.1。

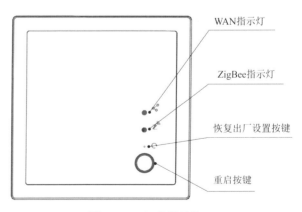

WAN指示灯

ZigBee指示灯

恢复出厂设置按键

重启按键

图 2.2.2 智能网关接口

表 2.2.1　智能网关按键功能

按键	按键功能
重启按键	短按：系统断电重启
恢复出厂设置按键	连续短按 3 次（每次间隔不超过 1 s），网关进入允许子设备入网模式，ZigBee 指示灯（蓝色）常亮（此操作对用户无效）
	长按 10 s 以上松开，设备恢复出厂设置，ZigBee 指示灯（蓝色）闪烁 2 s 后熄灭

（3）智能网关指示灯含义，见表 2.2.2。

表 2.2.2　智能网关指示灯含义

指示灯	指示灯状态	指示灯含义
ZigBee 指示灯（红色）	上电时长亮 2 s	ZigBee 模块烧录的为智能家居 COO 固件，其他显示状态，说明固件不正确
	亮 0.1 s，灭 0.1 s	ZigBee 模块未从串口或者无线接收到数据
	亮 1.9 s，灭 0.1 s	ZigBee 模块只从串口接收到数据
	亮 0.1 s，灭 1.9 s	ZigBee 模块只从无线接收到数据
	亮 0.5 s，灭 0.5 s	ZigBee 模块从串口和无线都接收到数据
ZigBee 指示灯（蓝色）	常亮	ZigBee 模块进入允许子设备入网模式
WAN 指示灯（红色）	常灭	未连接网络
	常亮	连接网络正常，无数据
	闪烁	有数据传输

2）智能语音面板设备说明

（1）智能语音面板接口，如图 2.2.3 所示。

图 2.2.3　智能语音面板接口

（2）智能语音面板按键功能，见表 2.2.3。

表 2.2.3　智能语音面板按键功能

按键	功能
音量-	音量减小

按键	功能
静音键（配网按键）	短按：系统静音
	长按 5 s 以上放开，设备进入配网模式
音量+	音量增加
重启按键	系统重新启动

（3）智能语音面板指示灯含义，见表 2.2.4。

表 2.2.4　智能语音面板指示灯含义

指示灯	含义
红色	设备未入网
指示灯全部熄灭	设备入网成功
黄色	系统静音
蓝色闪烁，语音不提示	语音唤醒成功

3）单键智能开关设备说明

（1）单键智能开关示意图，如图 2.2.4 所示。

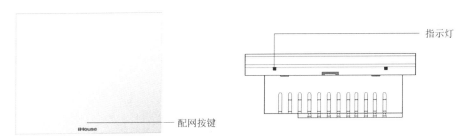

图 2.2.4　单键智能开关

（2）单键智能开关按键功能，见表 2.2.5。

表 2.2.5　单键智能开关按键功能

按键	功能
配网按键	• 短按按键（<5 s）：打开/关闭对应回路所接负载； • 长按按键（对应图示轻触按键>10 s）：产品离网并重新进入配网模式

（3）单键智能开关指示灯含义，见表 2.2.6。

表 2.2.6　单键智能开关指示灯含义

指示灯	含义
状态指示灯（蓝色）	• 熄灭：后端负载打开； • 点亮：后端负载关闭
网络指示灯	• 入网中：黄色指示灯慢闪； • 入网成功/在线：指示灯熄灭； • 入网超时：指示灯常亮

4）单键无线开关设备说明

（1）单键无线开关结构，如图 2.2.5 所示。

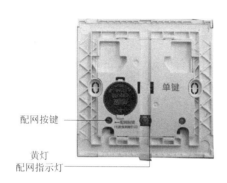

图 2.2.5　单键无线开关结构

（2）单键无线开关按键功能，见表 2.2.7。

表 2.2.7　单键无线开关按键功能

按键	功能
配网按键	• 短按配网按键：打开/关闭对应回路所接负载； • 长按配网按键（左边第一个按键，3 位开关长按中间按键）：>10 s，表示产品离网并进入配网模式

（3）单键无线开关指示灯含义，见表 2.2.8。

表 2.2.8　单键无线开关指示灯含义

指示灯状态	含义
状态指示（蓝色）	• 熄灭：后端负载打开； • 点亮：后端负载关闭
配网指示灯（黄色）	• 入网中：黄色指示灯慢闪； • 入网成功或在线：指示灯熄灭； • 入网超时：指示灯常亮

3. 设备接线与安装

安装本产品前，为了安全，必须先关闭电闸；安装时建议由专业电工操作，遵循用电安全规则。

设备接线柱明确标识了零线（N）、火线（L），请严格按照标识接线，如果不能区分零线和火线，请严格按照电工安全操作规程使用专业测电笔找出零线和火线。

（1）智能网关安装。

智能网关安装步骤如表 2.2.9 所示。

设备接线与安装

表 2.2.9　智能网关安装步骤

步骤	操作	图示
1	接入电源线（零线、火线），插入网关联网网线。	
2	使用安装螺钉（M4×25）将后座固定在安装盒上。	
3	先将面板组件套入外框，再卡入后座（完全卡入时有"咔哒"响声），卡入时注意外框的方向。	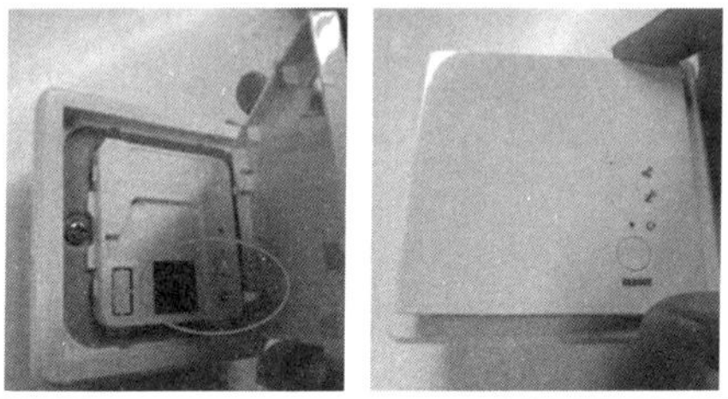

　　注意：由于智能网关采用的是 ZigBee 无线通信协议，为减少屏蔽以及无线信号传输过程中的衰减，降低环境对无线信号的影响，要求安装智能网关所用的预埋盒不要使用金属材料，建议采用 PVC 材料。

　　（2）智能语音面板安装。

　　智能语音面板安装步骤如表 2.2.10 所示。

表 2.2.10　智能语音面板安装步骤

步骤	操作	图示
1	接入电源线（零线、火线）。	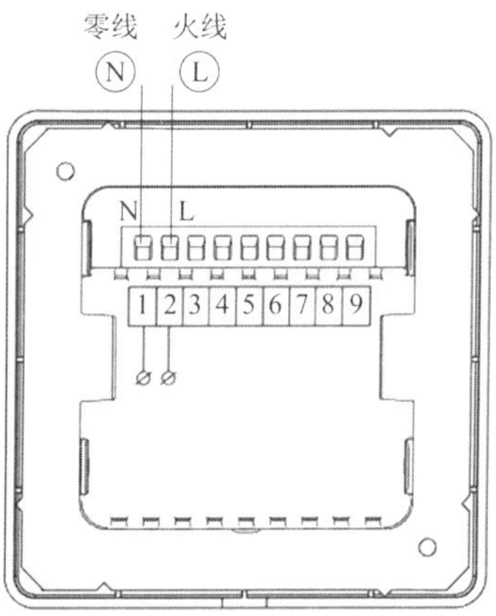

续表

步骤	操作	图示
2	将产品面板朝上，找到缺口处，用一字螺丝刀伸入缺口处往上顶，听到"咔哒"响声后，面板会翘起，从而完成产品面板和底座分离。	
3	使用安装螺钉（M4×25）将后座固定在安装盒上，安装时注意方向。将面板卡入后座（完全卡入时有"咔哒"响声），卡入时注意外框的方向（产品商标位于产品正下方）。	

（3）单键智能开关安装。

单键智能开关安装步骤如表 2.2.11 所示。

表 2.2.11 单键智能开关安装步骤

步骤	操作	图示
1	将预留在 86 暗盒中的电源线（零线、火线）和受控负载的电源线（火线）连接到对应接线柱上。	

续表

步骤	操作	图示
2	使用安装螺钉（M4×25）将后座固定在安装盒上，安装时注意方向。 先将面板组件套入外框，再卡入后座（完全卡入时有“咔哒”响声），卡入时注意外框的方向。	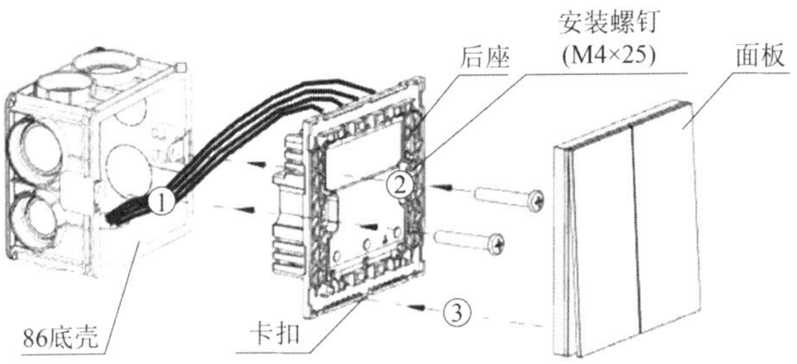

（4）单键无线开关安装。

单键无线开关具体安装步骤简单，具体安装方式如表 2. 2. 12 所示。

表 2. 2. 12　单键无线开关具体安装方式

方式	操作	图示
1	第一种安装方式：86 暗盒配套使用	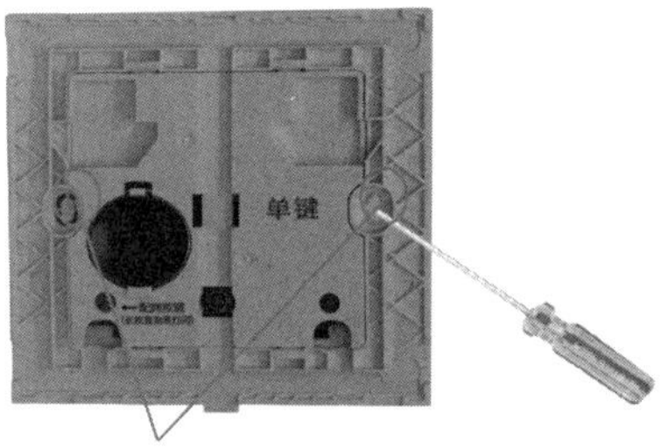把挡片撬掉，拧上螺钉（建议使用M4螺钉）
2	第二种安装方式：粘贴在需要的位置	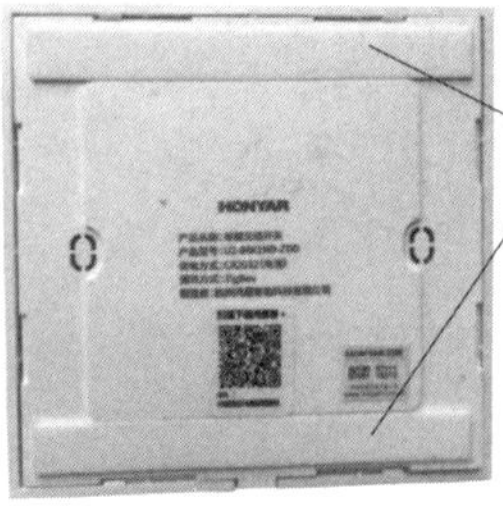

方式	操作	图示
3	第三种安装方式：随手放置在任意需要的位置	

4. 设备配网

设备配网的具体步骤如表 2.2.13 所示。

表 2.2.13　设备配网的具体步骤

步骤	操作	图示
1	在 App 首页（"默认"页面）中单击"添加设备"按钮，进入设备添加页面。 添加智能网关设备： （1）正常情况下，智能网关设备出现在本页面的"本地发现设备"列表，可以单击网关设备右侧的"绑定"按钮，直接添加设备。	 

步骤	操作	图示
1	或者在下方"支持添加的设备"列表中选择"网关"，然后在右侧设备列表中选择"智能主机 U86 款"，单击"添加"按钮。 （2）发现设备后，单击"确认"按钮，结束配网操作。 （3）配网成功的智能网关设备会显示在 App 首页的"默认"设备列表中。	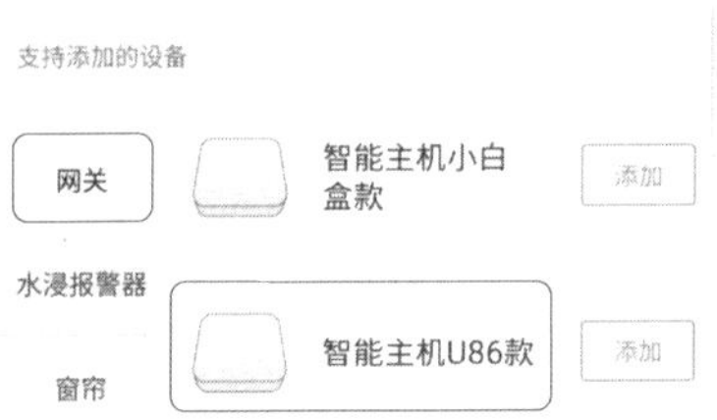 
2	在 App 首页，单击信息栏右上角"+"按钮，在下拉列表框中选择"添加设备"，进入设备添加页面。 添加智能语音面板设备： （1）首先，在左侧"支持添加的设备"列表中选择"语音面板"。 （2）然后，在语音设备列表中选择"智音 A2"，单击右侧的"添加"按钮，直接添加。	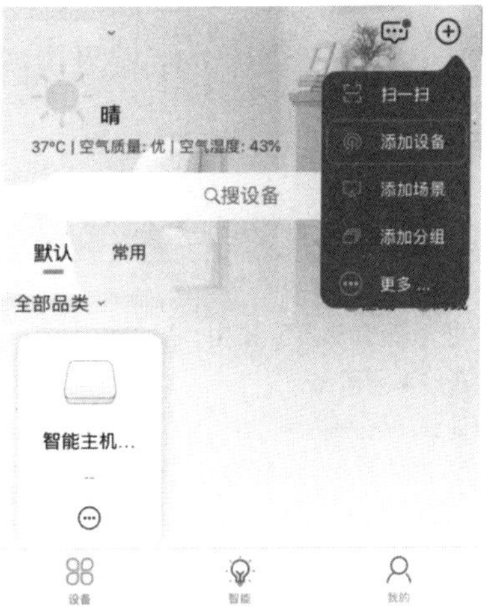 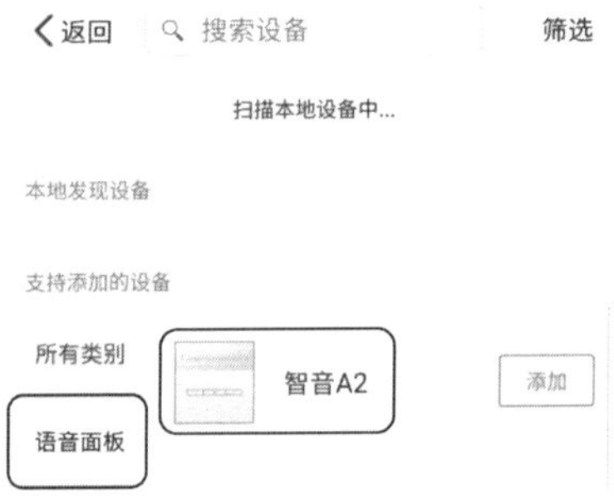

续表

步骤	操作	图示
2	（3）长按设备前面板的"配网按键（麦克风按键）"5 s，根据语音提示进行操作，待智能语音面板进入配网模式后，单击 App 界面的"设备已进入配网模式"按钮。 备注：配网该设备前，需提前打开手机的蓝牙功能。 （4）在设备发现页面，会显示设备配网的进度。 （5）成功发现设备后，先单击"连接"按钮，设备自动进行"蓝牙连接→WiFi 连接→设备登录→获取设备列表"连接和配置操作，待 App 显示"绑定设备成功"，智能语音面板随后提示"Hi，我来了"，表示智能语音面板设备配网完成。 （6）单击 App 界面的"关闭"按钮，结束本次配网操作。	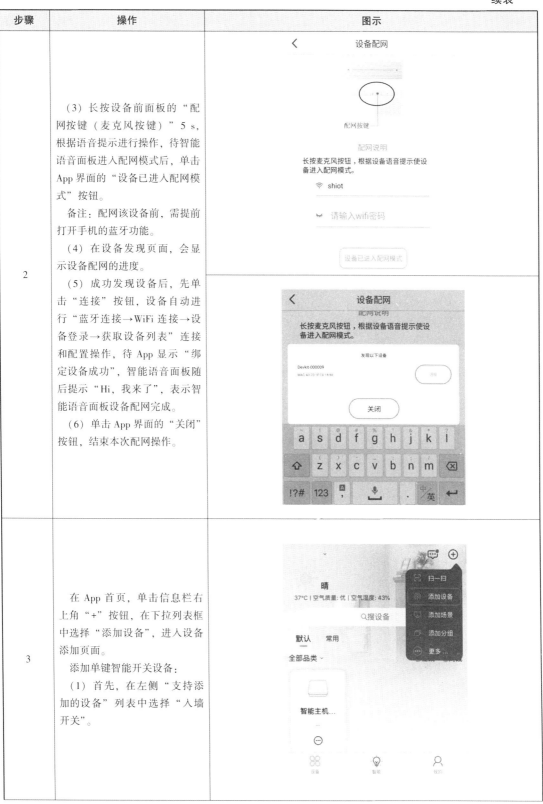
3	在 App 首页，单击信息栏右上角"+"按钮，在下拉列表框中选择"添加设备"，进入设备添加页面。 添加单键智能开关设备： （1）首先，在左侧"支持添加的设备"列表中选择"入墙开关"。	

步骤	操作	图示
3	（2）然后，在右侧开关设备列表中选择"单键智能开关U2"，单击"添加"按钮。 （3）在网关选择页面，选择本次配网使用的智能网关（鸿雁智能网关86型U86GW）。 （4）长按"配网按键"10 s以上至"指示灯"闪烁，单键智能开关进入配网模式。接着单击App界面的"我确认在闪烁"按钮。 （5）在设备发现页面，会显示设备配网的进度。 （6）待设备添加成功后，单击App界面的"确认"按钮，结束本次配网操作。	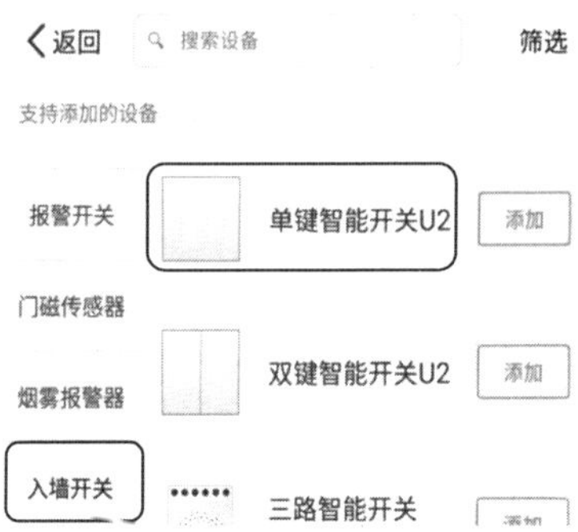  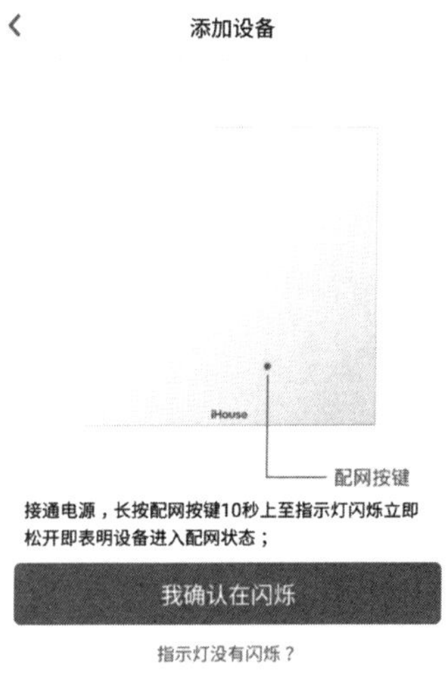 

续表

步骤	操作	图示
4	在 App 首页，单击信息栏右上角 "+" 按钮，在下拉列表框中选择 "添加设备"，进入设备添加页面。 　　添加单键无线开关设备： 　　（1）首先，在左侧 "支持添加的设备" 列表中选择 "场景开关"。 　　（2）然后，在设备列表中选择 "单键无线开关 U2"，单击 "添加" 按钮。	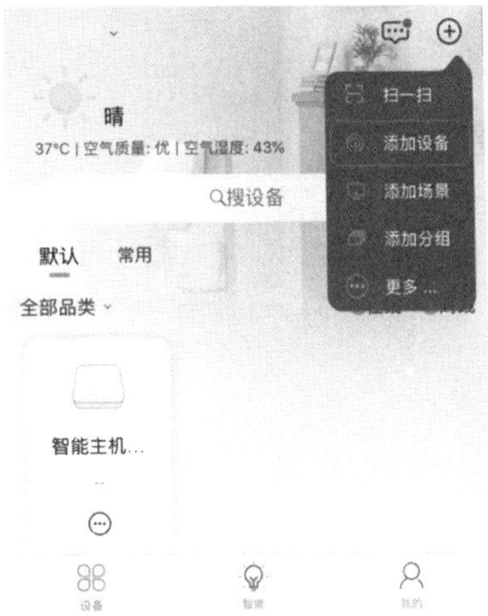 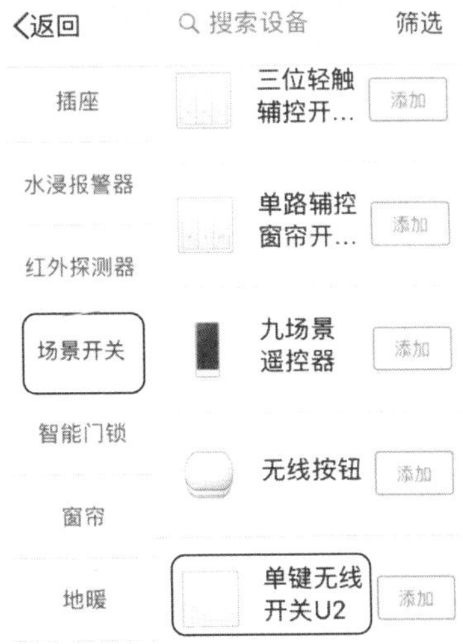

续表

步骤	操作	图示
4	（3）在网关选择页面，选择本次配网使用的智能网关（鸿雁智能网关86型U86GW）。 （4）长按"配网按键"5 s以上，待配网按键侧的配网指示灯闪烁时松开按键，表明设备已进入配网模式。接着单击App界面的"我确认在闪烁"按钮。 （5）待设备添加成功后，单击App界面的"确认"按钮，结束本次配网操作。	 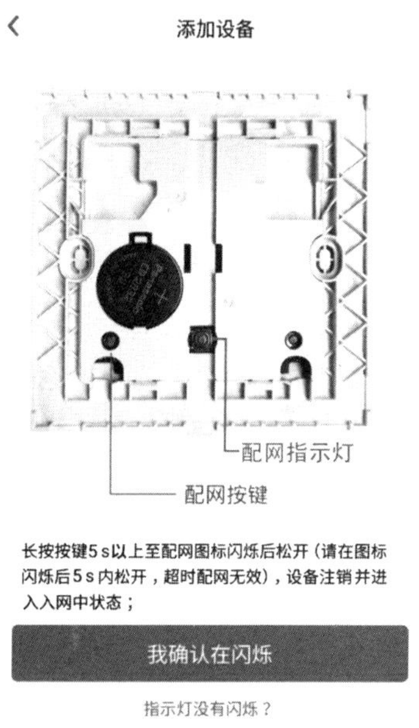 〈　　　　　选择网关 鸿雁智能网关86型U86GW　　　　　〉 〈　　　　　添加设备 配网指示灯 配网按键 长按按键5 s以上至配网图标闪烁后松开（请在图标闪烁后5 s内松开，超时配网无效），设备注销并进入入网中状态； 我确认在闪烁 指示灯没有闪烁？

注：如果提示绑定设备失败，请查看是否选择了正确的设备类型和型号/指示灯是否正常闪烁，如果单键智能开关或单键无线开关绑定设备失败，还需要查看智能网关是否在线。待以上问题排除后再行添加。

5. 设备功能与设置

在成功为设备配置网络后，就可以根据需要对设备进行一定的设置了，具体操作步骤如表2.2.14所示。

表 2.2.14　设备功能与设置操作步骤

步骤	操作	图示
1	智能网关功能与设置： （1）在首页单击"默认"→"全部品类"中的已经配网的"智能主机 U86 款"，进入"设备管理页面"。 （2）在"设备管理页面"查看智能网关使用的 ZigBee 通道和通信带宽。查看智能网关子设备列表。 （3）单击页面右上角的"设备详情"图标，进入设备详情页面。 （4）在设备详情页面可进行以下设置操作： ①设备分享二维码：通过该功能可把该设备分享给家庭其他成员使用。 ②子设备管理：查看与该网关成功配网的 ZigBee 子设备。 ③设备名称：查看/修改该设备的名称。 ④设备成员：使用该设备的家庭成员。 ⑤意见反馈：提交意见反馈。 ⑥设备型号：提供该设备的型号。 ⑦设备识别码和固件版本：查看设备识别码和固件版本。 ⑧解除绑定：单击"解除绑定"按钮，然后在弹窗中单击"确定"按钮，从默认设备列表中删除设备。	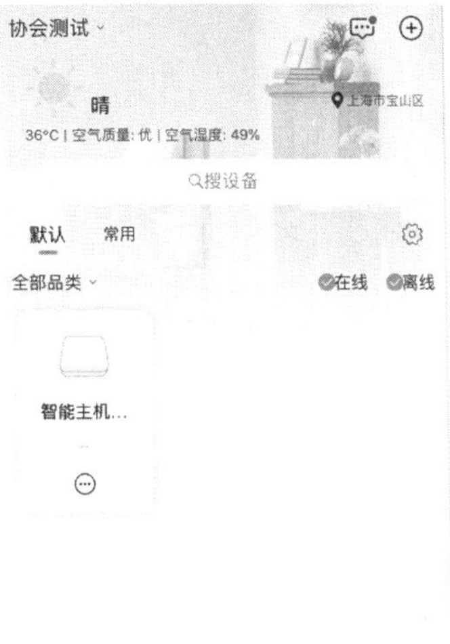   协会测试～ 晴 36℃ | 空气质量：优 | 空气湿度：49%　上海市宝山区 搜设备 默认　常用 全部品类～　　　在线　离线 智能主机… 返回　智能主机U86款 ZB通道　　25 ZB带宽　　2.4G 子设备列表 返回　设备详情 设备分享二维码 子设备管理 设备名称　智能主机U86款 设备成员　1 意见反馈 设备型号 设备识别码　H000023J00002938 固件版本　HonYar_GW_200122 解除绑定

续表

步骤	操作	图示
2	智能语音面板功能与设置： （1）在首页"默认"列表中单击已经配网的"智音 A2"，进入设备交互页面。 （2）在设备交互页面，单击右下角"我的"图标进入设备管理页面。 （3）在设备管理页面，可以实施以下设置操作： ①"夜间模式"设定：模式开启/关闭控制，设置模式有效时间区间。 ②"家庭"–"设置"–"房间管理"：通过"添加房间"按钮，根据家庭情况逐个添加房间。 ③"更多设置"设定：包括设备名称、设备地址、设备信息、系统升级、解绑设备、恢复出厂设置。 ④单击"技能说明"可查询相关信息。 其他具体设置可通过 App 查看。	  智音A2 08-03 18:04:11 来点音乐 和你一起听音乐是很美好的事情 如果当时 08-03 18:07:35 停止播音乐 已停止 快和小雁聊一聊 ··· 消息　我的 智音A2 智音A2 在线 夜间模式　更多设置 技能说明　＞ 家庭　＞ 消息　我的

续表

步骤	操作	图示
3	单键智能开关功能与设置： 单击已经配网的"单键智能开关 U2"进入设备管理页面，可以实施以下设置操作： （1）修改开关的名称。 （2）单击"电源开关"可控制开关通断。 （3）背光开关：单击"背光开关"可控制"指示灯"的亮灭。 （4）断电记忆：设备断电时保存断电前开关的状态，上电后按保存状态恢复。 （5）云端定时：存储在云端的定时任务（定时任务设置到云端，到时间后云端下发指令给智能硬件执行，断网或网络不好的情况下不能执行定时任务）。	 ‹　　单键智能开关U2　　☰ 开关　　　　　　　　　修改名称 ⏻ 电源开关 1 电源开关 1 开关 💡　　　　　⚡ 背光开关　　　断电记忆 定时设置 云端定时　　　　　　　　　›
4	单键无线开关在智能家居设备里属于无线遥控器。 如果用户想通过单键无线开关的按键实现场景联动控制功能，则必须为"单键无线开关"添加"场景"后，无线开关按键才能起到控制功能。 具体操作可以单击"添加单设备场景"按钮，根据提示按步骤完成即可。	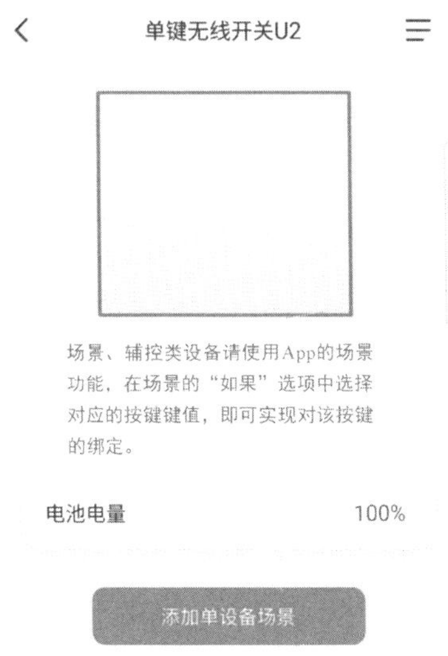 ‹　　单键无线开关U2　　☰ （方框图示） 场景、辅控类设备请使用App的场景功能，在场景的"如果"选项中选择对应的按键键值，即可实现对该按键的绑定。 电池电量　　　　　　100% 添加单设备场景

6. 设备测试

当完成设备安装、配网和功能设置后，还需要对设备进行测试。测试主要是针对设备的功能特点进行验证，检查设备设置是否达到用户要求的功能。

（1）智能网关测试。

智能网关测试步骤如表 2.2.15 所示。

表 2.2.15　智能网关测试步骤

步骤	操作	图示
1	拔掉路由器上 LAN 口连接智能网关的网线，给智能网关断网。 　　如果智能网关面板上的 WAN 指示灯熄灭，表示智能网关未连接网络。 　　App 显示智能网关离线。	
2	重新插上 LAN 口智能网关联网网线，智能网关面板上的 WAN 指示灯闪烁，表示连接网络正常，且有数据传输。 　　App 显示智能网关在线。	

（2）智能语音面板测试。

智能语音面板联网与静音测试步骤如表 2.2.16 所示。

表 2.2.16 智能语音面板联网与静音测试步骤

步骤	操作	图示
1	未配网的智能语音面板，状态指示灯呈"红色"状态。对着智能语音面板说"小雁，小雁"，智能语音面板回应"请在手机上下载鸿雁智＋App，并为小雁完成网络配置"。	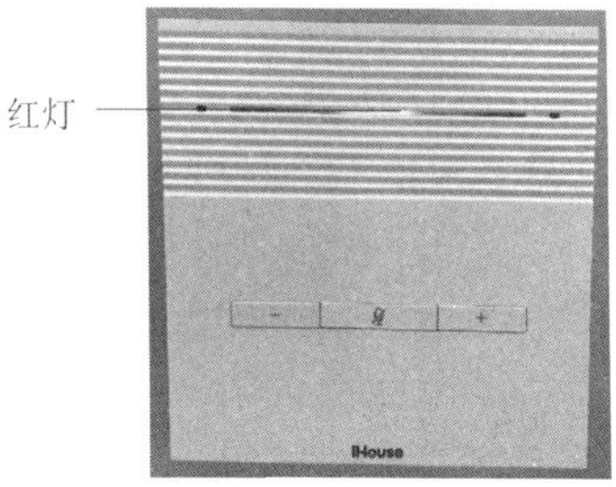 红灯——
2	配网成功后，网络将连接正常的智能语音面板。状态指示灯全部熄灭，表示智能语音面板入网成功。 App 显示智能语音面板联网正常。	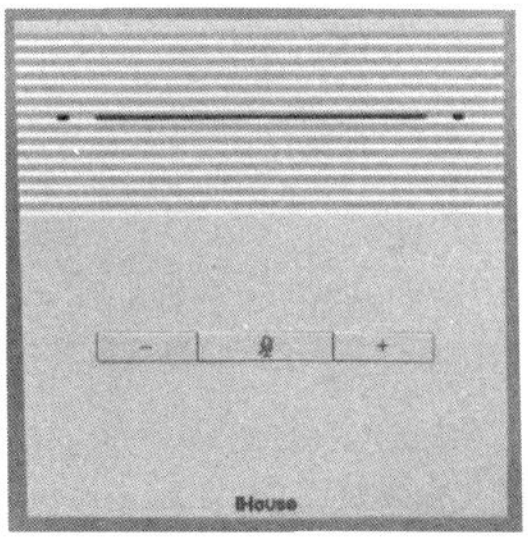 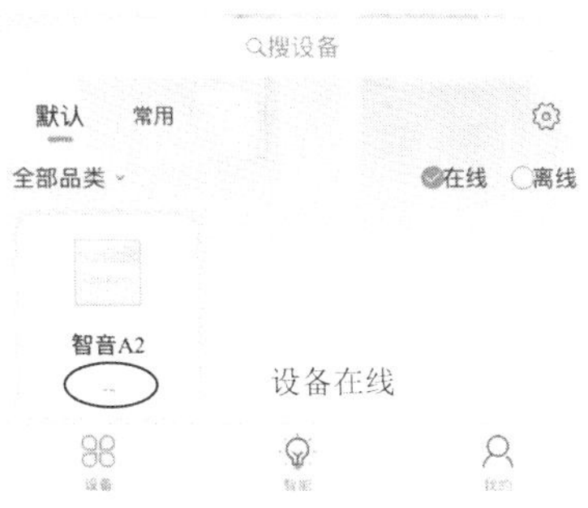

步骤	操作	图示
3	配网成功后，断开网络连接的智能语音面板。对着智能语音面板说"小雁，小雁"，智能语音面板回应"网络已断开，正在尝试重新连接"，在播放语音期间，智能语音面板上的指示灯一直呈"红色"状态。 　　语音播放结束后，指示灯又重新恢复熄灭状态。 　　在 App 首页选中"离线"才能看到智能语音面板设备图标。	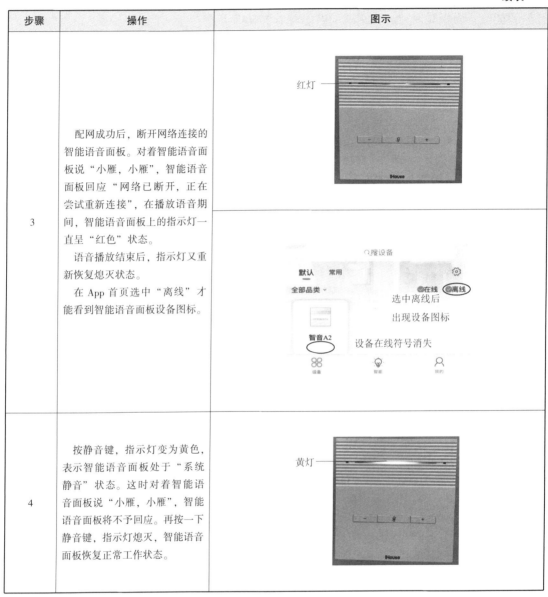
4	按静音键，指示灯变为黄色，表示智能语音面板处于"系统静音"状态。这时对着智能语音面板说"小雁，小雁"，智能语音面板将不予回应。再按一下静音键，指示灯熄灭，智能语音面板恢复正常工作状态。	

　　智能语音面板配网成功，网络连接正常后，智能语音面板其他功能测试见表 2.2.17。

表 2.2.17　智能语音面板其他功能测试

步骤	操作
1	音乐播放功能：对智能语音面板说，"小雁，小雁，播放音乐"，可唤醒智能语音面板，实现音乐播放功能
2	故事播放功能：对智能语音面板说，"小雁，小雁，播放故事"，即可唤醒智能语音面板，实现故事播放功能
3	报时功能：对智能语音面板说，"小雁，小雁，报时"，即可唤醒智能语音面板，播放当前时间

（3）单键智能开关测试。

当智能网关断电、断网发生时，对智能开关的工作情况进行测试，见表 2.2.18。

表 2.2.18　单键智能开关测试内容

步骤	操作		结果
1	切断智能网关电源	智能开关控制照明灯	正常控制
2		App 控制照明灯	无法控制
3	智能网关恢复供电，拔掉路由器 LAN 口	智能开关控制照明灯	正常控制
4	网关连网网线	App 控制照明灯	无法控制

以上现象说明，在没有 Internet 网络和 ZigBee 网络时，单键智能开关的直接控制功能不受影响。但是移动端 App 的控制功能异常，因为 App 控制需要正常的 Internet 网络接入支持。

（4）单键无线开关测试。

针对单键无线开关的场景控制特点，对设备进行功能测试。提前把智能网关、单键智能开关和单键无线开关完成配网，通过双击单键无线开关功能按键，实现对单键智能开关的控制。单键无线开关测试具体步骤如表 2.2.19 所示。

表 2.2.19　单键无线开关测试具体步骤

步骤	操作	图示
1	在 App 首页单击"单键无线开关 U2"的图标，进入设备管理页面。	 搜设备 默认　常用 全部品类 ∨　　在线　离线 智能主机…　单键无线… ⋯　⋯ 设备　　　　　人
2	单击"添加单设备场景"，修改场景名称为"照明灯遥控开关"，开启"首页显示"功能。	 ＜　编辑自动场景　保存 照明灯遥控开关 首页显示 场景开关 添加本地　添加云端 （本地）单键智能开关U2 翻转 翻转 智能主机U86款

续表

步骤	操作	图示
3	单击"添加本地"按钮进入条件和动作选择页面。条件选择双击单键无线开关功能键,动作选择单键智能开关状态翻转,然后单击"确定"按钮保存设置。	

完成以上设置后就可以开始测试单键无线开关的遥控功能了。

双击单键无线开关功能键,连接到单键智能开关的照明灯由灭转亮;再双击单键无线开关功能键,照明灯由亮转灭,功能测试正常。

2.2.2　知识链接

1. 智能网关

1)智能网关工作原理

智能网关由 AC/DC 电源、处理器、ZigBee 模组、以太网接口和按键/指示灯等几部分组成。其中 AC/DC 电源用于给各个元器件供电;ZigBee 模组和处理器用于建立 ZigBee 网络和执行相应的程序动作;以太网接口用于与 Internet 网络通信;按键/指示灯用于检测外部触发信号及设备通信和工作状态指示。

ZigBee 网络搭建过程中,智能网关首先选择频道和网络 ID,然后开启该网络。智能网关可以和在同一个区域的多个终端节点通信。

智能网关负责 ZigBee 网络的建立、管理,是 ZigBee 网络的中心和管理者。它负责无线传感器网络中的数据与上级网络(如接入以太网、GPRS 等)通信。智能网关设计原理框图如图 2.2.6 所示。

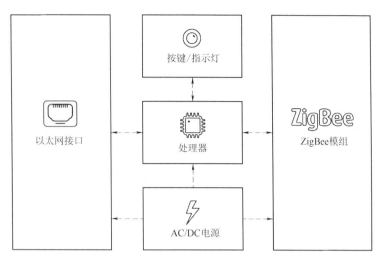

图 2.2.6　智能网关设计原理框图

2）智能网关选型依据

面对市场上琳琅满目的智能网关，如何才能选择一款适合自己的产品呢？下面从以下几个角度介绍大家认识的市场上不同的智能网关，使用者可根据相关信息进行选择。

（1）固定方式。

①嵌入式安装，预埋 86 底盒或标配底盒。

②桌面摆放或者弱电箱内固定安装。

（2）通信方式。

①终端接入方式：ZigBee、蓝牙、433 MHz 无线通信（简称 433）等。

②网络传输方式：有线、无线、有线+无线 3 种方式接入 Internet 网络。

（3）专用与集成设备。

①专用独立网关：无任何其他功能集成。

②集成网关功能的多用途智能设备：智能摄像头、智能音箱、无线路由器、电视机顶盒、空调插座等内部已集成智能网关功能的智能设备。

（4）技术参数。

①智能网关设备参数，见表 2.2.20。

表 2.2.20　智能网关设备参数

名称	说明
额定电压	AC 220 V
待机功耗	<3 W
工作温度	−10~55 ℃
工作湿度	≤90%RH（无冷凝）
安装方式	86 底盒

名称	说明
防护等级	IP20
主要材质	PC
通信距离	• 室外空旷距离：101 m； • 室内可见距离：31 m
状态指示灯	3 个 LED
操作按键	2 个按键
有线接口	1 个 10/100M RJ45 以太网接口（WAN）
无线技术	IEEE 802.15.4 ZigBee/IEEE 802.3 以太网
天线类型	内置 FPC 天线
设备管理	• Web 管理； • 配置文件导入导出； • 默认网关：192.168.82.1； • Web 密码：admin
升级方式	• Web 固件升级（网关-MT7688）； • 串口固件升级（ZigBee）
子设备连接数（容量）	60

②重点参数讲解：子设备连接数（容量），这是智能网关所能连接的子设备最大数量。

2. 智能语音面板

1）智能语音面板的工作原理

智能语音面板的设计原理框图如图 2.2.7 所示。

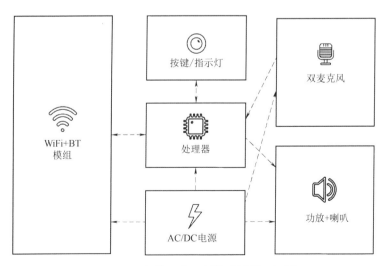

图 2.2.7　智能语音面板的设计原理框图

（1）智能语音工作三步流程：ASR、NLP、TTS。

①识别人说的话，采用自动语音识别技术（Automatic Speech Recognition，ASR）。

②对识别的内容提取信息并处理，采用自然语言处理（Natural Language Processing，NLP）。

③把处理结果用声音发给人，采用从文本到语音技术（TextToSpeech，TTS）。

（2）智能语音的交互系统是实现其智能化的关键技术，智能语音交互系统需要具备以下功能：

①远场识别。

②唤醒词唤醒。

③语音识别。

④语义理解。

（3）任何支持智能语音交互系统的设备都可以成为以语音作为介质的控制中枢，因此除了智能语音外，还可以运用于汽车、手机、可穿戴设备中。

2）智能语音面板选型依据

（1）固定方式。

①嵌入式安装式：预埋 86 底盒或者厂家标配底盒，工作电源线和网络线（部分设备不需要网线，使用 WiFi 联网）在底盒内连接设备，该类产品适合于前装市场和工程产品。

②桌面摆放式：可以直接在桌面摆放，就近插座取电，这类产品适合后装市场，即买即用。

（2）供网方式。

①无线 WiFi。

②网线接入。

（3）兼容性。

①开放式的阿里天猫系、若琪，支持控制小米科技的米家，飞利浦的 Philips Hue 等数十款智能硬件品牌的智能音箱。

②封闭式智能家居厂家专用语音音箱，仅支持控制自家出品的智能硬件，有局限性，不能控制其他品牌的智能硬件。

（4）网络接入。

①离线语音识别。离线智能语音内部集成了一定数量语音命令词条，仅有这些语音命令词可以识别，其他语音内容不能识别。

离线智能语音不需要连接 Internet 网络进行语音识别，只需要说出命令式的语音去控制家电产品，如"关闭风扇"之类。离线语音控制不需要把语音转换为文字这个过程，直接是设备硬件模块里面集成了这些命令词的语音模型，通过对用户语音命令词进行声学匹配，匹配成功就输出相应的语音指令给家电设备里面的控制器单元，进而控制家电产品设备。

离线语音控制技术被重点应用在智能家电控制类产品中，该技术没有复杂的硬件电路设计和软件开发需求。

综上所述，离线语音设备的特点如下：

a. 在本地进行语音识别。

b. 不需要网络，不需要安装 App。

c. 响应速度快。

d. 体积小，成本低。

e. 对语音命令词的长度和条数有一定的限制。

f. 不支持语义理解识别。

g. 不需要后台服务器。

②在线语音识别。在线语音识别方案的特点如下：

a. 在云端通过语音搜索引擎进行语音识别。

b. 需要连接 Internet 网络才能工作。

c. 响应速度一般要 2~5 s。

d. 体积比较大，成本比较高。

e. 对语音命令词的长度和条数没有限制。

f. 需要后台服务器。

（5）技术参数。

①智能语音面板设备参数，见表 2.2.21。

表 2.2.21　智能语音面板设备参数

名称		说明
产品型号		U2-86YY-WB2
唤醒词		小雁，小雁
输入	额定电压	AC 220 V
	待机功耗	<3 W
环境	工作温度	-10~55 ℃
	工作湿度	≤90%RH（无冷凝）
结构	外形尺寸	86 mm×86 mm×45 mm
	质量	（1±10%）×160 g（净重）
	防护等级	IP20
	产品颜色	白色
	主要材质	PC
	安装方式	86 底盒
状态指示灯		1 个 LED（RGB）
操作按键		3 个按键
无线技术		IEEE 802.11 b/g/n WiFi+蓝牙 4.2
天线类型		FPC 天线
升级方式		OTA 升级
麦克风		2MIC
远程拾音		5 m
唤醒速度		<501 ms
响应速度		<1.5 s
识别准确率		>95%
指示灯		支持 RGB 调色
内置喇叭		单声道，1 W/8 Ω

续表

名称	说明
网络	<ul><li>支持 WiFi+BT；</li><li>蓝牙：支持 BT4.0 及以上；</li><li>支持配网，支持音频输出及其他配置；</li><li>WiFi：支持 802.11 b/g/n，最大传输速率为 150 Mbit/s；</li><li>支持 HT40</li></ul>
通信距离	<ul><li>室外空旷距离：101 m；</li><li>室内可见距离：31 m；</li><li>拾音距离：5 m；</li><li>唤醒速度：<501 ms；</li><li>支持语义理解</li></ul>

②重点参数讲解。

a. 5 m 远程拾音距离：拾音就是声音收集的过程，拾音距离是指传声器的设置位置到声源的距离，智能语音面板 5 m 内接受远距离的语音控制。

b. 唤醒速度小于 501 ms：语音交互的过程与平时人与人之间交流的方式非常相似，有问有答，智能音箱也是如此。语音交互流程被划分为 5 个环节，即唤醒、响应、输入、理解、反馈。唤醒是每一次中用户与智能语音面板交互的第一个接触点，需要通过叫出"唤醒词"来激活设备。

c. 可支持语义理解识别。

3. 智能开关

1）单键智能开关的工作原理

单键智能开关在结构上一般包括：电源转换电路，用于给各个元器件供电；主控单元，用于建立 ZigBee 网络和执行相应的程序动作；输入检测电路，用于检测开关的状态；继电器控制单元，这部分是智能开关的执行机构，继电器的触点与电气设备串联接入 220 V 市电；最后是负载单元。单键智能开关设计原理框图如图 2.2.8 所示。

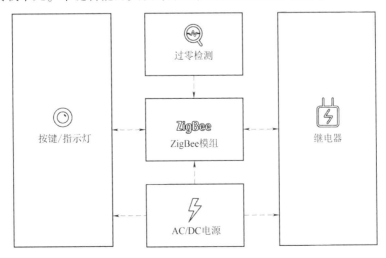

图 2.2.8　单键智能开关设计原理框图

2）单键无线开关的工作原理

单键无线开关的发射器将控制者的控制按键经过编码，调制到射频信号上发射出无线信号，也可以将发射器说成是一个编码器。而接收器是将接收到的无线编码信号再进行解码，得到与控制按键相对应的信号，然后去控制相应的电路工作，接收器也被称为解码器。单键无线开关设计原理框图如图 2.2.9 所示。

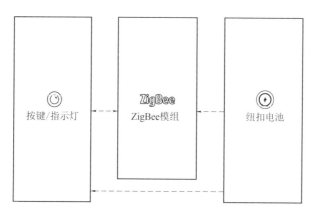

图 2.2.9　单键无线开关设计原理框图

3）单键智能开关选型依据

（1）固定方式。

①嵌入式安装，预埋 86 底盒。

②正常摆放，上墙可用不干胶粘贴。

（2）供网方式。

①ZigBee。

②WiFi。

③433 MHz 无线通信。

（3）材料。

PC 是一种非晶态工程材料，具有很好的冲击强度、稳定性、光泽度、抗菌性、阻燃性和抗污染特性。

无线开关都采用如塑料这样的非金属材料，是因为金属物对无线信号的反射影响是必然的，不仅仅是 ZigBee。不仅无线开关要使用非金属材料，安装时也要安装在距金属有一定距离的位置上，最好是 30 cm 以上。

（4）单键智能开关参数。

①具体硬件参数见表 2.2.22。

表 2.2.22　单键智能开关硬件参数

项目	名称	说明
输入	额定电压	AC 220 V
	额定频率	50 Hz
	静态功耗	<0.5 W

续表

项目	名称	说明
输出	额定负载	• 阻性：回路合计 1 320 W/单路最大 1 320 W； • 容性/感性：单路最大 160 W
	额定电流	10 A
通信	通信方式	ZigBee
	通信距离	• 室外空旷距离：101 m； • 室内可见距离：31 m
	天线方式	内置
环境	工作温度	–10~55 ℃
	工作湿度	≤90%RH（无冷凝）
其他	防护等级	IP20
	主要材质	PC
	安装方式	86 底盒
	符合标准	• GB 16915.1； • GB/T 16915.2

②重点参数讲解。

a. 额定电流 10 A：是指在额定环境条件（环境温度、日照、海拔、安装条件等）下，电气设备长期连续工作时的允许电流。照明开关工作时电流不应超过它的额定电流。

b. 阻性/容性/感性负载：施加在负载上的电压滞后于负载电流的，属于容性负载；施加在负载上的电压超前于负载电流的，属于感性负载；施加在负载上的电压与电流同相的，属于阻性负载。对于灯具来讲，靠气体导通发光的灯具就是感性负载，靠电阻丝发光的灯具属于阻性负载，如碘钨灯、白炽灯、电阻炉、烤箱、电热水器、热油汀等。

4）单键无线开关选型依据

单键无线开关作为智能家居的无线遥控器，通过 ZigBee 无线网络自动连接到智能网关，与其他设备组成 ZigBee 网络，用户通过本地按键实现场景联动功能。单键无线开关硬件参数见表 2.2.23。

表 2.2.23　单键无线开关硬件参数

产品型号		参数
供电方式		CR2032 电池
待机时间		1 年（正常操作 10 次/天）
通信	通信方式	ZigBee
	通信距离	• 室外空旷距离：101 m； • 室内可见距离：31 m
	天线方式	内置
环境	工作温度	0~45 ℃
	工作湿度	≤90%RH（无冷凝）
	主要材质	PC

产品型号		参数
环境	防护等级	IP20
	符合标准	Q/HZE0602

2.2.3 思考与练习

（1）简述智能中控设备的工作原理。

（2）简述智能中控设备的选型依据。

（3）登录智享人居 App，删除已添加的智能中控设备，然后重新添加智能中控设备。

任务 2.3 电器影音设备装调

学习型任务单	任务 2.3 电器影音设备装调
1. 任务描述 学习了智能中控设备的装调后，技术员小李接着介绍道："客户觉得家里种类繁多的影音设备使用不便，电器影音系统通过对多种家居电气设备的协调控制，使这一切变得简单。典型的组成设备有智能灯组、智能插座、红外遥控器等。" 让我们一起跟着小陈来学习电器影音设备的装调吧。	
2. 任务分析 本任务通过对电器影音设备的实践操作，使学员掌握下列内容： • 电器影音设备的接线与安装； • 电器影音设备的配网； • 电器影音设备的测试流程； • 电器影音设备的功能及应用环境。	
3. 任务要求 （1）通过学习，掌握以下知识点： ①进一步熟悉电器影音设备的接线与安装原理； ②进一步熟悉电器影音设备的配网和测试流程； ③进一步熟悉电器影音设备的功能及应用环境。 （2）通过学习，掌握以下技能点： 能对电器影音设备进行接线与安装，能对电器影音设备进行配网，能完成电器影音设备的测试流程。	
学习总结：	

2.3.1 操作方法与步骤

1. 准备工作

首先需要了解电器影音设备在安装前需要做的软、硬件环境准备工作，如图 2.3.1 所示。

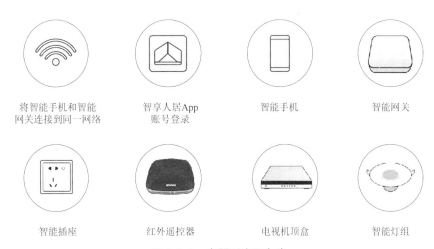

将智能手机和智能　　　智享人居App　　　　智能手机　　　　　智能网关
网关连接到同一网络　　　账号登录

智能插座　　　　红外遥控器　　　电视机顶盒　　　智能灯组

图 2.3.1 电器影音设备表

在开始测试之前，还需要做好以下准备工作。

（1）供电：给智能网关、LED 调光调色球泡灯、智能插座、红外遥控器和电视机顶盒接通电源。

（2）网关联网：使用网线将智能网关接入所在测试环境的路由器，保障智能网关可以正常进入 Internet。

（3）移动无线网络要求：测试环境的路由器提供的是 2.4 GHz WiFi 网络，不支持 5G。

（4）移动网络连接要求：确保智能手机和智能网关在同一个路由器 WiFi 内。

（5）App：登录智享人居 App 账号。

（6）智能网关要求：确保智享人居 App 已经成功添加智能网关。若未添加，应参照"项目 2 任务 2.2"进行添加。

2. 设备说明

1）LED 调光调色球泡灯说明

（1）产品示意图如图 2.3.2 所示。

LED 调光调色球泡灯是通过将通信模块嵌入灯泡的内部，使灯泡能够借助数据的平台通过蓝牙或者无线网络，与移动智能设备终端产生交互，使其具备智能化的特点。

（2）灯具状态含义见表 2.3.1。

**图 2.3.2 LED 调光
调色球泡灯**

表 2.3.1　灯具状态含义

间隔 1 s 闪烁	入网状态或恢复出厂设置成功
间隔 2 s 闪烁	灯具与面板配对成功

2）智能插座设备说明

（1）智能插座接口如图 2.3.3 所示。

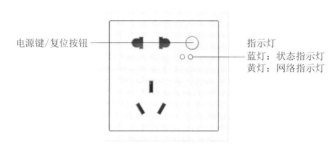

图 2.3.3　智能插座

（2）智能插座按键功能见表 2.3.2。

表 2.3.2　智能插座按键功能表

按键	功能
电源键/复位按钮	短按按键（<5 s）：打开/关闭对应回路所接负载 长按按键（>10 s）：产品离网并重新进入配网模式

（3）智能插座指示灯含义见表 2.3.3。

表 2.3.3　智能插座指示灯含义表

指示灯类型	灯状态	设备状态
网络指示灯（黄色）	慢闪	入网中
	常亮	入网超时或未配网
	熄灭	入网成功或已配网
状态指示灯（蓝色）	点亮	插座通电
	熄灭	插座断电

3）红外遥控器设备说明

（1）红外遥控器产品接口如图 2.3.4 所示。

图 2.3.4　红外遥控器产品接口

（2）红外遥控器功能说明见表 2.3.4。

表 2.3.4　红外遥控器功能说明

项目	功能
工作方式	ZigBee +红外射频
遥控器添加方式	码库匹配模式
红外覆盖范围	内置 7 个红外发射头和 4 根射频天线全方位红外发射
技术优势	采用特殊红外透射材料，减少红外漫反射
穿透能力	红外穿透率高达 95%

3. 设备接线与安装

安装前应先关闭电闸。安装时建议由专业电工操作，需遵循用电安全规则。

设备接线柱明确标识了火线（L）、零线（N），应严格按照标识接线，如果不能区分零线与火线，需严格按照电工安全操作规程使用专业测电笔找出火线和零线。

（1）LED 调光调色球泡灯安装。

安装球泡灯之前先进行固定安装检查，将灯座断电，将智能灯泡对准灯座按顺时针方向旋转，轻微用力拧不动为止。灯泡属于易碎品，手握灯泡力量不要过大。

（2）智能插座安装。智能插座接线如图 2.3.5 所示。

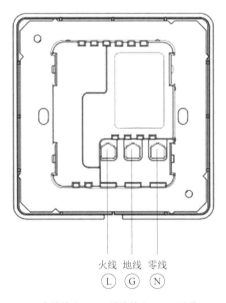

火线　地线　零线
Ⓛ　Ⓖ　Ⓝ

L—火线输入；N—零线输入；G—地线。

图 2.3.5　智能插座接线

（3）安装与调试。

安装与调试具体步骤如表 2.3.5 所示。

表 2.3.5 设备安装与调试具体步骤

步骤	操作	图示
1	分离面板和底座。	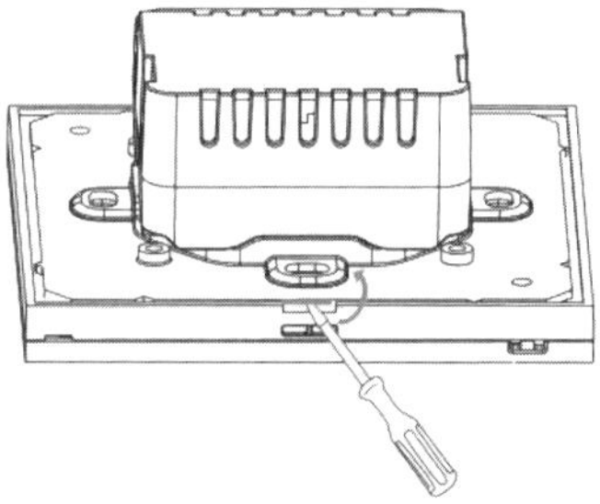
2	将预留在 86 暗盒中的电源线（零线、火线和地线）连接到智能插座的对应接线柱上。	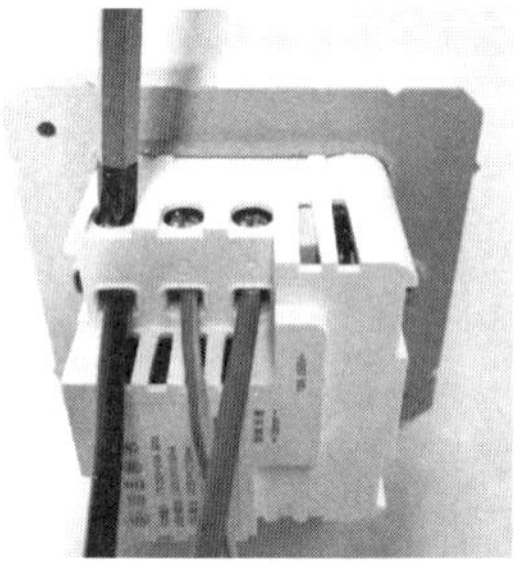
3	使用安装螺钉（M4×25）将后座固定在安装盒上，安装时注意方向。	
4	先将面板组件套入外框，再卡入后座（完全卡入时有"咔哒"响声），卡入时注意外框的方向。安装完毕后就可进行调试，调试成功后才能使用。	 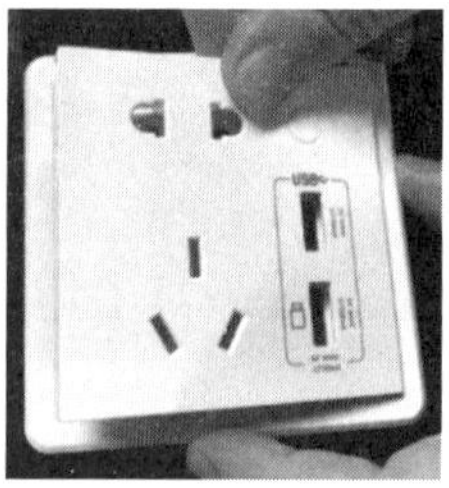

（4）红外遥控器安装。

红外遥控器不需要安装，只需用户根据使用习惯放置在合适位置。

4. 设备配网

设备配网具体步骤如表 2.3.6 所示。

表 2.3.6 设备配网具体步骤

步骤	操作	图示
1	在 App 首页，单击信息栏右上角"+"按钮，在下拉列表框中选择"添加设备"，进入设备添加页面。	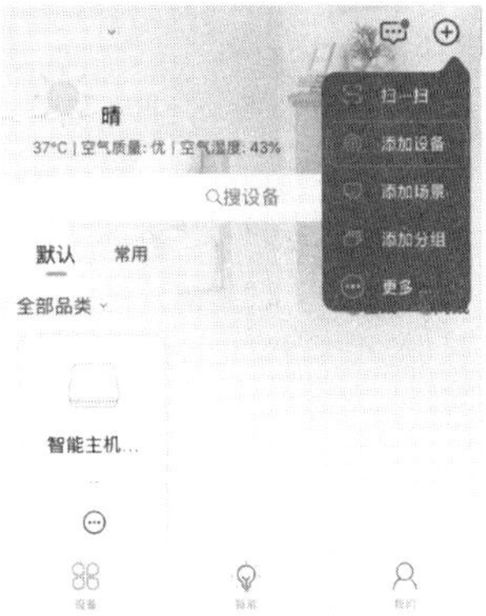
2	添加智能灯组设备： （1）首先，在左侧"支持添加的设备"列表中选择"灯"。 （2）然后，在右侧照明设备列表中选择"调光调色灯具"，单击"添加"按钮。 （3）选择网关为智能网关 86 型 U86GW。 （4）确认灯泡在上电后处于间隔 1 s 闪烁状态，若不闪烁，可通过以下方式操作： 快速操作灯开关，使灯开/关 9 次及以上（请确保：开→关 的时间在 3 s 以内；关→开 的时间在 3 s 以上）。操作完毕后，将灯具开关停留到接通即开灯的状态，看到灯具间隔 1 s 闪烁后即可。单击 App 页面中的"开始连接"按钮，开始配网添加设备。 （5）成功发现该设备后，单击 App 界面的"确定"按钮，结束本次配网操作。	 〈返回　搜索设备　　　筛选 支持添加的设备 水浸报警器　调光调色灯具　添加 窗帘 声光报警器　调光调色面板　添加 灯　　　DLT调光调色面板 　添加 --- 〈返回　绑定使用 发现以下设备： DN:D0CF5EFFFE541238　修改信息 成功 确认 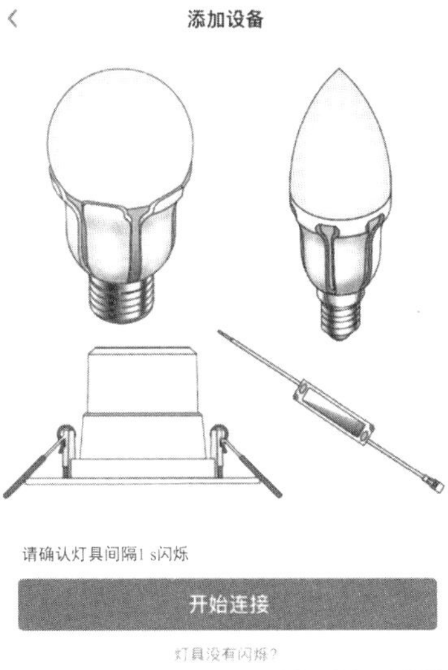 --- 〈　　添加设备 请确认灯具间隔1s闪烁 开始连接 灯具没有闪烁？

步骤	操作	图示
3	添加智能插座设备： （1）首先，在左侧"支持添加的设备"列表中选择"插座"。 （2）然后，在右侧设备列表中选择"10A智能插座U2/02款U1/计量"，单击"添加"按钮。 （3）选择网关为智能网关86型U86GW。 （4）长按配网按键10～15 s以上至指示灯闪烁，智能插座解除绑定并进入配网模式。接着单击App界面的"我确认在闪烁"按钮。 （5）成功发现该设备后，单击App界面的"确定"按钮，结束本次配网操作。	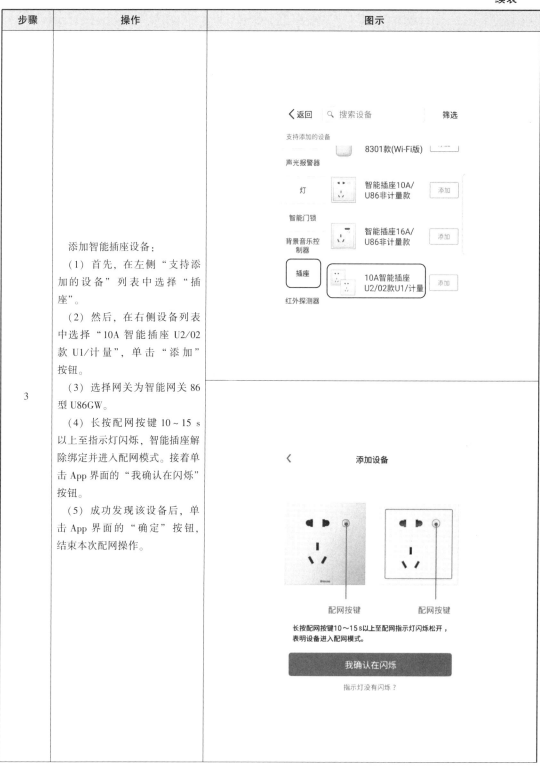

续表

步骤	操作	图示
4	添加红外遥控器设备： （1）首先，在左侧"支持添加的设备"列表中选择"红外遥控器"。 （2）然后，在右侧红外遥控器设备列表中选择"红外遥控器（桌面式）"，单击"添加"按钮。 （3）选择网关为智能网关 86 型 U86GW。 （4）长按配网按键 5 s 至配网指示灯闪烁时松开，设备进入配网模式。 接着单击 App 界面的"我确认在闪烁"按钮。 （5）成功发现该设备后，单击 App 界面的"确定"按钮，结束本次配网操作。	  〈返回　🔍搜索设备　　　筛选 本地发现设备 支持添加的设备 水浸报警器　　红外遥控器(桌面式)　添加 窗帘 声光报警器　　16A智能插座(计量/红外)　添加 红外遥控器 智能门锁　　　WIFI-红外转发器　添加 〈　　　添加设备 配网按键 长按配网按键5 s至配网指示灯闪烁表明设备进入配网状态。 我确认在闪烁 指示灯没有闪烁？

注：如果提示绑定设备失败，则查看主机是否在线、是否选择了正确的产品、指示灯是否正常闪烁，问题排除后再进行添加。

5. 设备功能与设置

当完成设备安装和设备配网后，还需要对设备进行功能设置。

对设备进行功能设置的具体步骤如表 2.3.7 所示。

表 2.3.7 对设备进行功能设置步骤

步骤	操作	图示
1	智能灯组功能设置： 在"默认"页面中单击已经配网的"调光调色灯具"进入设备页面。 在球泡灯管理窗口，有以下功能设置： • 开关控制； • 明暗度控制； • 色温控制。 说明：只有在灯开的情况下，才可以实施明暗度和色温控制。	 < 　调光调色灯具　 ≡ ◎ 开关 开关 OFF ⏻ 🌡 明暗度　　　　　**10%** 0 | | | | | | | 100 🌡 色温　　　　　　**暖光**
2	智能插座功能设置： 在"默认"页面中单击已经配网的"智能插座"进入设备页面，可进行的操作： • 上下滑动⏻图标控制插座通断电。 • 背光开关：默认情况下背光开关处于开启状态，插座输出通电时状态指示灯点亮；插座输出断电时状态指示灯熄灭。关闭背光开关后，状态指示灯保持熄灭，不再随插座输出是否有电而变化。 • 断电记忆：断电记忆开启时，智能插座供电电源断电后插座输出保存断电前的开关状态；断电记忆关闭时，供电电源恢复上电后插座输出默认是关闭状态。 • 童锁开关：童锁开关开启时，插座上开关按键和 App 中对应此设备的开关功能失效。 • 云端定时：存储在云端的定时任务（备注：定时任务设置到云端，到时间后云端会下发指令给智能硬件执行。断网或网络不好的情况下不能执行定时任务）。	 < 　10A智能插座U2/02款U1/计量　 ≡ ◎ 开关 ⏻ 开关 ON ◎ 其他开关 💡　　　⚡　　　😊 背光开关　断电记忆　童锁开关 ▨ 实时数据 Ⓐ　　　Ⓥ　　　⧉ 有效电流　有效电压　总耗电量 0A　　　226V　　　0KW·h Ⓐ→　　　Ⓥ→ 过流保护　过压保护 正常　　　正常 清空历史电量 定时设置 ☁ 云端定时　　　　　　　　>

步骤	操作	图示
3	红外遥控器设置： 此处以添加机顶盒为例来讲述红外遥控器的设置。 • 在"默认"设备列表中单击已经配网的"红外遥控器"进入设备页面，单击"机顶盒"图标，进入添加机顶盒页面。 • 用户可以在预置的码库列表中查找设备品牌，如"华为"；也可以输入"华为"后单击"搜索"进行搜索。 • 该红外遥控器设备采用的是"码库匹配模式"添加遥控器，系统码库预置有 20 套不同的红外码用来匹配相应型号的华为电视机顶盒设备。 • 用户首先单击 ⏻ 图标启动红外遥控器，发射红外命令，观察"机顶盒"设备是否正确反应。如没有正确反应，则切换到下一套码，继续单击 ⏻ 图标测试机顶盒，直至正确，然后单击"是"按钮。 • 单击"是"按钮后，系统会弹出"请输入设备名称"窗口，名称输入完毕后单击"确认"按钮。 • 在"默认"设备列表中显示已经添加成功的"电视机顶盒"设备。	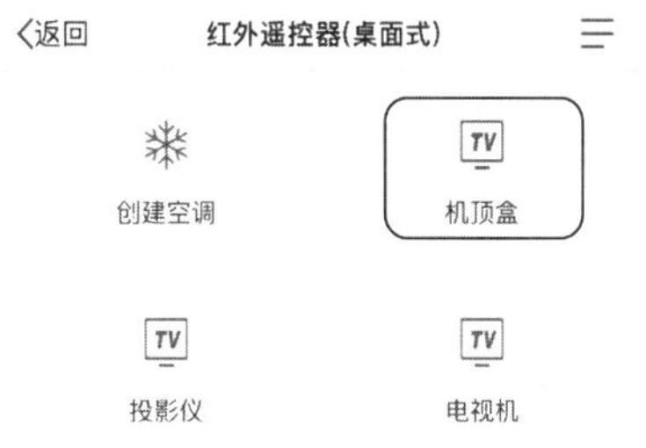 〈返回　红外遥控器(桌面式)　☰ ❄ 创建空调　　　机顶盒 TV TV 投影仪　　　TV 电视机 ―――――――――― 〈　红外遥控器(桌面式)　☰ 🔍 华为　　　　　　❌ 搜索 A 爱华 澳广科技 B 百视通 A B C D E F G H I J K · ―――――――――― 〈　红外遥控器(桌面式)　☰ ⏻ 请对准目标点击虚拟按钮 若设备正确反应请选择"是"，反之，请选择否，切换测试下一套码库 是 否 ―――――――――― 〈返回　红外遥控器(桌面式)　☰ 请输入设备名称 华为 取消　　　确认

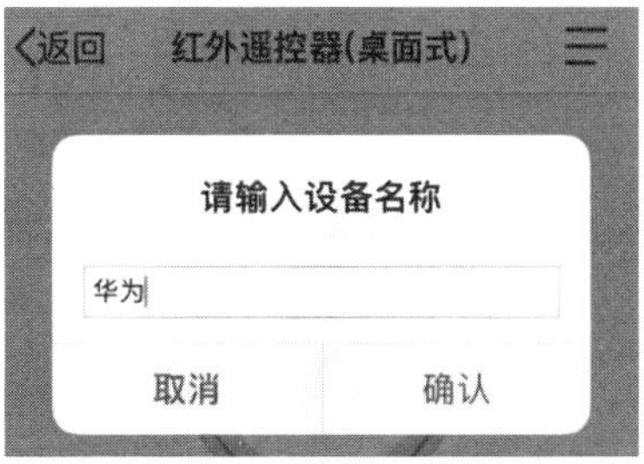

73

注意：当"注销"红外遥控器设备后，所有已经学习成功的红外遥控设备自动从 App 首页删除。

6. 设备测试

当完成设备安装、配网和设置后，还需要对设备进行连接测试和功能测试。

（1）LED 调光调色球泡灯测试。

将连接智能灯泡的"开关"置于连通状态，为灯泡接通电源，测试步骤如表 2.3.8 所示。

表 2.3.8 智能灯泡测试步骤

步骤	操作	图示
1	单击"开关"按钮，可以控制智能灯泡的亮、灭。观察开关按钮，可以知晓照明灯当前的亮、灭情况。  	开关 开关 OFF / 开关 开关 ON
2	先点亮灯泡，拖动"明暗度"滑块，可以调节灯泡的亮度。	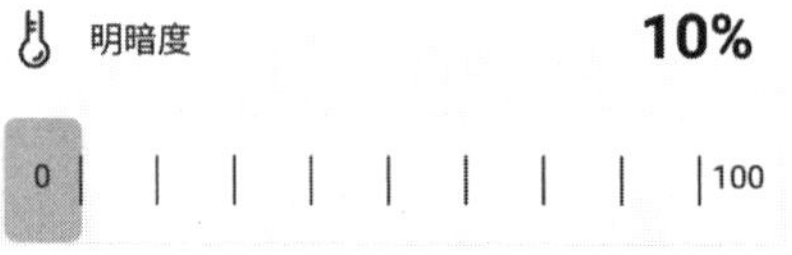 明暗度 10%　0 | | | | | | | 100
3	先点亮灯泡，拖动"色温"滑块，可调节灯泡的色温，根据照明氛围需要可以在冷光和暖光之间自由调节。	色温 暖白

（2）智能插座测试。

智能插座的童锁功能开启后，设备上的开关按键和 App 中对应此设备的开关功能失效，测试步骤如表 2.3.9 所示。

表 2.3.9 智能插座测试步骤

步骤	操作	图示
1	图标是白色，此时童锁开关未开启，插座上的开关按键和 App 中对应此设备的开关功能，可以正常操作。	 ＜　10A智能插座U2/02款U1/计量　≡ 开关 开关 ON 其他开关 背光开关　断电记忆　童锁开关

续表

步骤	操作	图示
2	图标呈绿色，此时童锁开关开启，无法使用插座上开关按键和 App 中对应此设备的开关操作。	 10A智能插座U2/02款U1/计量 开关 开关 禁用 其他开关 背光开关　断电记忆　童锁开关

（3）红外遥控器测试。

使用智享人居 App 中新添加的"华为"遥控器，控制电视机顶盒开、关动作，测试步骤如表 2.3.10 所示。

表 2.3.10　红外遥控器测试步骤

步骤	操作	图示
1	在 App 首页"默认"设备列表中单击已经添加成功的"华为"机顶盒遥控器图标，打开遥控器控制页面。	 搜设备 默认　常用 全部品类　在线　离线 智能主机…　红外遥控…　华为 设备　灯光
2	在遥控器控制页面，单击不同的功能按键，可以控制机顶盒的动作。	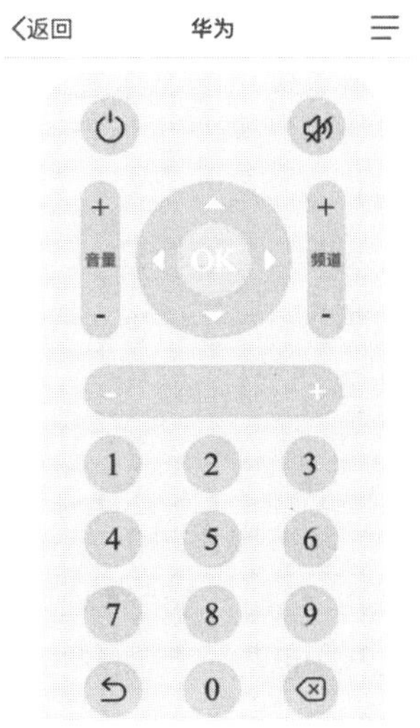 返回　华为 音量　OK　频道 1　2　3 4　5　6 7　8　9 0

2.3.2 知识链接

1. 智能灯组

1）智能灯组的工作原理

智能灯光控制系统，其实就是根据某一区域的功能、每天不同的时间、室外光亮度或该区域的用途来自动控制照明，是整个智能家居的基础部分。智能灯光控制系统最为人称道的是，它可进行预设，即具有将照明亮度转变为一系列设置的功能。这些设置也称为场景，可由调光器系统或中央建筑控制系统自动调用。在家庭内使用时，可以采用集成中央控制器的形式，并可能带有一个触屏界面。其基本控制电路的结构示意图如图 2.3.6 所示。

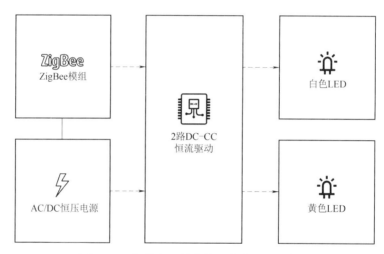

图 2.3.6 智能灯组基本控制电路结构示意图

总体而言，智能灯光控制系统作为整个智能家居的核心部分，特别适合于大面积住房，它将使生活方便、舒适。照明控制系统分为独立式、特定于房间式或大型的联网系统。在联网系统中，调光设备安装在电气柜中，由诸如传感器和控制面板组成的外部设备网络来操作。在家庭中，可以在靠近主进口的墙上安装一个控制面板，作为集中控制点。

2）智能灯组的选型依据

（1）连接方式。

①WiFi。

②ZigBee。

③蓝牙。

④433 MHz 无线。

（2）光源。

①可调色温。色温是包含颜色成分的一个计量单位。从理论上说，黑体温度指绝对黑体从绝对零度（-273 ℃）开始加温后所呈现的颜色。黑体在受热后，逐渐由黑变红，转黄，发白，最后发出蓝色光。当加热到一定的温度时，黑体发出的光所含的光谱成分，就称为这一温度下的色温，计量单位为"K"（开尔文）。

如果某一光源发出的光，与某一温度下黑体发出的光所含的光谱成分相同，就称为某 K 色温。例如，100 W 灯泡发出的光的颜色，与绝对黑体在 2 527 ℃时的颜色相同，那么这只灯泡发出的光的色温就是（2 527+273）K = 2 800 K。

光源色温不同，光色也不同，带来的感觉也就不相同，见表 2.3.11。

表 2.3.11　色温表

色温值/K	类型	感觉
<3 000	温暖（带红的白色）	稳重、温暖
3 000~5 000	中间（白色）	爽快
>5 000	清凉型（带蓝的白色）	冷

②可调颜色。由各种光源（标准光源：1 为白炽灯；2 为太阳光；3 为有太阳时所特有的蓝天的昼光）发出的光，光波的长短、强弱、比例性质不同，形成不同的色光，叫作光源色。例如，普通灯泡的光所含黄色和橙色波长的光多而呈现黄色味，普通荧光灯所含蓝色波长的光多则呈蓝色味。那么，智能灯组就可以根据发出不同光波，从而改变颜色。

③可调亮度。亮度是指发光体光强与人眼所"见到"的光源面积之比，定义为该光源单位的亮度，即单位投影面积上的发光强度。亮度的单位是坎德拉/平方米（cd/m^2）。亮度是人对光的强度的感受，它是一个主观的量。与光照度不同的，由物理定义的客观的相应的量是光强。这两个量在一般的日常用语中往往被混淆。亮度也称明度，表示色彩的明暗程度。人眼所感受到的亮度是由色彩反射或透射的光亮所决定的，因此智能灯组可以调节光的亮度。

（3）技术参数。

①智能灯组设备参数见表 2.3.12。

表 2.3.12　智能灯组设备参数

名称	具体参数
产品名称	ZigBee 球泡灯
额定电压	AC 220 V
额定功率	5.5 W
光通量 6000K 时	450 lm
显色指数	典型：90
灯具接口	E27
色温	2 700~6 000 K
工作温度	−10~40 ℃
工作湿度	≤90%RH（无冷凝）
调节范围	色温 2 700~6 000 K，亮度 0~100%
无线标准	IEEE 802.15.4

②重点参数讲解：显色指数 90。显色指数则是评价人工光源还原物体颜色能力的重要指标，具体是指物体用该光源和标准光源对比，其颜色还原的程度。显色指数代表符号是

Ra，其数值代表光源显色性，最高为100。不同的场景，对于光源显色指数的要求不一样。从保护视力的角度来看，使用灯具的显色指数需要大于80。

2. 智能插座

1）智能插座的工作原理

ZigBee智能插座是基于ZigBee协议而设计的智能插座，主要用于家庭常用电器的电源通断控制，主要的产品设计原理框图如图2.3.7所示。

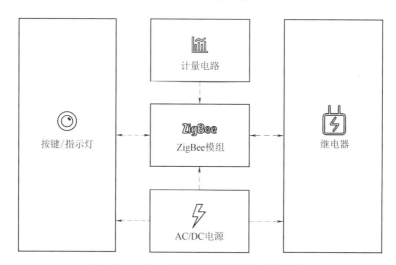

图 2.3.7　10 A 智能插座产品设计原理框图

与普通智能插座相比，它具有自组网功能，并且与智能网关配合，可通过手机、计算机、平板电脑、iPad 等移动终端，实时查看并远程操控家中电器的通、断电。

2）智能插座的选型依据

（1）固定方式。

①嵌入式：预埋 86 底盒或者厂家标配底盒，工作电源线和网络线在底盒内连接设备，这类产品适合前装市场和工程项目。

②即插即用式：无须安装，插到普通插座上时，该回路即刻升级为智能插座。

③桌面式：智能排插，如国华广电智能排插系列产品。

（2）通信方式。

智能插座可以根据其无线协议的种类分为 3 种类型。

①ZigBee 接入。

②433 MHz 接入：这两种方式的智能插座需要连接智能网关后接受手机 App 智能控制。

③WiFi 接入：这种方式的智能插座通过家庭无线路由器接入 Internet，即可接受手机App 智能控制。

（3）功能多样性。

①计量型。这种插座主要是能够观测出用电器的功率用电量以及电压的信息。这个功能就是让用户知道自己家用电器的耗电情况。

②童锁控制型。这种插座主要能够控制插座的开关情况。这个功能可以节能省电、安全便捷。

③自动断电型。该智能插座内设防雷电、防高压、防过载、防漏电的功能。一旦有瞬间雷击感应高压进入，插座会自动吸收雷电感应高压，超过插座本身能吸收的范围之外时，该智能插座会自动断电；该插座设置额定电压 220 V，最高可承受 250~265 V 之间的电压，而且会自动断电，否则超过这个电压范围会烧坏电器。该插座利用电子式线圈对火线进行实时监控，一旦发生过载，该智能插座会自动断电。该智能插座用电子式线圈对火线和零线电流进行监测，一旦出现漏电，会自动断电。

（4）技术参数。

本产品作为智能家居的一款智能插座，通过 ZigBee 无线网络连接到智能网关，与其他 ZigBee 设备组成网络，用户可以通过场景联动或通过 App 软件进行控制，支持定时管理、本地童锁功能。

①智能插座设备参数见表 2.3.13。

表 2.3.13 智能插座设备参数表

项目	名称	说明
输入	额定电压	AC 250 V
	额定频率	50 Hz
	静态功耗	<0.5 W
输出	额定负载	10 A
通信	通信方式	ZigBee
	通信距离	室外空旷距离：101 m；室内可见距离：31 m
	天线方式	内置
环境	工作温度	−10~55 ℃
	工作湿度	≤90%RH（无冷凝）
结构	质量	(1±10%)×146 g（净重）
	防护等级	IP20
	主要材质	PC
	安装方式	86 底盒
标准	符合标准	GB/T 2099.1、GB/T 1002、GB 4943.1

②重点参数讲解。

a. 额定电压 250 V：2~3 s 连续过压超过 275 V 时自动过电压保护；当电压回落到 220 V×110%时恢复供电。

b. 额定负载 10 A：2~3 s 连续过流超过额定电流的 1.2 倍时，自动过电流保护。

3. 红外遥控器

1）红外遥控器的工作原理

红外遥控器产品设计原理框图如图 2.3.8 所示，遥控器的内部芯片中存放了对应电器可以解析的编码，从而在使用中可以和电器进行互相通信。

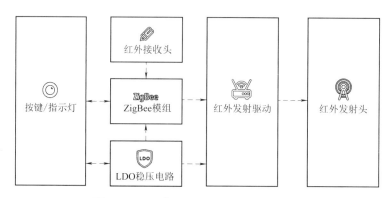

图 2.3.8　红外遥控器产品设计原理框图

红外遥控器的实现原理就是对芯片内部的存储器进行了扩展，先收集市场上可能存在的所有遥控器的编码，然后将这些编码存储在红外遥控器内部的芯片里，对这些编码根据电器的型号进行编号（也就是代码表）。在实际使用时，根据电器的型号从代码表里找到编号，按照使用要求输入编号就可以使用了。

红外遥控器并非万能，它与内部芯片中预先存储的编码有关。

2）红外遥控器的选型依据

（1）供网方式。

①ZigBee 或 433 MHz 接入：这种方式的红外遥控器需要连接智能网关后接受手机 App 智能控制。

②WiFi 接入：这种方式的红外遥控器通过家庭无线路由器接入 Internet，即可接受手机 App 智能控制。

（2）功能性。

①码库匹配模式。万能空调遥控器的码库匹配模式，即对遥控器内部芯片的存储器进行了扩展，先收集市场上可能存在的所有遥控器的编码，然后将这些编码存储在红外遥控器内部的芯片里，对这些编码根据电器的型号进行编号（也就是代码表），在实际使用时，根据电器的型号从代码表里找到编号，按照使用要求输入编号就可以使用了。

②学习模式。万能空调遥控器的核心是学习模式，即利用红外模块接收、识别、存储信号，再调用发射信号。学习的实质就是记录下学习对象的红外编码，记录高、低电平各自持续的时间长度，需要时将其发射出来。识别记录红外编码信号可使用直接记录的高、低电平时间以调用，也可采用代码将高、低电平代表的意义识别出来，用逻辑 0 与 1 记录。

（3）专用性。

①单一专用红外遥控产品。在智能家居系统中，专门用作红外遥控功能的设备。

②其他产品集成红外遥控功能。比如智能音箱自带红外遥控功能，指的是在智能家居系统中，设备除了本身主要用途外，还集成了红外遥控功能的智能设备，如具有红外遥控功能的智能音箱。

（4）技术参数。

①红外遥控器设备参数见表 2.3.14。

表 2.3.14　红外遥控器设备参数

名称	说明
产品名称	红外遥控器
产品尺寸	105 mm×105 mm×35 mm
额定电压	DC 5 V
静态功耗	<0.5 W
红外控制角度	无遮挡条件下，360°全向控制
红外控制距离	8 m
工作温度	−10~55 ℃
工作湿度	≤90%RH（无冷凝）
通信方式	ZigBee
执行标准	Q/HZE0602
红外载波频率	38 kHz

②重点参数讲解。

a. 红外载波频率 38 kHz。常用载波频率是 38 kHz，市场上的产品还有使用 26 kHz、36 kHz、40 kHz、56 kHz 和 80 kHz 等频率的红外接收头，所有指定频率的接收头只能接收源对应的载波频率。除了固定频率外，还有宽频（即变频或全频），这种接收头可以接收一段范围内的频率，如 36~56 kHz 的接收头就可以接收这个范围内的所有频率，可见 38 kHz 和 40 kHz 也是可以被接收的。

b. 红外控制距离 8 m。红外遥控距离主要与红外发射管的发射功率有关，发射功率越大，则使用的距离相对越远。

2.3.3　思考与练习

（1）简述电器影音设备的工作原理。

（2）简述电器影音设备的选型依据。

（3）登录智享人居 App，删除已添加的电器影音设备，然后重新添加电器影音设备。

任务 2.4　安防监控设备装调

学习型任务单	任务 2.4　安防监控设备装调

1. 任务描述

小李说："在智能家居功能应用中，对于安防的需求首当其冲。安防监控系统集中了防盗、报警、访客识别、远程看护等智能化扩展应用，典型的组成设备有智能门锁、门窗磁传感器、智能摄像头等。对于家庭安防系统的集成应用，其最大的优势在于安防系统与智能主控系统互联互通，可以通过发送消息等方式告知安防风险。"

接下来我们就跟随小陈一起来学习安防监控子系统设备的装调。

学习型任务单	任务 2.4　安防监控设备装调
2. 任务分析 本任务通过对安防监控设备的实践操作，使学员掌握下列内容： ● 安防监控设备的接线与安装； ● 安防监控设备的配网； ● 安防监控设备的测试流程； ● 安防监控设备的功能及应用环境。	
3. 任务要求 （1）通过学习，掌握以下知识点： ①进一步熟悉安防监控设备的接线与安装原理； ②进一步熟悉安防监控设备的配网原理； ③进一步熟悉安防监控设备的功能及应用环境。 （2）通过学习，掌握以下技能点： 能对安防监控设备进行接线与安装，能对智能中控设备进行配网，能完成安防监控设备的测试流程。	
学习总结：	

2.4.1　操作方法与步骤

1. 准备工作

首先需要了解安防监控设备在安装前要做的软、硬件环境准备工作，如图 2.4.1 所示。

将智能手机和智能　　　智享人居App　　　智能手机　　　智能网关
网关连接到同一网络　　　账号登录

智能摄像头　　　门窗磁传感器　　　智能门锁

图 2.4.1　软、硬件准备

在开始测试之前，还需要做好以下准备工作。

（1）供电：给智能网关和智能摄像头接通电源；确保智能门锁、门窗磁传感器电池电量充足。

（2）网关联网：使用网线将智能网关接入所在测试环境的路由器，保障智能网关可以正常进入 Internet。

（3）移动网络环境要求：待配网的网络一定工作在 2.4 GHz WiFi 网络，不支持 5G。

（4）移动网络连接要求：确保手机可以正常接入所在测试环境的 2.4 GHz 频段的 WiFi 网络。确保智能手机和智能摄像头在同一个路由器 WiFi 内。

（5）App：登录智享人居 App 账号。

（6）智能网关要求：确保智享人居 App 已经成功添加智能网关，未添加时需参照"项目 2 任务 2.1"进行添加。

2. 设备说明

1）智能门锁设备说明

智能门锁多采用 ZigBee 通信协议，具有待机功耗低、成本低、传输距离远、自组网的特点。该通信协议采用 AES 加密（高级加密系统），严密程度相当于银行卡加密技术的 12 倍，安全性非常高。智能门锁多数采用干电池供电，具有信息数据量小、安全要求高的特点。另外，市场上常见的智能门锁，还有分别嵌入 WiFi 模块和蓝牙模块的 WiFi 智能门锁和蓝牙智能门锁。

（1）智能门锁产品接口如图 2.4.2 所示。

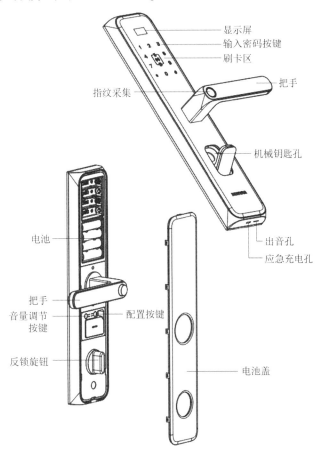

图 2.4.2 智能门锁接口

（2）智能门锁功能模块，见表 2.4.1。

表 2.4.1　智能门锁功能模块

功能模块	功能描述	指标
按键功能	音量调节按键	短按切换音量大、中、小，长按则静音
	配置按键	短按进入系统管理界面，长按恢复出厂设置
	输入密码按键	输入密码开锁、验证管理员信息等
显示屏	显示当前状态	显示电量、时间等信息
刷卡	刷卡区域	刷卡开门

（3）智能门锁功能说明，见表 2.4.2。

表 2.4.2　智能门锁功能说明

功能		说明
基本功能	开锁功能	主锁舌未打开时，插入机械钥匙顺时针旋转 135°开门； 主锁舌打开时，插入机械钥匙顺时针旋转 360°，收回主锁舌，再顺时针旋转 135°开门
	反锁功能	在外面板上提把手，或在内面板按下防猫眼按钮，同时上提把手，实现反锁，同时实现天地钩功能； 按下门内反锁旋钮旋转 90°，实现门内锁死功能，此时门外任何操作均无法开锁
	报警功能	①强拆报警；②键盘锁定报警；③钥匙插入报警；④钥匙开锁报警；⑤低压报警
操作与管理	恢复出厂设置	息屏状态下长按配置按键 5 s，语音提示初始化成功
	首次添加管理员密码	激活屏幕，按语音提示输入管理员密码
	修改管理员密码、添加密码、添加管理员指纹、添加用户指纹、添加卡片、删除用户、时间设置、常开设置、开锁时长设置、音量设置	

2）门窗磁传感器设备说明

门窗磁传感器是安全报警的一种装置，通过分别安装在两个物体上的发射模块和磁铁块产生位移来进行检测判断，并将报警信号即刻发送给智能网关，最终将报警信息发送到业主手机上。

（1）门窗磁传感器的组成。门窗磁传感器由无线发射模块和磁铁块两部分组成，如图 2.4.3 所示。

（2）门窗磁传感器接口，如图 2.4.4 所示。

在无线发射模块内部有一个叫"干簧管"的元器件，当磁铁块与干簧管的距离保持在 2 cm 内时（特殊用途传感器设计报警阈值为 5 mm），干簧管处于断开状态。当磁铁块与干簧管分离的距离超过 2 cm 时，干簧管就会闭合，造成短路，门窗磁传感器指示灯点亮的同时向智能网关发射报警信号。

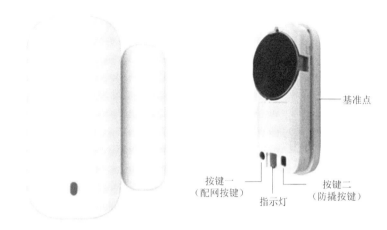

图 2.4.3　门窗磁传感器的组成

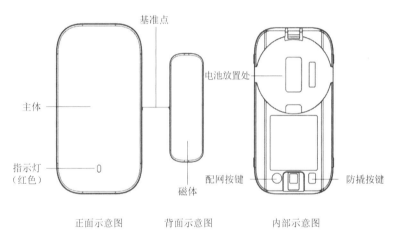

图 2.4.4　门窗磁传感器接口

注意：当门窗关闭时它不发射无线信号，此时耗电只有几个微安，当门窗被打开的瞬间，立即发射 1 s 左右的无线报警信号，然后自行停止，这时就算门窗一直打开也不会再发射信号了。

（3）门窗磁传感器按键和指示灯说明，见表 2.4.3。

表 2.4.3　门窗磁传感器按键和指示灯说明

功能类型	功能说明
按键	按键一（配网按键）：网络状态提示控制、配网； 按键二（防撬按键）：上报防撬报警或恢复事件
指示灯	网络指示： ● 慢闪（1 s/次，占空比 50%）：设备入网中； ● 点亮-熄灭（配合按键一）：当前网络状态提示。 功能提示： ● 指示灯慢闪（1 s/次，占空比 50%）：配网事件提示； ● 指示灯快闪（401 ms/次，占空比 50%）：防撬事件提示

续表

功能类型	功能说明
网络状态提示	持续按压按键一时，指示灯点亮； 在 $\Delta t < 5$ s 松开，则： ● 指示灯即时熄灭：设备已入网 ● 指示灯延时 5 s 后熄灭：设备未入网
配网	根据 App 操作提示添加设备入网； 持续按压按键一至指示灯快慢闪（$\Delta t = 5$ s），设备进入配网状态；进入配网状态后，在 60 s 内如果没有配网成功，则进入配网超时状态
电池电量	适用于电池供电设备，显示当前电池剩余电量百分比，范围为 [0, 100%]； 主动上报，上报条件及状态提示： ● 设备每次配网成功后上报一次； ● 在每个心跳周期上报一次； ● 上报时，指示灯闪烁（1 s/次，占空比 50%）一次
门窗状态检测	要求：主体与磁体基准点（以下简称两者）在同一水平面上，且两者周围没有铁磁性材料； 通电后，检测两者距离： ● ≤21 mm：上报闭合事件，指示灯快闪一次； ● ≥31 mm：上报打开事件，指示灯快闪一次； ● 当两者距离从 21 mm 内开始远离至 31 mm 时，上报打开事件，指示灯快闪一次； ● 当两者距离从 31 mm 及以上相互靠近至 21 mm 时，上报闭合事件，指示灯快闪一次
防撬检测	具有防撬功能的设备存在一个防撬按键，在安装时防撬按键被按下，一旦设备被拆开，防撬按键将弹起。 主动上报，上报条件及状态提示： ● 设备进入已入网状态后上报一次防撬属性状态； ● 按下时，指示灯快闪一次，上报一次防撬恢复事件； ● 弹起时，指示灯快闪 401 ms/次，占空比 50%，上报一次防撬报警事件，然后每 1 min 上报防撬报警时间，直到防撬按键再次被按下
低电量报警	电压低于 20% 时上报低电量，随心跳包或者水浸事件上报时一同上报

3）智能摄像头设备说明

（1）智能摄像头设备接口，如图 2.4.5 所示。

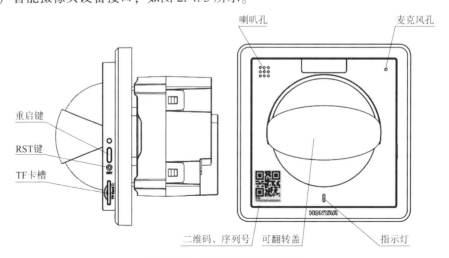

图 2.4.5　智能摄像头设备接口

（2）智能摄像头指示灯含义，见表 2.4.4。

表 2.4.4　智能摄像头指示灯功能表

指示灯状态	含义
红灯常亮	启动中；设备故障；无法启动
绿灯慢闪 1 s/次	启动完成，等待 WiFi 配置，进入一键配置或管理帧配置状态
绿灯快闪 501 ms/次	设备已配置 WiFi，寻求入网
绿灯常亮	设备正常工作
红绿交替闪烁 1 s/周期	设备软件远程升级中（云端发升级包给设备，设备自动升级）
红灯快闪 501 ms/次	TF 卡故障或者外接硬件报警，未插 TF 卡
灯灭	回到红灯常亮状态，长按重启键后，设备软件初始化

3. 设备接线与安装

1）智能门锁安装

智能门锁的安装过程比较复杂，需要专业人员实施安装操作，安装前务必仔细阅读"智能门锁安装指导说明"。表 2.4.5 介绍智能门锁的安装步骤及注意事项。

表 2.4.5　智能门锁的安装步骤及注意事项

步骤	操作	图示
1	检查工作： （1）检查门的类型，本款智能门锁仅适用于木门和防盗门铁门的安装。 （2）检查门厚是否在极限门厚范围内，本智能门锁适用的门厚是 65 ～ 80 mm。 （3）检查锁体侧边条尺寸，比如本次使用的锁体侧边条尺寸为 240 mm× 24 mm。	
2	安装准备工作： （1）根据开门方向判断锁舌、把手是否需要换向，开门方向有左内开、左外开、右内开、右外开。	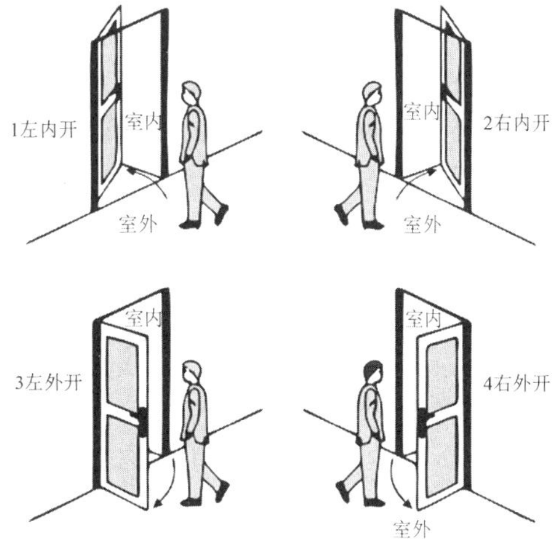

续表

步骤	操作	图示
2	（2）参阅"安装手册"提供的安装开孔图和侧边条尺寸图，确定安装孔位尺寸，按照开孔模板 1∶1 在门体上开孔。	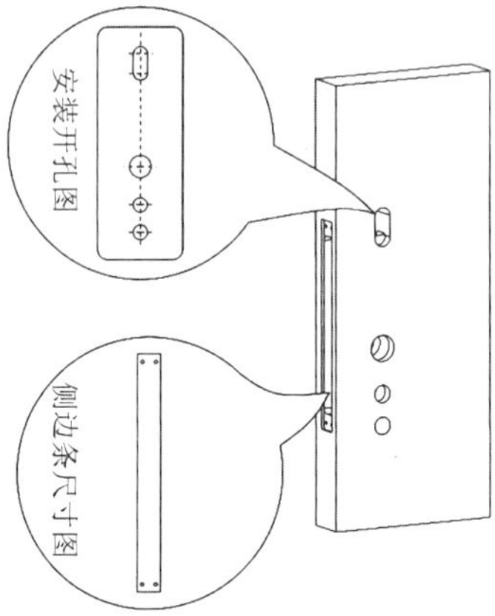
3	安装工作： （1）安装锁体和天地钩。 （2）安装锁芯。 （3）顺序安装内面板配件、外面板配件、外面板，最后安装内面板。 （4）装入电池，盖上电池盖。	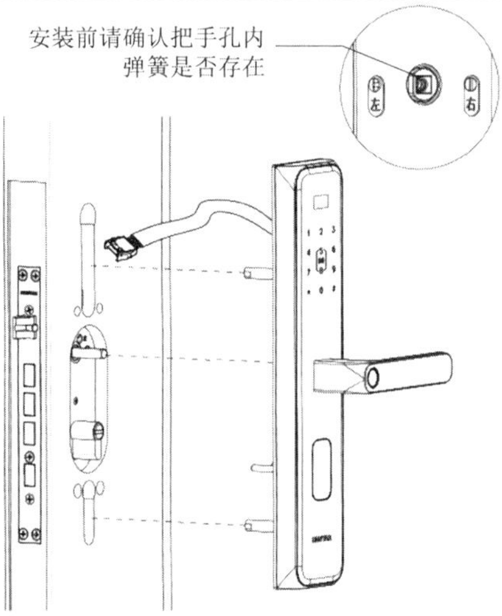
4	验收工作： （1）严格按照"安装验收标准"逐项检查测试，每项达标才算本次任务完成。 （2）内外把手不生涩、可自然回弹。 （3）锁面板跟门框平行。 （4）内、外把手都能上抬，都能打出方舌。 （5）钥匙可以顺畅转动，并且转动后可以下压把手开门。 （6）上电后外面板用力拉扯不会触发防撬误报。 （7）轻轻带上门，斜舌能自然弹出。 （8）斜舌、方舌弹出后，门尽量不前后晃动。	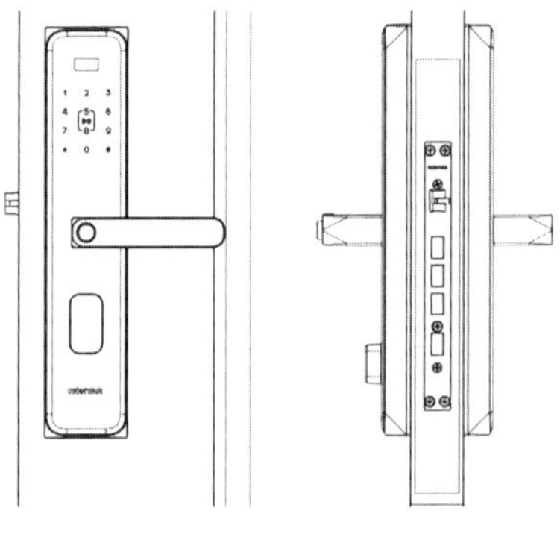

2）门窗磁传感器安装

（1）门窗磁传感器的安装方法。

发射模块和磁铁块的背面都配有双面强力贴胶，首先将门对应位置擦干净，确定粘贴表面平整无凹凸，而且干燥无水渍，然后撕去双面胶保护膜，分别将发射模块和磁铁块并列粘牢贴在门与门框上。

说明：有些无线门磁可以用螺钉安装，取下发射模块和磁铁块各自的盖板，用螺钉分别固定到门与门框上，再装好盖板。

无线门窗磁传感器适用的安装环境，见表2.4.6。

表 2.4.6　无线门窗磁传感器适用的安装环境

入户门安装环境 	窗户安装环境 	抽屉安装环境 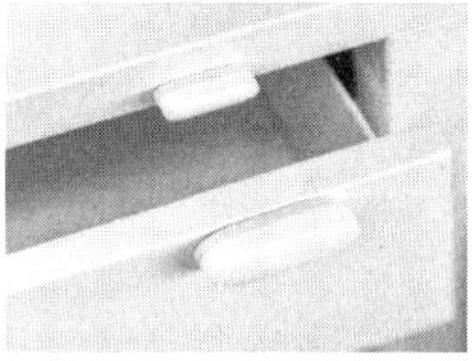	保险柜安装环境 

（2）门窗磁传感器的安装注意事项。

①门磁应根据进入开门的最小角度确定安装位置，门窗关闭时，发射模块和磁铁块的距离不超过21 mm。

②设备两部分都有对齐标志，安装时两个标志在一条水平线上。

③为保证无线信号传输效果，设备不要安装在信号屏蔽良好的环境中。

④磁铁块建议安装在活动部位，如转动的门或推拉的窗扇上。发射模块建议安装在固定位置，如门框或窗框上，防止经常活动产生振动损坏门窗磁传感器。

⑤门窗磁传感器设计有电池低电压检测电路，当电池欠压时，下方的二极管就会点亮，智享人居 App 会收到"低电量提醒"，这时需要立即更换专用电池，否则会影响报警的可靠性。

⑥门窗磁传感器的无线报警信号在开阔地能传输80 m，由于建筑内钢材和室内软装环境的影响，报警信号在住宅中一般能传输30 m距离，实际传输距离和周围的环境密切相关。

⑦门窗磁传感器若每天开合20次，使用寿命大概为两年，安装需考虑后续维护问题。

3）智能摄像头安装

（1）智能摄像头电源接线，如图2.4.6所示。

（2）智能摄像头安装，如图2.4.7所示。

安装本产品前，为了安全，必须先关闭电闸；安装时建议由专业电工操作，请遵循用电安全规则。

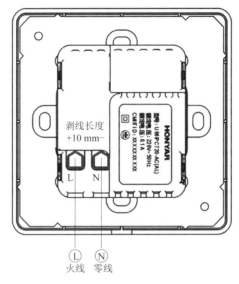

图 2.4.6　智能摄像头电源接线

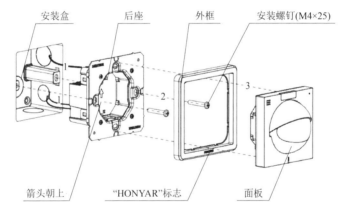

图 2.4.7　智能摄像头安装示意

以上操作步骤说明如下。

①将预留在 86 暗盒中的连接线，连接对应位置，接入零、火电源线。

②使用安装螺钉（M4×25）将后座固定在安装盒上，安装时注意方向（按箭头向上安装）。

③先将面板组件套入外框，再卡入后座（完全卡入时有"咔哒"响声），卡入时注意外框的方向（要求后座和底座接插件位置对准）。

（3）智能摄像机安装应注意的几点事项。

①为保证无线信号传输效果，设备不要安装在信号屏蔽良好的环境中。

②智能摄像机部分应安装在空旷处，避免有异物遮挡，导致摄像头无法采集图像。

4. 设备配网

设备配网具体步骤如表 2.4.7 所示。

表 2.4.7　设备配网具体步骤

步骤	操作	图示
1	在 App 首页，单击信息栏右上角"+"按钮，在下拉列表框中选择"添加设备"，进入设备添加页面。	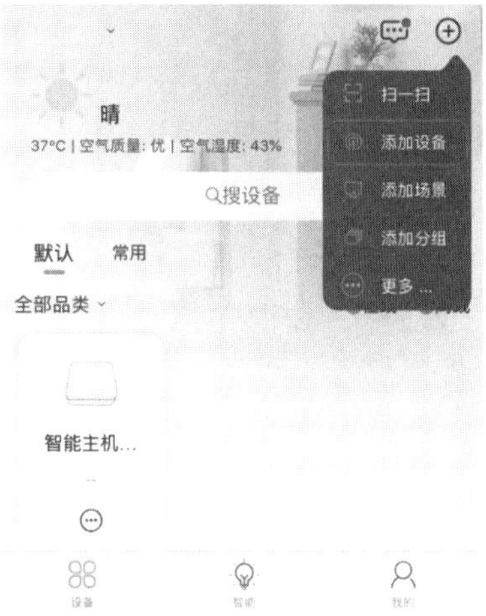 晴 37℃|空气质量:优|空气温度:43% 扫一扫　添加设备　添加场景　添加分组　更多… 搜设备 默认　常用 全部品类 智能主机…
2	添加智能门锁设备: 　　(1)首先，在左侧"支持添加的设备"列表中选择"智能门锁"。 　　(2)然后，在右侧设备列表中选择"智能云锁 LL3101（ZigBee 版）"，单击"添加"按钮。 　　(3)选择网关为智能网关 86 型 U86GW。 　　"添加设备"页面: 　　(1)打开后面板电池盖，按配置按键，智能门锁显示屏显示"准备初始化"→"验证管理员指纹或输入管理密码"，此时在密码屏输入两遍 6 ~ 12 位的管理员密码后，系统提示"添加成功"。 　　(2)在密码屏长按"#"后输入管理员密码，进入管理菜单。 　　(3)按 2/8 上下导航键选择"添加网络"，按"#"键确认。 　　(4)待智能门锁显示屏弹出"使用 App 配网"界面后，单击手机 App"添加设备"页面上的"确认"按钮进行智能门锁配网。 　　(5)成功发现该设备后，单击 App 界面的"确认"按钮，结束本次配网操作。	 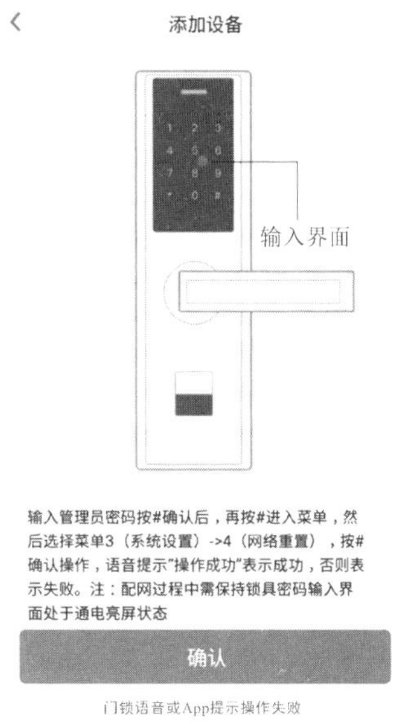 返回　搜索设备　筛选 扫描本地设备… 本地发现设备 支持添加的设备 所有类别　智能云锁 LL3101(ZigBee版)　添加 智能门锁 插座　智能云锁1311款(Wi-Fi版)　添加 水浸报警器　L5智能云锁(WiFi版)　添加 红外探测器 场景开关　L3智能云锁(WiFi版)　添加 添加设备 输入界面 输入管理员密码按#确认后，再按#进入菜单，然后选择菜单3（系统设置)->4（网络重置)，按#确认操作，语音提示"操作成功"表示成功，否则表示失败。注：配网过程中需保持锁具密码输入界面处于通电亮屏状态 确认 门锁语音或App提示操作失败

步骤	操作	图示
3	添加门窗磁传感器设备： （1）首先，在左侧"支持添加的设备"列表中选择"门磁传感器"。 （2）然后，在右侧设备列表中选择"门窗传感器5201款"，单击"添加"按钮。 （3）选择网关为智能网关86型U86GW。 （4）长按配网按键至指示灯闪烁，门窗磁传感器解除绑定并进入配网模式。单击App界面的"我确认在闪烁"按钮。 （5）成功发现该设备后，单击App页面的"确认"按钮，结束本次配网操作。	
4	添加智能摄像头设备： （1）首先，进入设备添加页面，在左侧"支持添加的设备"列表中选择"摄像头"。 （2）然后，在右侧设备列表中选择"智眼S2摄像头U86款"，单击"添加"按钮。 （3）选择网关为智能网关86型U86GW。 （4）长按侧面配网按键5 s，待摄像头播放语音"恢复出厂设置中，请勿断电"时松开按键。	

步骤	操作	图示
4	（5）在手机 App 页面，首先正确输入智能摄像头接入的 WiFi 账号和密码，接着单击"确认绿灯慢闪，开始配网"按钮。 （6）等待 40 s，摄像头顺序播放语音"恢复出厂设置中，请勿断电"→"开始快速配置"→摄像头进入绿灯慢闪状态→"正在连接，请稍候"→"连接路由器成功"。 （7）App 显示发现智能摄像头设备，单击"点击绑定"按钮，摄像头自动进行绑定设置。待 App 显示"绑定成功"后，单击"关闭"按钮结束本次配网操作。	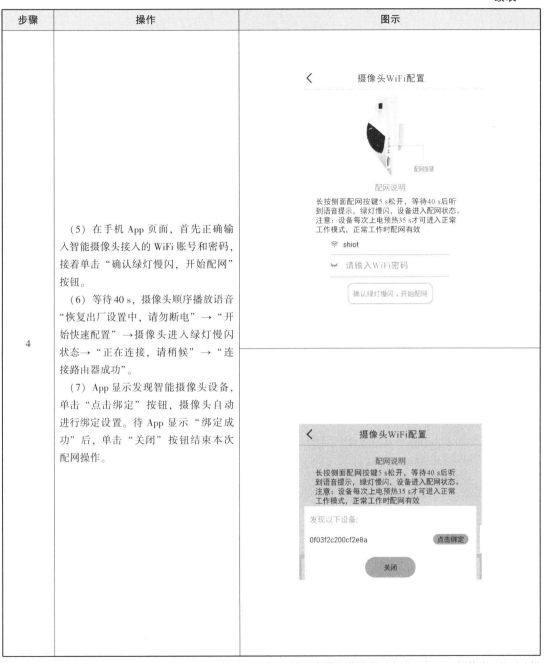

注：如果提示绑定设备失败，则查看 WiFi 网络是否正常、手机和智能摄像头是否在同一个 WiFi 网络内、是否选择了正确的产品、指示灯是否正常闪烁，问题排除后再行添加。

5. 设备功能与设置

当完成设备安装和配网后，还需要对设备进行设置，具体步骤如表 2.4.8 所示。

表 2.4.8 设备功能与设置步骤

步骤	操作	图示
1	智能门锁功能设置： 在 App 首页单击已经配网的"智能云锁 1201/1203 款"进入设备页面。 设备功能： • 显示门锁状态； • 显示电池电量； • 显示接收信号强度； • 显示开门记录； • 显示报警记录。	 智能云锁1201/1203款 关闭 门锁状态　100% 电池电量　-44dBm 接收信号强度 开门记录　刷新记录　• 暂无消息 报警记录　• 暂无消息 获取信息
2	门窗磁传感器功能设置： 在首页 App 单击已经配网的"门窗磁传感器"进入设备页面。 在设备页面可进行的操作： • 查看传感器的实时状态； • 查看传感器的实时电量。	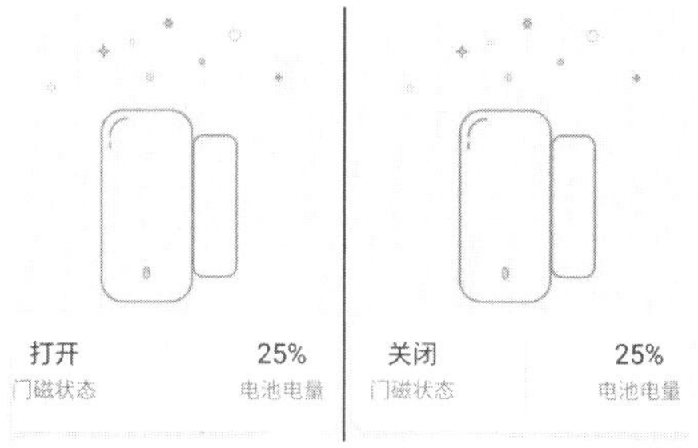 打开 门磁状态　25% 电池电量　关闭 门磁状态　25% 电池电量
3	智能摄像头功能设置： （1）在 App 首页单击已经配网的"智眼 S2 摄像头 U86 款"进入设备页面。 （2）在主页面可进行的操作： • 单击"抓拍"按钮可以抓拍当前镜头图像； • 长按"对讲"按钮不松开，可与摄像头侧人员双向对讲或对摄像头实施喊话，松开对讲即结束； • 单击"录像"按钮，可开启即时录像功能。 （3）在"设备详情"页面，可进行的设置操作： • 设备时间，单击可进行校准；	 智眼S2摄像头U86款 抓拍　对讲　录像

步骤	操作	图示
3	• 设置设备密码； • 移动监测报警设置； • 人形检测； • 我的抓图/我的录像； • 设备录像； • 设备录像设置（设置录像方式、录像音频等）； • 图像上下/左右翻转：显示屏图像做上下/左右翻转显示； • 解除绑定：单击该按钮，可释放设备绑定权限。	 〈　　设备详情 设备分享二维码 设备名称　智眼S2摄像头U86款 > 设备成员　1 > 设备识别码　0f03f2c200cf2e8a 设备型号　50H10L 硬件版本　1.01 软件版本　V4.02.R12.E7720... 设备时间，点击校准　2001-02-03 03:36:47 意见反馈 > 设置设备密码 > 移动监测报警设置 > 人形检测 > 我的抓图 > 我的录像 > 设备录像 > 设备录像设置 > 图像上下翻转 图像左右翻转 TF卡管理 > 解除绑定

6. 设备测试

1）智能门锁测试

运行智享人居 App，切换到智能门锁工作状态页面。测试智能门锁的各项功能指标，见表 2.4.9。

表 2.4.9　智能门锁的各项功能指标

操作类型	步骤	现象
复位指纹锁设备，管理用户	断电重新上电	卸下后面的电池后盖板，安装电池
	配置用户	配置每一个用户
	菜单操作	配置操作、删除操作、系统设置
	管理用户	语音提示：增加指纹、增加密码
	初始化操作	打开后面板电池盖，按配置按键，智能门锁显示屏显示"准备初始化"
设备重新配网	以上操作完成后，设备重新成功配网，完成	

2）门窗磁传感器测试

门窗磁传感器的主体和磁体分别固定在载体上小铁门的门框和门上，两者间距小于 21 mm，测试门磁对门状态的检测功能。具体操作步骤如表 2.4.10 所示。

表 2.4.10　门窗磁传感器测试操作步骤

步骤	操作	图示
1	把门打开，带动磁体与主体分离，当两者距离不小于 31 mm 时，观察到指示灯快闪一次，App 显示门磁打开	 　打开　门磁状态　25%　电池电量
2	把门关闭，带动磁体与主体靠近，当两者距离从 31 mm 及以上相互靠近至 21 mm 时，指示灯快闪一次，App 显示门磁关闭	 　关闭　门磁状态　25%　电池电量

3）智能摄像头测试

智能摄像头测试步骤如表 2.4.11 所示。

表 2.4.11　智能摄像头测试步骤

步骤	操作	图示
1	在设备管理页面单击"抓拍"按钮。	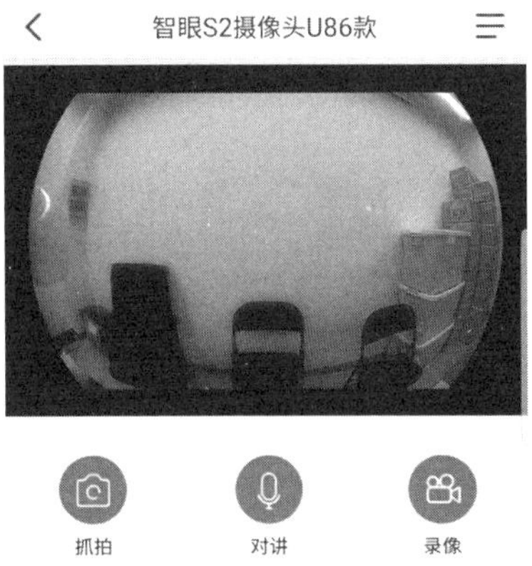 智眼S2摄像头U86款 抓拍　对讲　录像
2	在弹出的"预览"页面中，单击"保存"按钮，抓拍智能摄像头当前摄录的图像，并保存在手机里。	 预览 保存　删除
3	在设备管埋负面单击页面右上角"设备详情"图标，进入"设备详情"页面。 单击"我的抓图"进入抓图管理页面。	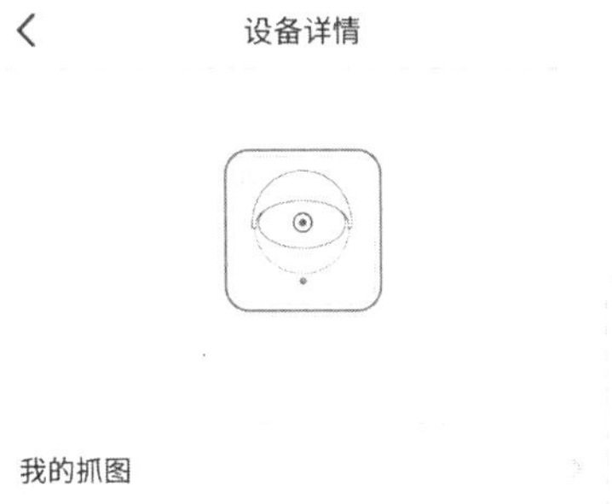 设备详情 我的抓图
4	在抓图管理页面可以看到刚刚抓拍的图片。	 图片查看

2.4.2　知识链接

1. 智能门锁

1）智能门锁的工作原理

指纹具有终身不变性、唯一性和方便性，因此可以把一个人同他的指纹对应起来，通过比较他的指纹特征和预先保存的指纹特征，就可以验证他的真实身份。

智能门锁控制部分由主控板、ZigBee 模组、感应区、键盘、指纹头、门铃、防拆开关、干电池等组成，如图 2.4.8 所示。

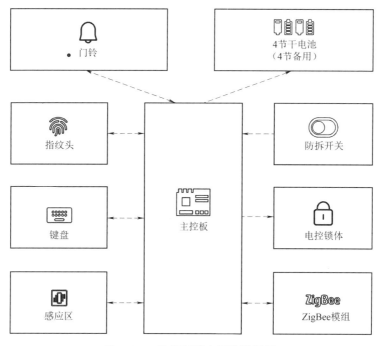

图 2.4.8　智能门锁产品设计原理

当用户通过指纹采集模块为输入正确的指纹或是通过矩阵键盘输入正确的开锁密码，以及 PC 端通过远程为用户发出开锁信号时，主控板会驱动电机为用户开锁。键盘输入时，系统会为用户开启 LED 背光，并伴有蜂鸣器发出的按键音提示。倘若防撬开关被触动，系统会立即向后端发送无线警报信号。

2）智能门锁的选型依据

（1）智能门锁通信方式。

①ZigBee：这种方式的智能门锁需要连接智能网关后接受手机 App 智能控制。

②WiFi：这种方式的智能门锁通过家庭无线路由器接入 Internet，即可接受手机 App 智能控制。

③蓝牙：蓝牙智能门锁利用的是蓝牙无线技术，所以在开锁之前必须要打开手机蓝牙进行操作。

（2）智能门锁类型。

①开门方向（有 4 种开门方向，即左内开、左外开、右内开、右外开；也可以选择通用型锁，适合各种开门方向）。

②适用门板厚度（门厚影响锁芯选择，一般 61 mm 厚的门需要 75 mm 或 81 mm 锁芯；51 mm 厚的门需要 65 mm 锁芯；一般选锁芯要比门厚 15 mm）。

③天地钩（确定有无天地钩）。

④锁体型号（根据导向片长度、宽度、样式来确定）。

（3）开锁方式。

①钥匙、密码、动态密码。

②生物识别：指纹、人脸识别、虹膜识别。

③非解除卡：刷卡、NFC 开锁。

④手机开锁：App、微信小程序。

（4）功能。

①信息推送。

②异常报警：当遇到强拆、暴力开门、键盘锁定、钥匙插入、钥匙开锁时会发出警报到手机 App 中。

③正常开锁实时提醒：正常通过手机 App 开锁、钥匙开锁、输入密码、指纹等开锁，都会将开锁信息实时传送到手机 App 中。

④身份识别：智能门锁每次连接 App 都会验证用户信息，确保是本人使用。

⑤开锁记录存储：每一次的开锁都会将开锁信息存储到 App 的日志信息中。

（5）技术参数。

智能门锁，是集指纹开锁、密码开锁、感应卡开锁、机械钥匙开锁于一体的智能型门锁。采用 WiFi 通信方式，通过 App 实时上报开门信息，同时可实现一键联动智能家居场景模式。产品适用于政府各部门、军队、银行、医院、办公大楼、写字楼、别墅以及住宅小区等。

①智能门锁技术参数，见表 2.4.12。

表 2.4.12　智能门锁技术参数

项目内容	参数指标
开门方式	指纹、密码、感应卡、钥匙
菜单管理	三级菜单
外观颜色	陨石黑、玫瑰金
壳体材质	铝合金
外观尺寸	376 mm×76 mm×26 mm/81 mm（含把手）
门锁款型	直板
锁体型号	6068 电子锁体
天地钩	有
锁舌材质	304 不锈钢
开门方向	通用
锁面换向	可换向

项目内容	参数指标
适用门板厚度	40~111 mm（标配配件包）
指纹采集器	FPC 半导体指纹模组
指纹比对时间	≤0.5 s
失真率	≤1%
误识率	≤0.001%
指纹容量	120 枚
感应卡类型	IC 卡
感应卡容量	100 张
密码长度	6~12 位
密码容量	100 组
临时密码	有
虚位密码防窥视	有

②适用门板厚度：40~111 mm（标配配件包）。一般而言，普通防盗门厚度在 41~61 mm 之间，也是常见的指纹锁适用门厚度。

③指纹容量：120 枚。指纹锁的指纹、密码、开门信息、指纹识别、记录内容、密码识别等功能共用设备内存，指纹数量直接受内存大小限制。另外，不同品牌、不同型号的指纹门锁可以设置的管理员和指纹数量也不一样，市场上的指纹锁产品一般可以设置 3 个管理员，100 个左右用户的指纹。

2. 门窗磁传感器

1）门窗磁传感器的工作原理

人要进入住宅或者打开某种容器，势必造成两个物体的错位分离，分别安装在两个物体上的发射模块和磁铁块也同时产生位移，报警信号即刻发送给智能网关，最终报警信息发送到业主手机上。

无线门窗磁传感器是由无线发射模块和磁铁块（永久磁铁）两部分组成的，在无线发射模块内部（箭头处）有一个干簧管元器件，当磁铁块与干簧管的距离保持在 20 mm 内时（特殊用途传感器设计报警阈值为 5 mm），干簧管处于断开状态。当磁铁块与干簧管分离的距离超过 20 mm 时，干簧管就会闭合，造成短路，门窗磁传感器指示灯点亮的同时向智能网关发射报警信号，如图 2.4.9 所示。

2）门窗磁传感器的选型依据

（1）通信方式。

①ZigBee 或 433 MHz 无线接入：这种方式的门窗磁传感器需要连接智能网关后接受手机 App 智能控制。

②WiFi 接入：这种方式的门窗磁传感器通过家庭无线路由器接入 Internet，即可接受手机 App 智能控制。

（2）技术参数。

①无线门窗磁传感器技术参数，见表 2.4.13。

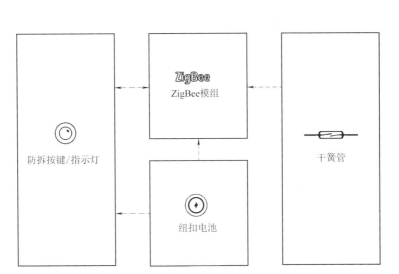

图 2.4.9　门窗磁传感器产品设计原理框图

表 2.4.13　无线门窗磁传感器技术参数

功耗	使用时间	两年（每天开合 20 次）
通信	通信方式	ZigBee
	通信距离	室外空旷距离：81 m；室内可见距离：31 m
	报警阈值	2 cm
	天线方式	内置
环境	工作温度	0~40 ℃
	工作湿度	≤90%RH（无冷凝）
结构	外形尺寸/(mm×mm×mm)	主体尺寸：29×56×14 磁铁尺寸：36×11.5×9
	质量	30 g（1±10%）（净重）
	防护等级	IP20
	主要材质	PC
	安装方式	壁挂
	符合标准	GB 15209

②重点参数讲解。

a. 安装方式：壁挂。门窗磁传感器直接粘贴于门窗上，无须开孔。

b. 报警阈值：2 cm。磁铁块与干簧管的距离保持在 2 cm 内时，门磁未触发。磁铁块与干簧管的距离保持大于 2 cm 内时，门磁触发，传感器指示灯点亮的同时向智能网关发射报警信号。

3. 智能摄像头

1）智能摄像头的工作原理

图像信号经过镜头输入及声音信号经过麦克风输入后，由图像传感器的声音传感器转化为电信号，A/D 转换器将模拟电信号转换为数字电信号，再经过编码器按一定的编码标准进行编码压缩，在控制器的控制下，由网络服务器按一定的网络协议送入局域网或 Internet，控制器还可以接收报警信号及向外发送报警信号，且按要求发出控制信号，如图 2.4.10 所示。

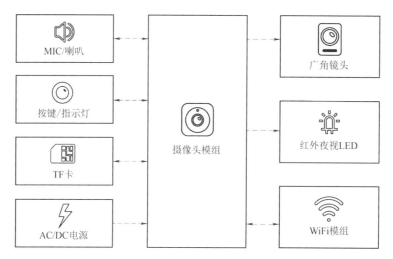

图 2.4.10　智能摄像头产品设计原理框图

2）智能摄像头的选型依据

（1）固定方式。

①正常摆放，上墙用支架，不干胶粘贴。

②嵌入式安装，预埋 86 底盒。

（2）成像效果。

①焦距：4 mm/6 mm。焦距，也称焦长，是指从透镜中心到光聚集的焦点之间的距离。

②2.8 mm 的镜头用在储物间等狭小空间最佳距离为 3 m。

③4 mm 的镜头最佳监控距离为 3~5 m，6 mm 的镜头最佳监控距离为 5~11 m，8 mm 的镜头最佳监控距离为 10~21 m。

④12 mm 的镜头最佳监控距离为 20~31 m，焦距越小可视距离越近，视场角越大，可看到的范围越大。

（3）监控角度。

①广角摄像头。

②全景摄像头。

（4）视频分辨率。

分辨率是用于度量图像内数据量多少的一个参数，通常表示成 ppi（pixelperinch，每英寸[①]像素）。目前可以选用以下两种。

①1 080 pixel。

②720 pixel。

注：①1 英寸 = 2.54 厘米。

（5）供网方式。

在智能监控系统中，根据环境的不同和客户的要求来制订方案，目前常用的摄像头有以下 3 种数据传输方式。

①有线。

②WiFi 无线。

③有线+WiFi 无线。

（6）转动。

根据方案的不同，选择摄像头也需要多样性，目前可以选择以下 3 种。

①固定角度。

②云台摄像机（单电机云台，左右旋转）。

③云台摄像机（双电机云台，上下、左右自由旋转）。

（7）夜视。

智能家居监控系统需求 24 h 实时监控，需要配备具有夜视功能、无红爆、配红外补光灯的摄像头。

（8）存储。

目前市面上的家用智能摄像头主要有以下 3 种存储方式。

①本地存储。很多主流摄像头都支持的存储方式，基本都支持 SD 卡。在手机应用程序上，用户可以设置存储机制，如 24 h 不间断录制，当存储卡用尽时进行覆盖。

②云存储。云存储是指通过集群应用、网络技术或分布式文件系统等功能，将网络中各种不同类型的存储设备通过各种应用软件集合起来协同工作，共同对外提供数据存储和管理的云计算系统。

③混合存储。混合存储就是采用本地 SD 卡和云存储两种存储方式进行录制，进行实时监控。

（9）日夜转换（IR-CUT 自动切换）。

监控摄像机的日夜转换又叫彩转黑，其主要功能是白天监控摄像机工作，日间模式显示输出的是彩色图像，而到了晚上，摄像机自动切换到夜晚模式，显示输出的是黑白图像。

（10）语音。

家居类的摄像头其本身都自带拾音器，只要安装好摄像头，然后下载安装厂家手机 App，扫描摄像头二维码，进行绑定后，通过手机 App 就能跟踪摄像头实现语音对讲。

（11）移动追踪。

①AI 人形移动侦测。

②巡航追踪。

（12）识别方式为移动识别。

移动跟踪技术是在智能识别的基础上，对图像进行差分计算，自动识别视觉范围内目标的运动方向，并自动控制云台对移动目标进行跟踪，目标在进入智能高速球的范围到离开的这段时间内，通过所配置的高清晰自动变焦镜头，使所有动作都被清晰地传送到监控中心。

（13）AI 功能。

市面上带有 AI 功能的智能摄像头应该有很多，卖得较好的智能摄像头产品有萤石的

C5SI 智能摄像头。C5SI 是萤石网络的第一款 AI 智能摄像头。由于配备了 AI 模块，C5SI 具有自主学习的能力，所以 C5SI 有智能人形检测功能，可以有效降低误报率。以下有 3 种 AI 功能。

①本地人形、人脸侦测+云端人形、人脸识别。

②云端人形、人脸识别。

③声源追踪（萤石 C6C 无极版）。

（14）隐私模式。

智能摄像头会有隐私模式，有利于保护我们的设备安全及隐私。

（15）异常录像。

当智能摄像头进入工作状态后，芯片会对当前这一帧画面与前一帧画面进行比对，如果没有任何异常，就会一直循环计算下去。

（16）区域报警。

如果出现当前帧画面与前一帧画面数据不符，则芯片自动启动报警功能。

（17）技术参数。

①摄像头技术参数，见表 2.4.14。

表 2.4.14　摄像头技术参数

名称		说明
输入	额定电压	交流 220 V
	额定频率	50 Hz
	功耗	5 W
	通信方式	WiFi
	通信距离	室外空旷距离：101 m；室内可见距离：31 m
	天线方式	外接□　内置√
环境	工作温度	−10~55 ℃
	工作湿度	≤90%RH（无冷凝）
结构	外形尺寸	86 mm×86 mm×82 mm
	质量	195 g（1±10%）（净重）
	防护等级	IP20
	产品颜色	白色
	主要材质	PC
	安装方式	86 底盒
	符合标准	GB 4943.1、GB/T 9254
功能	移动侦测报警	通过软件实现
	远程实时查看	通过 App 实现
	夜视功能	红外可视距离 6 m
	双向语音对讲	内置全向降噪麦克风和扬声器
	App 客户端	IOS/Android

续表

名称		说明
摄像机	传感器	1/4″CMOS100W 像素
	快门	快门自适应
	镜头	水平视角 180°
	镜头接口类型	M12
	日夜转换	IR-CUT 自动切换
	最低照度	0.01 lx@ F1.8
图像	最大图像尺寸	1 280×720，25 fps
	图像处理	宽动态、背光补偿、强光抑制、3D 降噪、自动白平衡、自动增益
	图像设置	亮度、对比度、饱和度
	帧率	25 fps
压缩标准	视频压缩标准	H.264
	音频压缩标准	G711A
存储功能	本地存储	支持 MICROSD 卡（最大 64 GB）
网络接口	连接方式	支持无线网络连接
WiFi 参数	通信协议	802.11 b/g/n
	通信频段	2 400~2 483.5 MHz
	天线方式	PCB
	通信距离	20 m
	无线安全标准	WEP、WPA/WPA2、WPA-PSK/WPA2-PSK
	传输速率	<2 001 ms

②重点参数讲解。

a. 传感器：1/4″CMOS100W 像素。1/4″指的是感光元件（CMOS）的面积是 1/4 英寸，取的是对角线长度。感光元件面积越大，成像越大，相同条件下，能记录更多的图像细节，各像素间的干扰也小，成像质量也好。感光元件主要有两种：CCD（电荷耦合器件）和 CMOS（互补金属氧化物导体）。

b. 最低照度：0.01 lx@ F1.8。lx 即勒克斯，照度的单位。该参数值的含义是，在镜头光圈值为 F1.8 时，摄像机能正常拍摄需要的最低光线照度为 0.01 lx。

c. 最大图像尺寸：1 280×720。表示该摄像机输出图像每一条水平线上包含有 1 280 个像素点，共有 720 条线，即扫描列数为 1 280 列，行数为 720 行，简称 720 pixel。

d. 帧率：25 fps。fps 即 framespersecond，为每秒显示帧数，俗称帧率。通俗地讲就是 1 s 连续展现几幅画面。

2.4.3　思考与练习

（1）简述安防监控设备的工作原理。

（2）简述安防监控设备的选型依据。

（3）登录智享人居 App，删除已添加的安防监控设备，然后重新添加安防监控设备。

任务 2.5　安全监测设备装调

学习型任务单	任务 2.5　安全监测设备装调
1. 任务描述 小李说："客户赵先生和他父母同住，父母年龄大了，而他常年在外出差。因此非常关心居家安全问题，安全监测系统集中了防灾、报警、远程看护以及智能化扩展应用，涵盖了火灾、燃气泄漏、水浸等防护，以及紧急情况下求助物业保安等。" 就让我们跟着小陈一起学习安全监测设备的装调任务吧。	
2. 任务分析 本任务通过对安全监测设备的实践操作，使学员掌握下列内容： （1）安全监测设备的接线与安装； （2）安全监测设备的配网； （3）安全监测设备的测试流程； （4）安全监测设备的功能及应用环境。	
3. 任务要求 （1）通过学习，掌握以下知识点： ①进一步熟悉安全监测设备的接线与安装原理； ②进一步熟悉安全监测设备的配网原理； ③进一步熟悉安全监测设备的功能及应用环境。 （2）通过学习，掌握以下技能点： 能对安全监测设备进行接线与安装，能对安全监测设备进行配网，能完成安全监测设备的测试流程；	
学习总结：	

2.5.1　操作方法与步骤

1. 准备工作

首先需要了解安全监测设备在安装前要做的软、硬件环境准备工作，如图 2.5.1 所示。在开始测试之前，还需要做好以下准备工作。

（1）供电：给智能网关和 12 V 直流电机控制模块接通电源，将天然气报警器插入适用的电源插座取电，确保无线紧急按钮电池电量充足。

将智能手机和智能 网关连接到同一网络	智享人居App 账号登录	智能手机	智能网关
机械手阀门控制器	12 V直流电机控制模块	天然气报警器	无线紧急按钮

图 2.5.1　软、硬件清单

（2）网关联网：使用网线将智能网关接入所在测试环境的路由器，保障智能网关可以正常进入 Internet。

（3）移动网络环境要求：待配网的网络一定工作在 2.4 GHz WiFi 网络，不支持 5G。

（4）App：登录智享人居 App 账号。

（5）智能网关要求：确保智享人居 App 已经成功添加智能网关，未添加时可参照"项目 2　任务 2.1"进行添加。

2. 设备说明

1）天然气报警器设备说明

（1）天然气报警器接口，如图 2.5.2 所示。

图 2.5.2　天然气报警器接口

（2）天然气报警器按键功能说明，见表 2.5.1。

表 2.5.1　天然气报警器按键功能说明

按键	功能
组网键	长按 从按下开始（$\Delta t = 0$ s），保持按压在 5 s $\leqslant \Delta t < 10$ s 松开：注销网络并启动配网流程； 从按下开始（$\Delta t = 0$ s），保持按压在 $\Delta t \geqslant 10$ s 后松开，为无效操作，保持当前状态不变

107

续表

按键	功能
按键-自检按钮	长按 按下：报警测试； 松开：取消报警测试

（3）天然气报警器指示灯含义，见表 2.5.2。

表 2.5.2 天然气报警器指示灯含义

<table>
<tr><th>指示灯</th><th>含义</th></tr>
<tr><td>指示灯/蜂鸣器</td><td>绿色 LED 灯：网络指示；
慢闪（1 s/次，占空比 50%）：设备入网中；
快闪（501 ms/次，占空比 50%）：配网功能提示；
熄灭：设备已入网；
常亮：设备未入网。
其中，闪烁时，先亮后灭。
运行状态提示（配合蜂鸣器）：
<table>
<tr><th>灯光</th><th>状态</th><th>警报声</th></tr>
<tr><td>红、绿、黄灯交替闪烁</td><td>预热</td><td>无</td></tr>
<tr><td>红灯闪烁</td><td>测试</td><td>“嘀-嘀”报警</td></tr>
<tr><td>红灯闪烁</td><td>报警</td><td>“嘀-嘀”报警</td></tr>
<tr><td>黄灯常亮</td><td>故障</td><td>蜂鸣器长鸣</td></tr>
</table>
</td></tr>
<tr><td>报警测试灯</td><td>按下自检按钮并保持，红色 LED 灯持续闪烁，同时发出“嘀-嘀”报警声，提示触发燃气报警流程；
当松开时，红色 LED 灯停止闪烁，蜂鸣器停止鸣叫，取消燃气报警流程，并上报一次报警恢复事件</td></tr>
<tr><td>燃气报警灯</td><td>烟雾、气体、SOS、水浸等灾害性报警探测器的报警优先级需要调整至最高，报警频率需要加快，设计流程为：
①当触发时，上报一次报警信号，然后启动周期为 10 s 的延时检测定时器；
②当定时器事件到达时，若检测到灾害事件仍存在，重复执行步骤①，否则执行步骤③；
③上报一次报警恢复事件，等待事件触发</td></tr>
<tr><td>配网灯</td><td>持续按压配网键至绿色 LED 灯快闪时（时间约为 5 s）在 5 s 内松开，绿色 LED 灯慢闪提示进入配网模式，配网超时时间为 300 s；
当指示灯由慢闪直接变为熄灭，提示入网成功；
当指示灯由慢闪变为常亮，提示入网失败</td></tr>
</table>

2）智能阀门机械手设备说明

（1）智能阀门机械手外观接口，如图 2.5.3 所示。

12 V 直流电机控制模块　　　　　　　　　　　　　机械手阀门控制器

图 2.5.3　智能阀门机械手外观接口

（2）智能阀门机械手按键和指示灯说明，见表 2.5.3。

表 2.5.3　智能阀门机械手按键和指示灯说明

功能	说明
设备具有 3 种基本网络状态： 未入网：设备网络已复位或入网超时； 入网中：设备发送入网请求，等待入网； 入网成功：设备成功加入网络	网络指示灯（蓝灯）用于提示网络状态： 未入网：常亮； 进入入网模式：闪烁，闪烁频率为 1 次/s； 入网成功：熄灭
上电后检测网络状态：设备上电后检测设备是否已配置过入网。若未配置过入网（网络已复位），则保持未入网状态；若设备已配置过入网，则利用配置信息尝试入网	网络指示灯按照未入网状态显示。 未入网（网络已复位）-->入网中：需要由本地按键触发网络复位，才能进入入网中状态；触发方式见各产品具体说明。 已配置过入网：尝试入网，网络指示灯根据入网结果显示。 入网结果：在 5 min 内网关接受该设备则入网成功，否则进入未入网状态

3）无线紧急按钮设备说明

（1）无线紧急按钮产品接口，如图 2.5.4 所示。

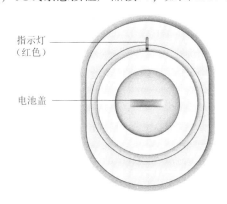

指示灯
（红色）

电池盖

按键区域

背面图　　　　　　　　　　　　　　　　正面图

图 2.5.4　无线紧急按钮产品接口

（2）无线紧急按钮指示灯说明，见表 2.5.4。

表 2.5.4　无线紧急按钮指示灯说明

指示灯	状态	含义
网络指示灯	慢闪（0.5 s 亮，0.5 s 灭）	设备入网中
网络状态指示灯（按压 2～5 s 松开）	快闪（0.25 s 亮，0.25 s 灭）	触发入网模式
	指示灯即时熄灭	产品已入网
	指示灯延时 5 s 后熄灭	产品未入网
	慢闪持续 1 min	已入网未连接

（3）无线紧急按钮按键功能，见表 2.5.5。

表 2.5.5　无线紧急按钮按键功能

按键		时长	功能
按键	单击	1 s 内按下松开	网关收到相应指令
	双击	两次单击时间间隔不超过 0.5 s	
	长按	按键按下超过 2 s	
摇一摇		持续摇晃设备 1 s 以上	

（4）紧急按钮 App 功能含义，见表 2.5.6。

表 2.5.6　紧急按钮 App 功能含义

App 功能	含义
电量显示	显示剩余电量
低电量报警	电压低于 10% 时上报低电量

3. 设备接线与安装

1）天然气报警器安装

要想让天然气报警器起到更好的示警作用，报警器的安装位置是关键。

天然气主要由甲烷（85%）和少量乙烷（9%）、丙烷（3%）、氮（2%）和丁烷（1%）组成。相对密度约 0.65，比空气轻。发生天然气泄漏后会往上飘。所以，天然气报警装置应该安装在距离天花板 30～100 cm 处。

由于燃气炉具在使用过程中难免会有少量天然气泄漏，若天然气报警装置安装位置距离气源过近将引起误报。所以，要将天然气报警装置安装在距离燃气炉具直径 1 m 范围外。同时不应安装在油烟大、湿度大的地方，以免报警装置进气不畅，影响检测效果。

综合以上，结合天然气物理特点和报警器性能，天然气报警器安装位置有以下要求，如图 2.5.5 所示。

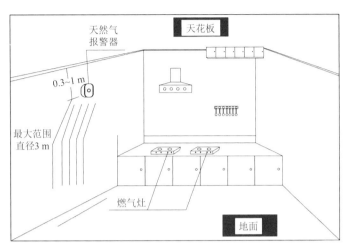

图 2.5.5　天然气报警器安装位置

（1）安装位置应距气源 1~3 m。

（2）安装位置应距离天花板 30~100 cm。

（3）安装位置应避免大量油烟和水蒸气。

2）机械手安装

● 固定安装：将机械手安装到预先准备好的管道和管道阀门开关把手上，并确保固定牢固。

● 设备供电：机械手阀门的原配电源适配器插到 220 V 交流电源插座上，对插连接机械手阀门电源引出线和适配电源线，给机械手阀门供电。

该类型机械手适用于手柄式阀门开关，安装效果如图 2.5.6 所示。

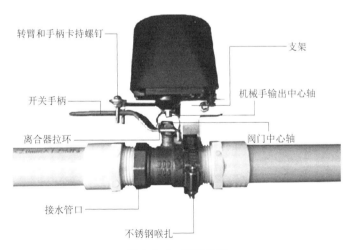

图 2.5.6　安装效果

需要将机械手阀门控制器安装在燃气阀门位置，具体操作步骤如表 2.5.7 所示。

表 2.5.7　机械手安装操作步骤

步骤	操作	图示
1	先将燃气阀门处于打开状态。	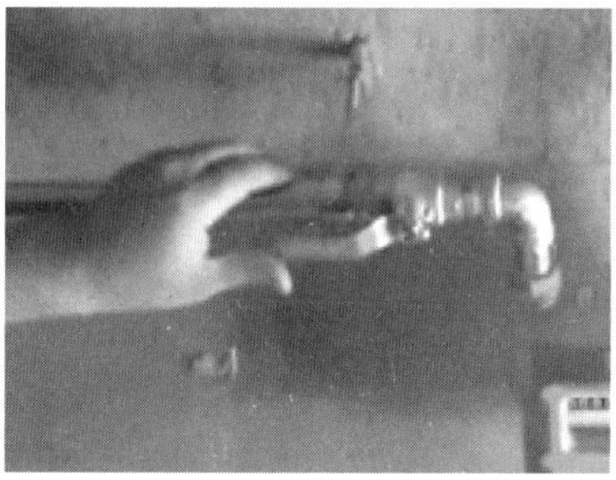
2	拉下机械手阀门控制器的手动拉环，使机械手阀门控制器位置处于打开状态。	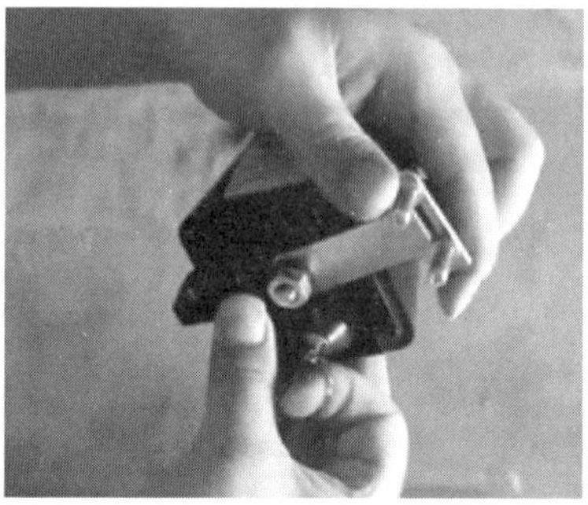
3	完成后确保机械手阀门控制器的手动拉环处于按下状态。	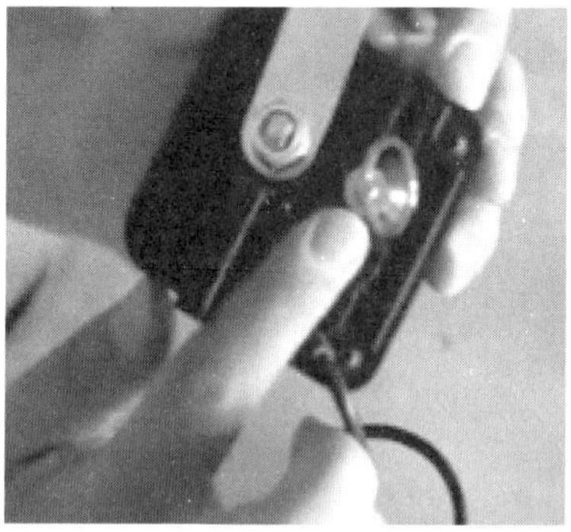
4	煤气管道卡扣，并用螺钉固定。	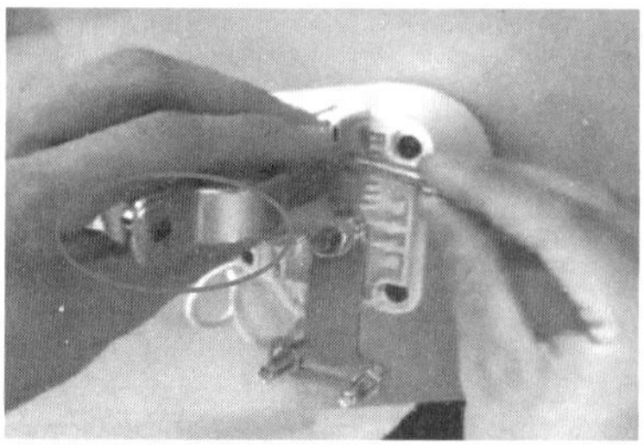

续表

步骤	操作	图示
5	用六角扳手固定上方螺钉，注意不要完全拧紧。	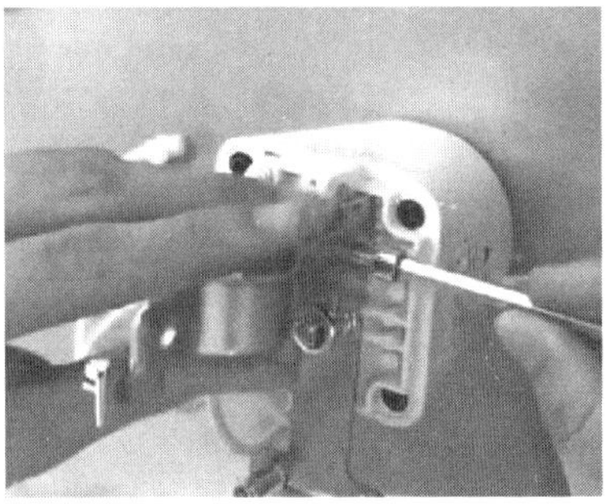
6	将机械手阀门控制器安装在燃气阀门上，注意机械手部分应覆盖在阀门之上。	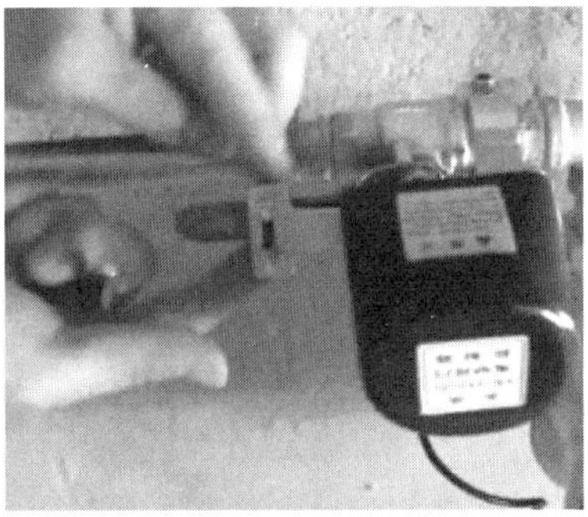
7	用六角扳手拧紧上方螺钉。	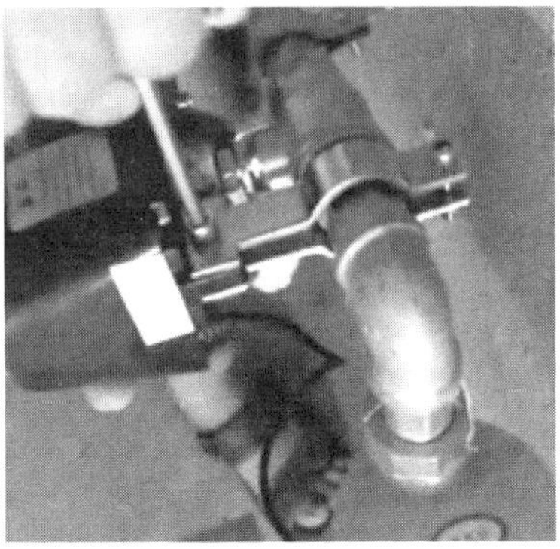
8	用六角扳手拧紧下方螺钉。	

步骤	操作	图示
9	使用扳手调节机械臂的限位装置，保证机械臂的限位装置能夹住燃气阀门开关手柄。	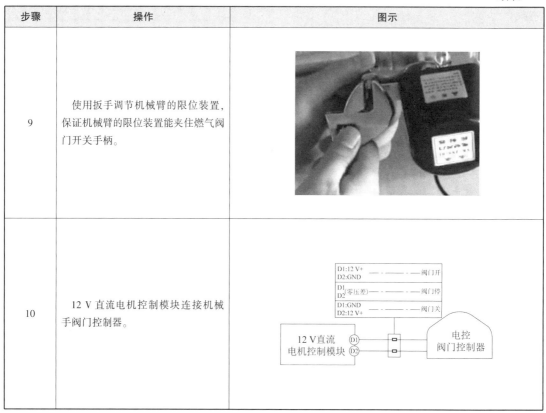
10	12 V 直流电机控制模块连接机械手阀门控制器。	

3）无线紧急按钮安装

无线紧急按钮具体安装步骤如表2.5.8所示。

表 2.5.8 无线紧急按钮安装步骤

步骤	操作	图示
1	在产品背面粘贴泡棉垫片，可以粘贴或放置在任意位置。	

4. 设备配网

设备配网的具体操作步骤如表 2.5.9 所示。

表 2.5.9　设备配网的具体操作步骤

步骤	操作	图示
1	在 App 首页，单击信息栏右上角"+"按钮，在下拉列表框中选择"添加设备"，进入设备添加页面。	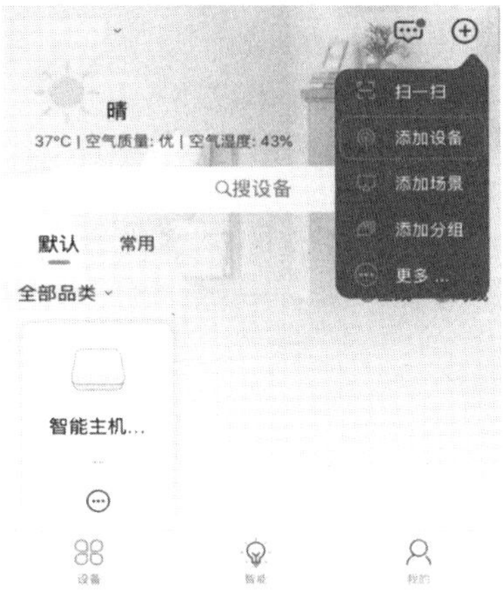 晴 37℃ | 空气质量：优 | 空气湿度：43% 搜设备 默认　常用 全部品类 智能主机… 设备　物联　我的 扫一扫　添加设备　添加场景　添加分组　更多…
2	添加天然气报警器设备： （1）首先，在左侧"支持添加的设备"列表中选择"燃气报警器"。 （2）然后，在右侧设备列表中选择"燃气传感器 HS1CG 款"。 （3）选择网关为智能网关 86 型U86GW。 （4）长按设备配网按键至绿灯快闪时在 5 s 内松开，绿灯慢闪提示进入配网模式。接着单击 App 界面的"我确认在闪烁"按钮。 （5）成功发现该设备后，单击App 页面的"确认"按钮，结束本次配网操作。	 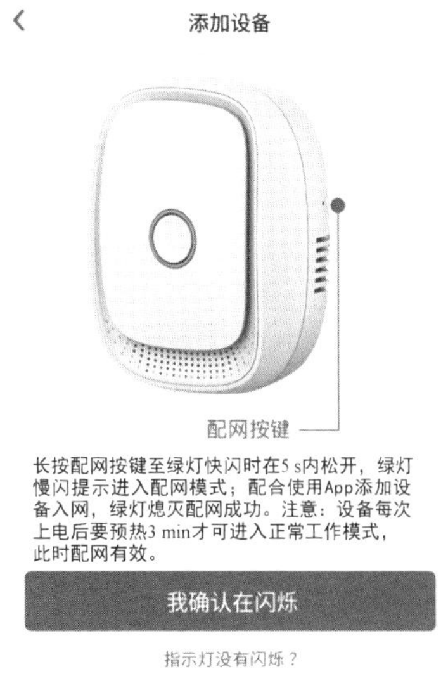 返回　搜索设备　筛选 本地发现设备 支持添加的设备 水浸报警器　气体探测器89F款　添加 窗帘 燃气报警器　燃气传感器HS1CG款　添加 添加设备 配网按键 长按配网按键至绿灯快闪时在5 s内松开，绿灯慢闪提示进入配网模式；配合使用App添加设备入网，绿灯熄灭配网成功。注意：设备每次上电后要预热3 min才可进入正常工作模式，此时配网有效。 我确认在闪烁 指示灯没有闪烁？

续表

步骤	操作	图示
3	添加智能阀门机械手设备： （1）首先，在左侧"支持添加的设备"列表中选择"窗帘"。 （2）然后，在右侧设备列表中选择"12 V 直流电机控制模块"，单击"添加"按钮。 （3）选择网关为智能网关 86 型 U86GW。 （4）长按复位按键 5 s 以上至配网指示灯闪烁，12 V 直流电机控制模块解除绑定并进入配网模式。 （5）接着单击 App 界面的"我确认在闪烁"按钮。 （6）成功发现该设备后，单击 App 界面的"确认"按钮，结束本次配网操作。	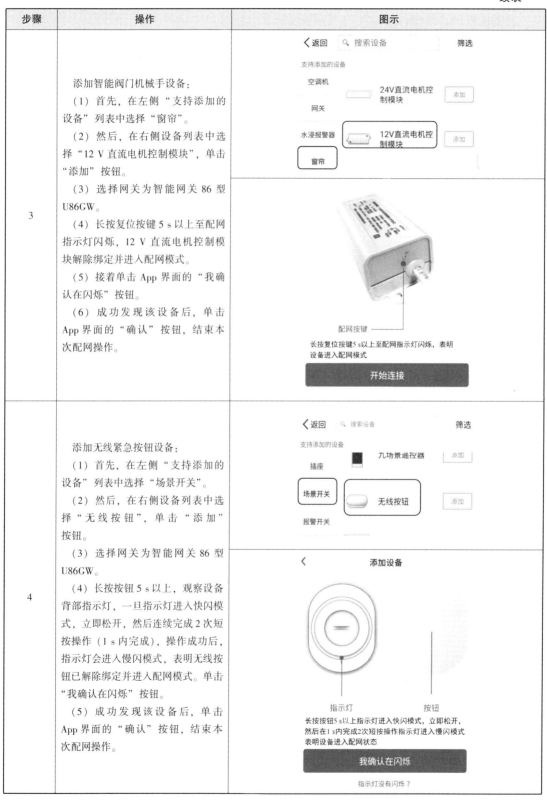
4	添加无线紧急按钮设备： （1）首先，在左侧"支持添加的设备"列表中选择"场景开关"。 （2）然后，在右侧设备列表中选择"无线按钮"，单击"添加"按钮。 （3）选择网关为智能网关 86 型 U86GW。 （4）长按按钮 5 s 以上，观察设备背部指示灯，一旦指示灯进入快闪模式，立即松开，然后连续完成 2 次短按操作（1 s 内完成），操作成功后，指示灯会进入慢闪模式，表明无线按钮已解除绑定并进入配网模式。单击"我确认在闪烁"按钮。 （5）成功发现该设备后，单击 App 界面的"确认"按钮，结束本次配网操作。	

5. 设备功能与设置

当完成设备安装和配网后，还需要对设备进行设置，具体步骤如表 2.5.10 所示。

表 2.5.10　设备功能与设置步骤

步骤	操作	图示
1	天然气报警器设置： 进入"燃气传感器"的设备页面，可以查看探测器触发状态、正常状态或燃气泄漏报警状态。	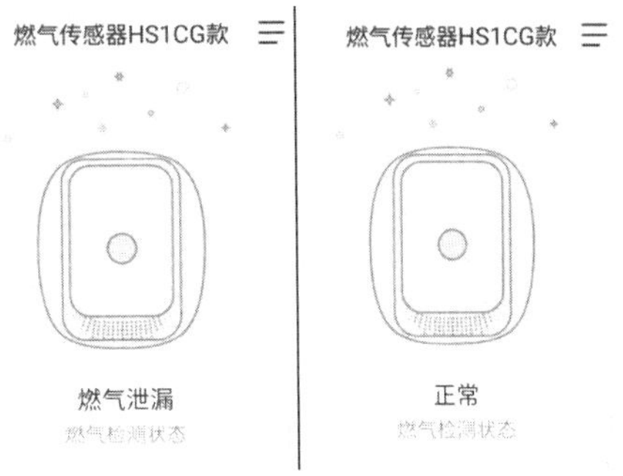 燃气传感器HS1CG款　　燃气传感器HS1CG款 燃气泄漏　　　　　正常 燃气检测状态　　　燃气检测状态
2	智能阀门机械手设置： 进入"12 V 直流电机控制模块"的设备页面，可以控制直流电机开、关、暂停动作。可以设置工作模式为"正转"或"反转"（定义电机负载的转动方向，以确定正转模式是电机开，还是反转模式是电机开）。	 12V直流电机控制模块 操作模式 关　开　暂停 工作模式 正转　反转
3	无线按钮设置： 无线按钮属于场景类设备，可以在场景的"如果"选项中对其进行绑定。	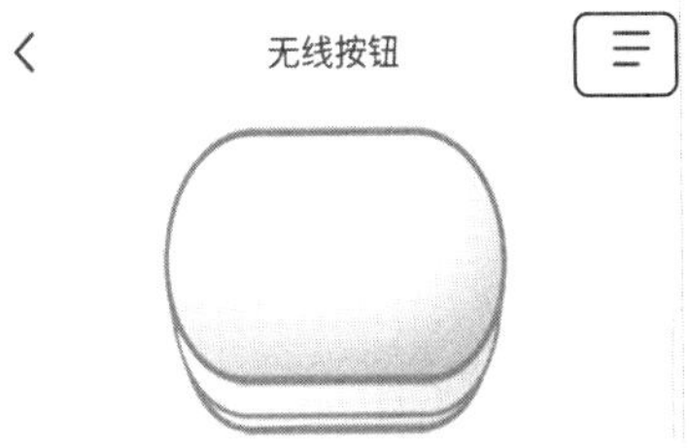 无线按钮

6. 设备测试

当完成设备安装、配网和设置后，还需要对设备进行测试。

1）天然气报警器测试

（1）对已经配网成功的"天然气报警器"进行设备功能测试，具体步骤如表 2.5.11 所示。

表 2.5.11　天然气报警器测试步骤

步骤	操作	图示
1	燃气探测器在未触发时，指示灯熄灭，App 显示设备"正常"。	 燃气传感器HS1CG款 正常 燃气检测状态
2	按下自检按钮并保持（小于 5 s），红色 LED 灯持续闪烁同时发出"嘀-嘀"报警声，提示触发燃气报警；App 显示设备"燃气泄漏"报警。当松开时，红色 LED 灯停止闪烁，蜂鸣器停止鸣叫。	 燃气传感器HS1CG款 燃气泄漏 燃气检测状态

（2）天然气报警器常见故障，见表 2.5.12。

表 2.5.12　天然气报警器常见故障

故障现象	原因分析	排除方法
天然气报警器上电后一直预热（LED 闪烁不止）	• 长时间未通电； • 预热期间用气体测试了	• 通电老化 24 h； • 预热时禁止用气体测试
黄灯长亮/蜂鸣器长鸣	传感器故障	送经销商维修
App 收不到报警信息	• 天然气报警器断电； • 天然气报警器距离智能网关太远，超过信号范围； • 报警器设备故障	• 检查报警器电源连接情况； • 确保智能网关和报警器在合理距离范围内； • 送经销商维修

2）智能阀门机械手测试

现在可以对已经配网成功的智能阀门机械手进行设备连接测试和功能测试。

（1）手动控制测试。

当发生特殊情况时，机械手阀门控制器支持手动开、关阀门。

①拉下机械手阀门控制器下部的手动控制环，扳动阀门进行手动关闭。

②拉下机械手阀门控制器下部的手动控制环，扳动阀门进行手动打开。

③完成测试后记得确保机械手阀门控制器下部的手动控制环处于按下状态。

（2）创建设备联动场景。

为了能实现客户赵先生家的需求，除了要将智能阀门机械手连入家庭智能网络中外，还需要为设备进行一定的联动设置。当家里天然气报警器触发报警后，智享人居 App 能通过智能阀门机械手控制器关闭阀门，从而切断燃气泄漏，避免事故发生，具体操作步骤如表 2.5.13 所示。

表 2.5.13　创建智能阀门机械手联动操作步骤

步骤	操作	图示
1	进入"场景管理"页面，添加"自动场景"，修改场景名称为"燃气泄漏自动关阀"，单击"添加本地"按钮，进入场景设置页面。	 添加自动场景　保存 燃气泄漏自动关阀 首页显示 场景开关 添加本地　添加云端

步骤	操作	图示
2	条件和动作设置： 在"如果"区域确认场景触发条件，选择"设备触发"，选中设备"燃气传感器"，单击"燃气检测状态"，然后选择"燃气泄漏"为场景触发的条件，单击"确定"按钮。 在"就"区域确认场景执行的动作，选择"设备动作"，选中设备"12 V 直流电机控制模块"，单击"操作模式"，选择"关"作为场景执行的动作，单击"确定"按钮。 最后单击"确定"按钮保存场景设置内容。	
3	返回自动场景管理页面，内容设置完毕后，单击"保存"按钮，保存本场景设置，本场景显示在"场景管理"页面。	

（3）联动场景测试。

现在已经对智能家居场景设置成功，还需要对燃气报警模式功能进行测试。

首先确认智能机械手处于打开状态、燃气报警器处于正常状态。按下燃气报警器上的模拟报警按钮，观察智能机械手是否控制阀门关闭。若阀门被机械手关闭则测试成功。

3）无线紧急按钮测试

（1）创建设备联动场景。

为了能实现客户赵先生家的需求，除了要将无线紧急按钮设备连入家庭智能网络中外，还需要为设备进行一定的联动设置。当家里老人按下无线紧急按钮后，智享人居 App 能推送相应信息到智能手机上，从而使家庭成员知道紧急情况的发生。具体操作步骤如表 2.5.14 所示。

表 2.5.14　创建无线紧急按钮设备联动操作步骤

步骤	操作	图示
1	添加自动场景，修改场景名称为"无线紧急按钮"，并单击"添加云端"按钮，进入场景设置页面。	 添加自动场景　保存 无线紧急按钮 首页显示 场景开关 添加本地　添加云端
2	条件和动作设置： 　　在"如果"区域选择"设备触发"，选中设备"无线按钮"，单击"键值信息上报"，然后选择"双击"为场景触发的条件，单击"确定"按钮并保存。 　　在"就"区域选择"通知推送"，在弹出页面上方文字框输入报警推送的文字信息内容，单击"手机通知"作为场景执行的动作，然后单击"保存"按钮。 　　最后单击"确定"按钮保存场景设置内容。	 添加自动场景　保存 如果 无线按钮 等1个触发条件 键值信息上报 双击 点击展开更多 且 就 手机通知 家中发生紧急情况 延时开关 确定　取消
3	返回自动场景管理页面，内容设置完毕后，单击"保存"按钮，保存本场景设置。 　　场景设置完毕后，本场景显示在"场景管理"页面。	 管理　场景管理　三个 ＋ 全部　手动　自动 无线紧急按钮 自动 已全部加载

（2）联动场景测试。

现在可以对已经配网成功的"无线紧急按钮"进行设备功能测试，以确认是否达到了客户赵先生的要求。按下无线紧急按钮，查看手机上是否推送告警信息，测试场景结果如图 2.5.7 所示。

图 2.5.7　测试场景结果

2.5.2　知识链接

1. 天然气报警器

1）天然气报警器的工作原理

天然气报警器通过气体传感器探测周围环境中的低浓度可燃气体，通过采样电路将探测信号用模拟量或数字量传递给控制器或控制电路，当可燃气体浓度超过控制器或控制电路中设定的值时，控制器通过执行器或执行电路发出报警信号或执行关闭燃气阀门等动作，其产品设计原理框图如图 2.5.8 所示。

天然气报警器用于探测环境燃气的浓度，核心部件为气敏传感器，安装在可能发生燃气泄漏的场所，当燃气在空气中的浓度超过设定值时，探测器就会被触发报警，并对外发出声光报警信号，报警信息同时经过智能网关推送到手机 App 端，第一时间提醒业主进行防范。

如果室内配置了排风设备（如排气扇）、燃气阀门控制器（如机械手），探测器报警后，实时联动阀门控制器切断气源，开启排风设备把室内的混合了燃气的空气排到室外，保障人的生命和财产安全。

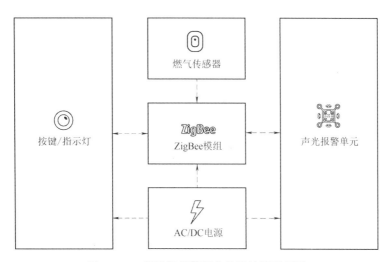

图 2.5.8　天然气报警器产品设计原理框图

2）天然气报警器的选型依据

（1）供电方式。

市面上常见天然气报警器的供电方式主要分为以下两种。

①220 V 交流供电，如图 2.5.9 所示。

图 2.5.9　使用 220 V 交流电的天然气报警器

②纽扣电池供电，如图 2.5.10 所示。

图 2.5.10　使用纽扣电池的天然气报警器

（2）通信方式。

市面上常见天然气报警器的通信方式主要分为以下几种。

①ZigBee 或 433 MHz 无线接入：这种方式的天然气报警器需要连接智能网关后接受手机 App 智能控制。

②WiFi 接入：这种方式的天然气报警器通过家庭无线路由器接入 Internet，即可接受手机 App 智能控制。

（3）固定方式。

市面上常见天然气报警器的固定方式主要分为以下两种。

①即插即用，插到普通插座上即可使用，如图 2.5.11 所示。

②墙面或天花板螺钉固定，如图 2.5.12 所示。

图 2.5.11　即插即用型　　　　　图 2.5.12　墙面固定型

（4）适用气体。

市面上常见天然气报警器在选购时需要注意区分以下两种。

①密度比空气小：天然气、CH_4（甲烷）。

②密度比空气大：液化石油气、煤气（混合气体）。

（5）参数说明。

①设备参数说明，见表 2.5.15。

表 2.5.15　天然气报警器设备参数说明

名称	说明
通信方式	ZigBee
通信距离	室外空旷距离：81 m；室内可见距离：31 m
工作电压	交流 220 V
探测气体	天然气
报警浓度	6%LEL（甲烷 CH_4）
误差	±3%LEL
报警声压	75 dB（正前方 1 m）
产品储存温度	−20~+65 ℃

名称	说明
工作温度	−10~+55 ℃
工作湿度	≤95%RH
工作大气压	800~1 100 hPa
使用寿命	5 年（以半导体式传感器寿命计算）

②重点参数讲解。

a. 报警浓度：是指设备触发报警时的可燃气浓度阈值。当检测到天然气的浓度达到报警浓度时，天然气报警器将触发报警（单位为%LEL）。

b. 传感器寿命：是指传感器能正常使用的年限，如试验所用设备的传感器寿命为 5 年。

2. 智能阀门机械手

1）智能阀门机械手的工作原理

智能阀门机械手的工作原理，如图 2.5.13 所示。

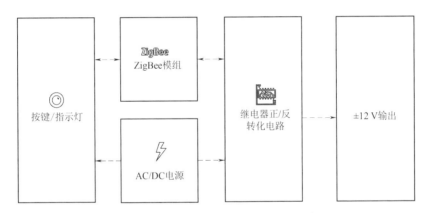

图 2.5.13　智能阀门机械手产品设计原理框图

2）智能阀门机械手的选型依据

（1）控制方式。

市面上的智能阀门机械手控制方式主要分为以下两种。

①直接控制：直接连接燃气报警装置，不需要网关，当天然气报警器报警时直接控制机械手关闭阀门。

②间接控制：通过网关配合燃气报警装置，当天然气报警器报警时，报警信号通过网关，依据事先设置好的联动功能关闭燃气阀门。

（2）参数说明。

①设备参数说明，见表 2.5.16。

表 2.5.16　智能阀门机械手参数说明

项目	名称	说明
输入	额定电压	交流 220 V
	额定频率	50 Hz
	静态功耗	<1.5 W
输出	输出电压	直流 12 V
	额定负载	直流电机（带保护、正/反转），最大电流 171 mA
通信	通信方式	ZigBee
	通信距离	室外空旷距离：100 m；室内可见距离：31 m
	天线方式	内置
环境	工作温度	−10～55 ℃
	工作湿度	≤90%RH（无冷凝）
结构	主要材质	PC
	安装方式	桌面式
	符合标准	GB/T 16915.1、GB/T 16915.2、GB/T 16915.3
指示灯功能		该设备具有 3 种基本网络状态。 • 未入网：设备网络已复位或入网超时； • 入网中：设备发送入网请求，等待入网； • 入网成功：设备成功加入网络。 网络指示灯（蓝灯）：用于提示网络状态。 • 未入网：常亮； • 入网模式：闪烁，闪烁频率为 1 次/s； • 入网成功：熄灭。

②重点参数讲解：设备功耗，是指设备在单位时间的耗电量。例如，试验所用设备平均功耗为 1.5 W，则一年只用 2 度电。

3. 无线紧急按钮

1）无线紧急按钮的工作原理

无线紧急按钮由纽扣电池、ZigBee 模组、按键/指示灯组成。其中，纽扣电池为 ZigBee 模组和指示灯供电；ZigBee 模组用于建立 ZigBee 网络和执行相应的程序动作；按键/指示灯用于检测外部触发信号及设备通信和工作状态指示。其产品设计原理框图如图 2.5.14 所示。

无线紧急按钮是基于无线连接的报警按钮，当按钮被按下或者触发时，能根据事先设计好的联动模式进行报警或者信息推送。

2）无线紧急按钮的选型依据

（1）固定方式。

紧急按钮的固定方式一般分为以下两种。

①墙面固定安装，如图 2.5.15 所示。

②便携式可移动，如图 2.5.16 所示。

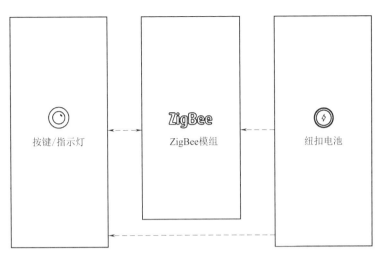

图 2.5.14　无线紧急按钮产品设计原理框图

图 2.5.15　固定式紧急按钮　　　图 2.5.16　便携式可移动按钮

（2）通信方式。

市面上常见无线紧急按钮的通信方式主要分为以下几种。

①ZigBee 或 433 MHz 无线接入：这种方式的无线紧急按钮需要连接智能网关后接受手机 App 智能控制。

②WiFi 接入：这种方式的无线紧急按钮通过家庭无线路由器接入 Internet，即可接受手机 App 智能控制。

（3）按键方式。

市面上常见紧急按钮支持的按键方式主要分为以下 4 种。

①单击按钮：1 s 内按下并松开。

②双击按钮：两次单击的时间间隔不超过 0.5 s。

③长按：按下时间超过 2 s。

④摇一摇：持续摇晃设备 1 s 以上。

（4）技术参数。

①设备参数见表 2.5.17。

表 2.5.17 无线紧急按钮参数

名称	说明
供电方式	CRC2032 电池
通信方式	ZigBee
通信距离	室外空旷：101 m；室内可见：31 m
防护等级	IP20
工作温度	0~45 ℃
工作湿度	≤90%RH（无冷凝）
待机时间	待机 1 年
产品尺寸	37 mm×47 mm×12 mm

②重点参数讲解。

a. 通信距离：指设备与网关有效通信的距离范围。一般室内可见为 31 m，室外空旷为 101 m。

b. 待机时间：指设备电池支持的有效工作时间，一般为待机 1 年。

2.5.3 思考与练习

（1）简述安全监测设备的工作原理。

（2）简述安全监测设备的选型依据。

（3）登录智享人居 App，删除已添加的安全监测设备，然后重新添加安全监测设备。

任务 2.6 环境监控设备装调

学习型任务单	任务 2.6 环境监控设备装调
1. 任务描述 小李说："常见的环境监控设备有人体运动传感器、温湿度传感器、智能窗帘电机，可以进一步提升家庭的智能化和舒适化程度。" 那我们跟着小陈一起学习家庭中环境监控设备的装调吧。	
2. 任务分析 本任务通过对智能中控设备的实践操作，使学员掌握下列内容： （1）环境监控设备的接线与安装； （2）环境监控设备的配网； （3）环境监控设备的测试流程； （4）环境监控设备的功能及应用环境。	

学习型任务单	任务 2.6　环境监控设备装调
3. 任务要求 （1）通过学习，掌握以下知识点： ①进一步熟悉环境监控设备的接线与安装原理； ②进一步熟悉环境监控设备的配网原理； ③进一步熟悉环境监控设备的功能及应用环境。 （2）通过学习，掌握以下技能点： 能对环境监控设备进行接线与安装，能对环境监控设备进行配网，能完成环境监控设备的测试流程。	
学习总结： 	

2.6.1　操作方法与步骤

1. 准备工作

首先需要了解环境监控设备在安装前需要做的软、硬件环境准备工作，如图 2.6.1 所示。

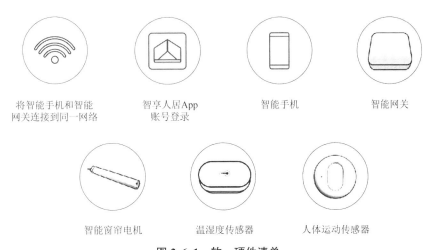

将智能手机和智能　　智享人居App　　　智能手机　　　　智能网关
网关连接到同一网络　　账号登录

智能窗帘电机　　　温湿度传感器　　　人体运动传感器

图 2.6.1　软、硬件清单

在开始测试之前，还需要做好以下准备工作。

（1）供电：给智能网关接通电源，保证人体运动传感器电池电量充足，满足测试需要。

（2）网关联网：使用网线将智能网关接入所在测试环境的路由器，保障智能网关可以正常进入 Internet。

（3）移动网络环境要求：待配网的网络一定工作在 2.4 GHz WiFi 网络，不支持 5G。

（4）App：登录智享人居 App 账号。

（5）智能网关要求：确保智享人居 App 已经成功添加智能网关，未添加时可参照"项目 2 任务 2.1"进行添加。

2. 设备说明

1）人体运动传感器设备说明

（1）人体运动传感器接口，如图 2.6.2 所示。

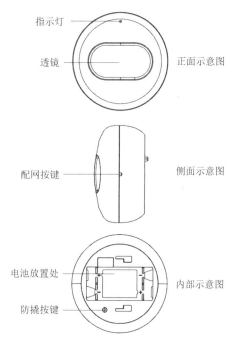

图 2.6.2　人体运动传感器接口

（2）人体运动传感器功能说明，见表 2.6.1。

表 2.6.1　人体运动传感器功能说明

功能类型	功能说明
按键	配网按键：网络状态提示控制、配网； 防撬按键：上报防撬报警或恢复事件
指示灯	网络指示： • 慢闪（0.5 s 亮，0.5 s 灭）：设备入网中； • 点亮-熄灭配合配网按键：当前网络状态提示； • 未入网时，短按配网按键，指示灯点亮 5 s 后熄灭； • 入网后，短按配网按键，指示灯闪烁一次。 功能提示： • 指示灯慢闪（0.5 s 亮，0.5 s 灭）：配网事件提示； • 指示灯快闪（0.2 s 亮，0.2 s 灭）：防撬事件提示； • 指示灯 0.5 s 亮一次：有人/无人状态切换

续表

功能类型	功能说明
网络状态提示	在 $\Delta t<5$ s 松开，则： ● 指示灯即时熄灭：设备已入网； ● 指示灯延时 5 s 后熄灭：设备未入网
配网	根据 App 操作提示添加设备入网： ● 持续按压配网按键至指示灯快闪时（$\Delta t=5$ s），设备进入到配网状态； ● 进入到配网状态后，在 60 s 内如果没有配网成功，则进入 配网超时状态
电池电量	● 适用于电池供电设备，显示当前电池剩余电量百分比，范围为 $[0, 100\%]$； ● 主动上报，上报条件及状态提示； ● 设备每次配网成功后上报一次； ● 在每个心跳周期上报一次
人体状态检测	要求： ● 设备安装在 2.2 m 高度，调整好角度； ● 通电后，检测人体在设备正面水平方向 100°、垂直方向 90° 的区域内移动时，上报有人事件； ● 移动速度不大于 3 m/s，持续 110~130 s 内未检测到人时，上报无人事件
防撬检测	具有防撬功能的设备： ● 存在一个防撬按键，在安装时防撬按键被按下，一旦设备被拆开，防撬按键将弹起； ● 主动上报，上报条件及状态提示； ● 设备进入已入网状态后上报一次防撬属性状态； ● 按下时，上报一次防撬恢复事件； ● 弹起时，上报一次防撬报警事件，然后每分钟上报防撬报警事件，直到防撬按键再次被按下
低电量报警	● 电压低于 20% 时上报低电量； ● 随心跳包或者水浸事件上报时一同上报

2）温湿度传感器设备说明

（1）温湿度传感器接口，如图 2.6.3 所示。

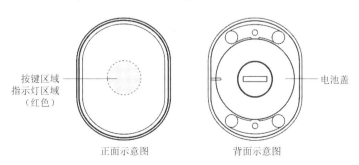

图 2.6.3　温湿度传感器接口

（2）温湿度传感器功能说明，见表 2.6.2。

表 2.6.2　温湿度传感器功能说明

名称	功能
按键	配网按键：网络提示、配网
数据上报	湿度大于 5% 时上报；温度大于 1 ℃ 时上报；气压随这两数据上报
温度	检测范围：0~45 ℃；精度：0.5 ℃
湿度	检测范围：0~100%；精度：3%
气压	检测范围：40~110 kPa；精度 0.1 kPa
指示灯	网络指示： • 慢闪（0.5 s 亮，0.5 s 灭）：设备入网中； • 点亮-熄灭配合配网按键：当前网络状态提示； • 未入网时，短按配网按键，指示灯点亮 5 s 后熄灭； • 入网后，短按配网按键，指示灯闪烁一次； • 已入网未连接：慢闪。 功能提示： 指示灯 0.5 s 亮一次，事件上报
网络状态提示	在 0<Δt<5 s 松开，则 • 指示灯即时熄灭：产品已入网； • 已入网未连接：慢闪持续 1 min； • 指示灯延时 5 s 后熄灭：产品未入网
配网	根据 App 操作提示添加设备入网： • 持续按压配网按键至指示灯快闪（5 s≤Δt<10 s）松开按键后，设备进入配网状态； • 进入配网状态后，在 60 s 内如果没有配网成功，则进入配网超时状态
电池电量	适用于电池供电设备，显示当前电池剩余电量百分比，范围为 [0, 100%]。 主动上报，上报条件及状态提示： • 产品每次配网成功后上报一次； • 在每个心跳周期上报一次
低电量报警	电压低于 20% 时上报低电量，随心跳包或者水浸事件上报时一同上报

3）智能窗帘电机设备说明

（1）智能窗帘电机接口，如图 2.6.4 所示。

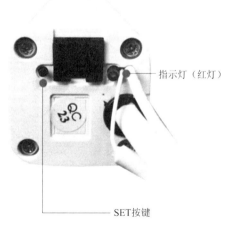

指示灯（红灯）

SET按键

图 2.6.4　智能窗帘电机接口

（2）智能窗帘电机功能说明，见表 2.6.3。

表 2.6.3　智能窗帘电机功能说明

项目		功能说明
开合帘电机功能	手拉启动	帘布安装完成后，用手轻轻拉开合帘帘布，即可启动开合帘运行
	停电手拉	帘布安装完成后，在断电时，帘布仍可手动进行拉开或闭合
	遇阻停止	帘布安装完成后，开合帘运行到不可运行位置时，自动停止
	遇阻自动设置限位功能	在没有限位的条件下，第一次遇阻停止，系统自动将受阻点设为开启/关闭限位
	遇阻删限位功能	在已有限位的条件下，若运行过程中遇到阻碍，则会将原来的限位自动删除，再次遇阻后重新设置限位
	按键删限位	单击长按 3 s，电机限位全部删除
	开合帘电机换向	• 需配合无线遥控器； • 短按遥控器的学习按键 6 次，再按"下"键，电机点动一次，换位成功
本地按键	SET 本地按键	长按按键 5 s，直至电机点动一下，松开按键，入网指示灯慢闪，频率为 1 Hz，设备进入配网状态
指示灯状态	未组网/入网超时	指示灯（红灯）常亮
	入网中	指示灯（红灯）慢闪，频率为 1 Hz
	已入网	指示灯（红灯）熄灭
	电机转动	指示灯（红灯）快闪，频率为 24 Hz
入网退网	入网功能	App 中添加设备"开合帘电机"，按照 App 指示操作
	远程退网功能	App 中对应开合帘电机界面："解绑"
	本地退网功能	长按按键 5 s，直至电机点动一下，松开按键，入网指示灯慢闪，频率为 1 Hz；设备进入配置网状态
App 操作功能	关窗帘	窗帘关闭
	开窗帘	窗帘开启
	暂停窗帘	中止窗帘关闭或窗帘开启
	窗帘位置	0~100%

（3）窗帘盒预埋要求。

①单轨窗帘盒：在窗帘盒一端预留一个三孔插座（220 V AC 零、火线引入）。适合窗型面积比较小的窗户使用，如卫生间、厨房等小区域的窗户。

②双轨窗帘盒：在窗帘盒一端预留两个三孔插座（220 V AC 零、火线引入）。使用在对窗户面积及窗型要求比较高，小窗户不适合的双开窗帘。

3. 设备接线与安装

1）人体运动传感器安装

（1）安装位置选择。

由于人体运动传感器的工作原理决定了这种传感器对温度变化比较敏感。若安装位置不恰当，会引起频发误报，非但不能起到应有的效果，可能还会导致资源的浪费。一般而言，安装时需要注意以下几个方面。

①人体运动传感器左、右两侧比上、下两侧的感应范围要大，所以在安装传感器时应使其正轴线与人的活动方向尽量相垂直，这样可以达到最佳感应效果。

②安装人体运动传感器时，应该远离空调、冰箱、暖气、火炉等空气温度变化敏感的地方。

③安装人体运动传感器时不宜正对窗户，防止窗外的热气流扰动和人员走动引起误报。

（2）安装方式。

①安装方式一：墙壁安装。

具体操作步骤如表 2.6.4 所示。

表 2.6.4　墙壁安装具体操作步骤

步骤	操作	图示
1	选择合适位置，用螺钉固定好支架底座	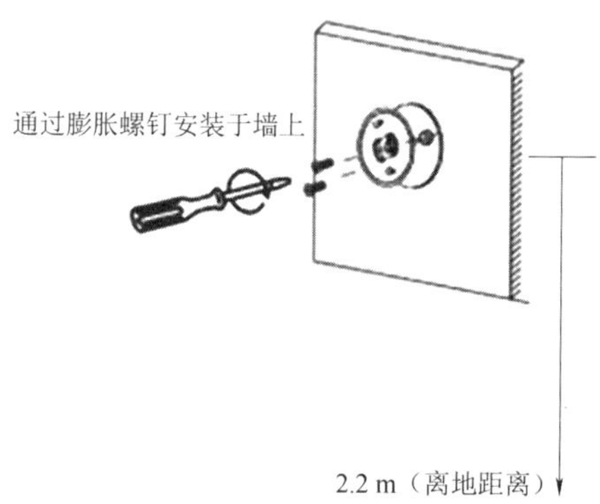 通过膨胀螺钉安装于墙上 2.2 m（离地距离）
2	安装传感器	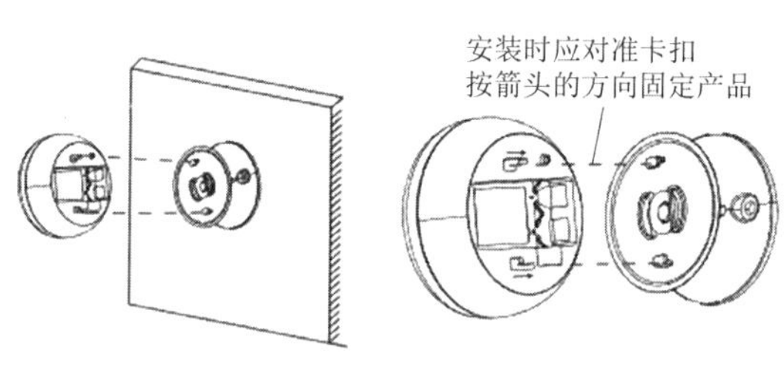 安装时应对准卡扣 按箭头的方向固定产品
3	调整传感器角度	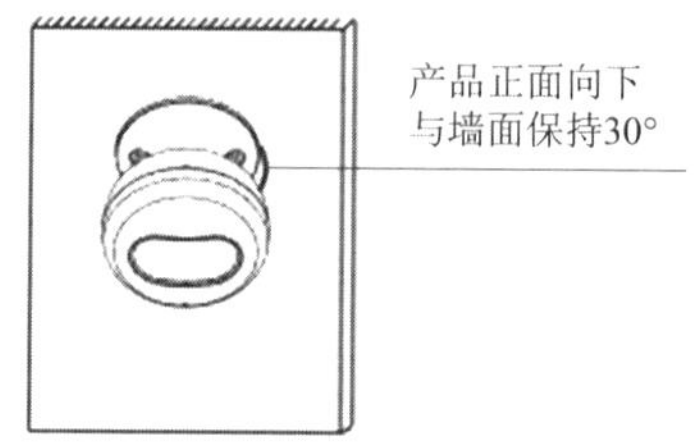 产品正面向下 与墙面保持30°

②安装方式二：3M 背胶安装。

使用 3M 背胶固定到物体上，安装时应对准卡扣，如图 2.6.5 所示。

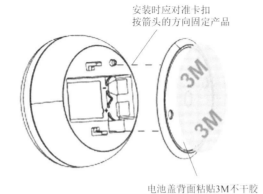

安装时应对准卡扣
按箭头的方向固定产品

电池盖背面粘贴3M不干胶

图 2.6.5　使用 3M 背胶固定安装

注意：电池使用寿命为 1 年。

2）温湿度传感器安装

为了能让温湿度传感器准确地采集到环境实时数据，安装时需要注意以下几个方面。

（1）温湿度传感器需安装在开放通风的环境中，保证足够的空气流通。

（2）避免将温湿度传感器安装在发热或制冷的物体上；否则采集的数值将偏离真实环境温湿度。

（3）避免将传感器直接安装在蒸汽和带有水雾的环境中，以防传感器损坏。

（4）温湿度传感器建议不要安装在对外的窗户、大门边，以免开门开窗导致温湿度的剧烈变化，影响记录的时效性。

（5）温湿度传感器上的通风口向下，以免水积累在传感器内部，导致湿度采集异常。

3）智能窗帘电机安装

（1）窗帘盒尺寸测量。

电动窗帘安装需要为电动窗帘导轨预留一定的空间。同时考虑到窗帘电机的电线长度，也需要预留一个插座。单轨电动窗帘，需要为导轨预留 10 cm 以上，预留的插座需距离顶端 45~120 cm，如图 2.6.6 所示。

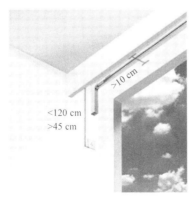

图 2.6.6　电动窗帘安装位置选择

同时在安装电动窗帘导轨前，需要先测量窗户的距离尺寸。依据距离尺寸选择导轨长度并进行裁剪。直轨、非满墙时导轨长度为 $A+80$ cm，如图 2.6.7 所示。直轨、满墙时导轨长度为 $A-4$ cm，如图 2.6.8 所示。

图 2.6.7 非满墙尺寸测量

图 2.6.8 满墙尺寸测量

（2）窗帘导轨安装。

下面以双开型电动窗帘为例。双开型电动窗帘导轨安装步骤如表 2.6.5 所示。

表 2.6.5 双开型电动窗帘导轨安装步骤

步骤	操作	图示
1	依据测量长度对导轨进行裁剪，当单根轨道长度不够时使用轨道连接器进行组合	
2	使用螺钉对轨道连接器进行固定	
3	轨道连接完成后要求连接处无间隙以及无错位	
4	拿出导轨皮带，以及皮带量具	

续表

步骤	操作	图示
5	皮带一端安装皮带量具（小）	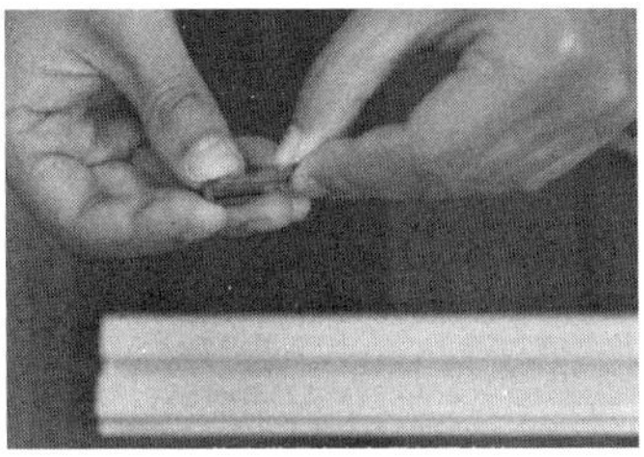
6	并固定在轨道尾端	
7	将皮带捋直并拉紧	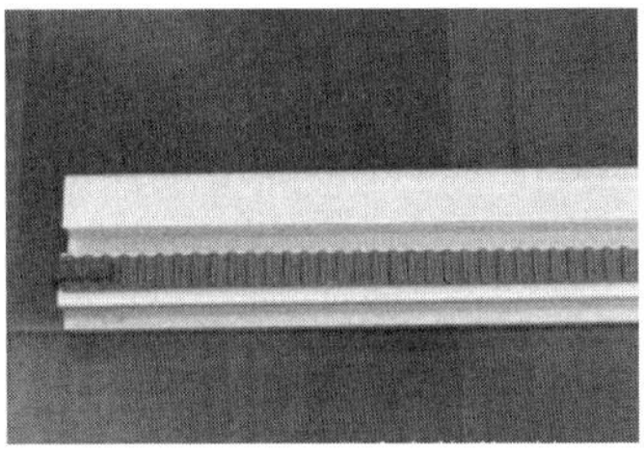
8	直至轨道末端	
9	在轨道末端安装皮带量具（大）	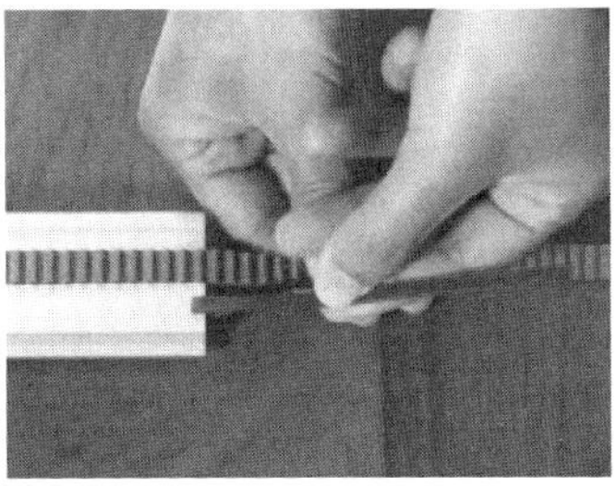

步骤	操作	图示
10	将皮带在量具末端做上记号，并用剪刀剪短	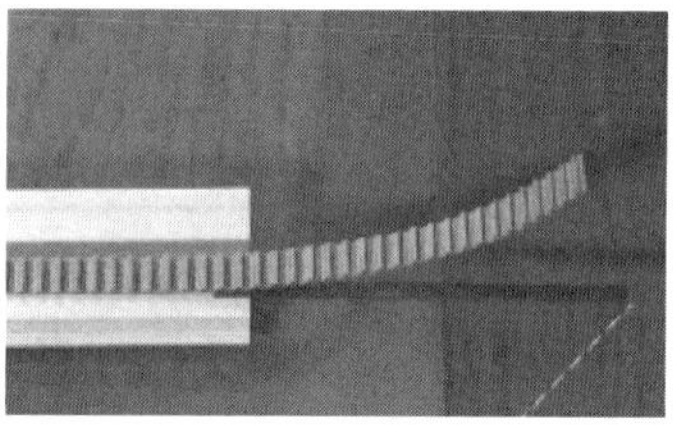
11	用同样的方式裁剪两根皮带	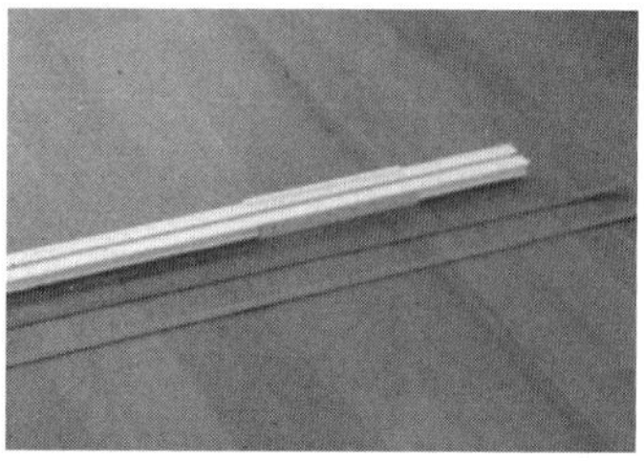
12	将皮带卡扣固定在皮带尾端	
13	用同样方式安装另一根	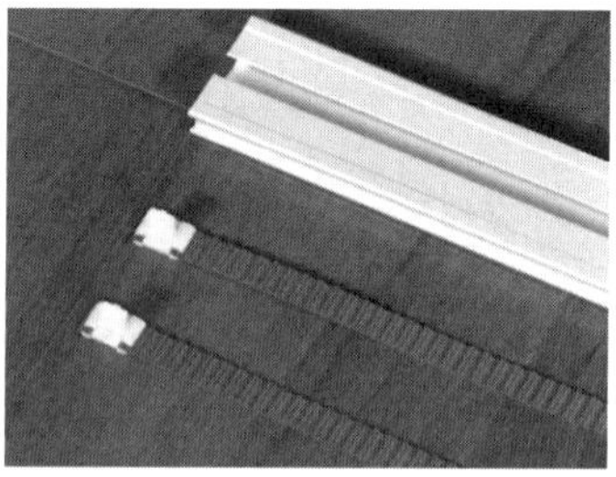
14	在皮带卡扣上安装轨道滑车组件	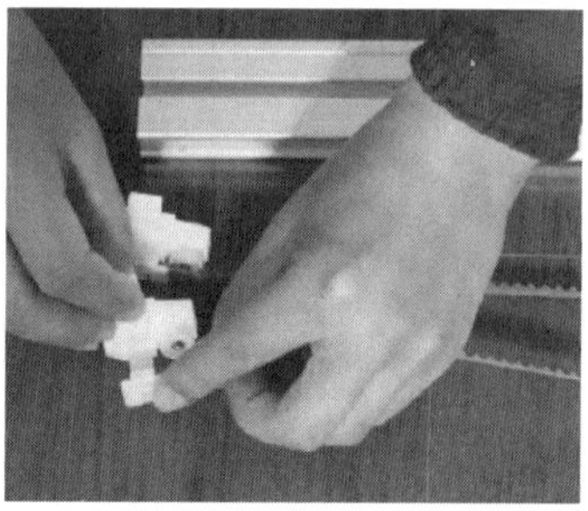

步骤	操作	图示
15	将第一根皮带穿入轨道	
16	穿出轨道另一端，并穿出一部分	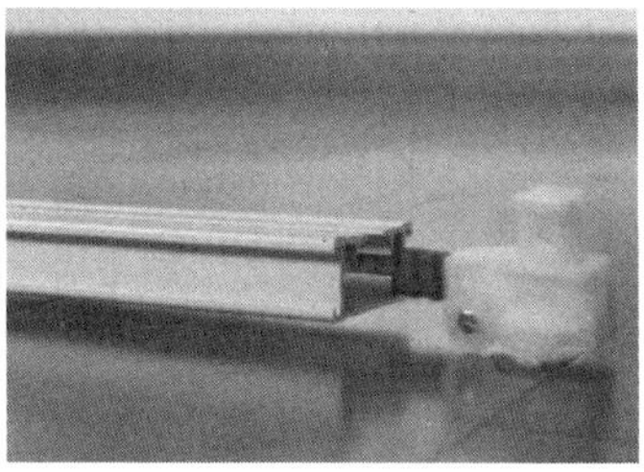
17	将第二根皮带穿入轨道	
18	将第一根皮带穿回轨道	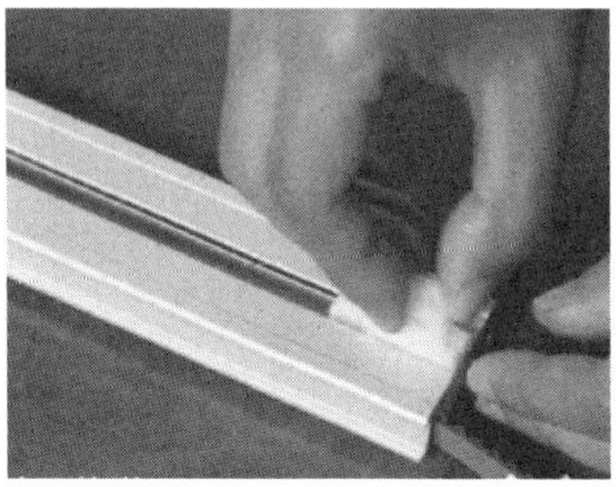
19	将第一根皮带尾端穿过副传动箱	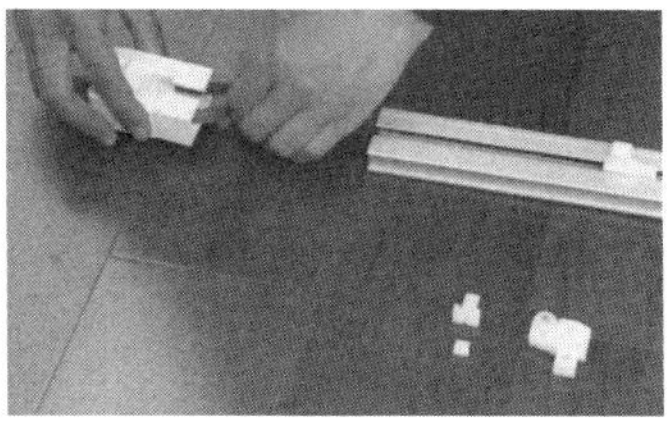

步骤	操作	图示
20	将穿过副传动箱的皮带尾端固定上皮带卡扣	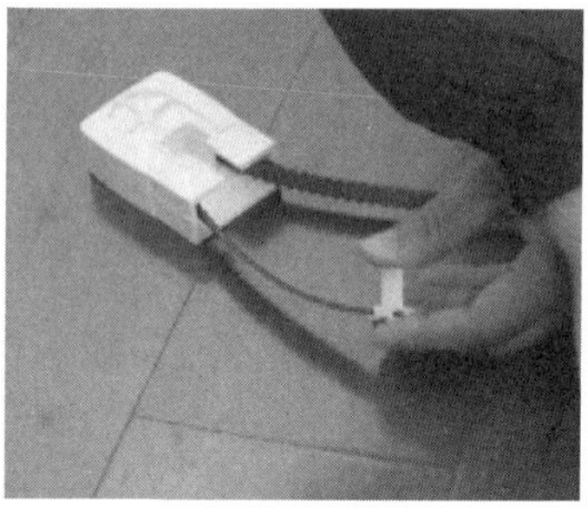
21	将轨道滑车组件安装固定在皮带卡扣上	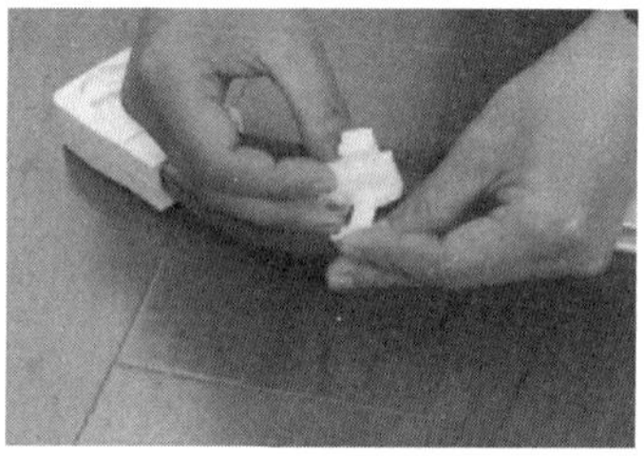
22	将轨道滑车组件穿入轨道	
23	并将轨道插入副传动箱	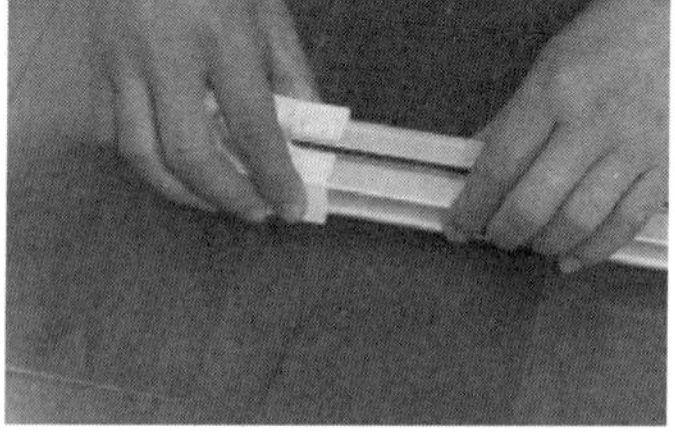
24	将另一根皮带穿入主传动箱	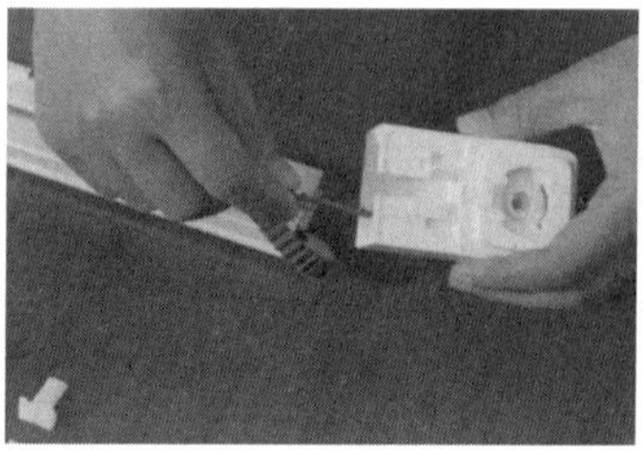

续表

步骤	操作	图示
25	并固定上皮带卡扣	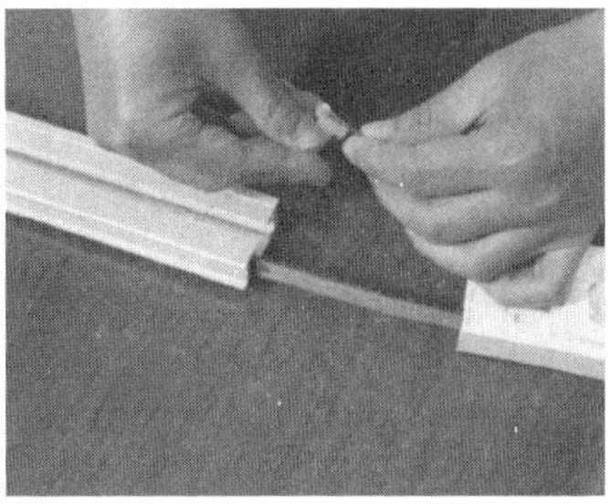
26	将轨道滑车组件安装固定在皮带卡扣上	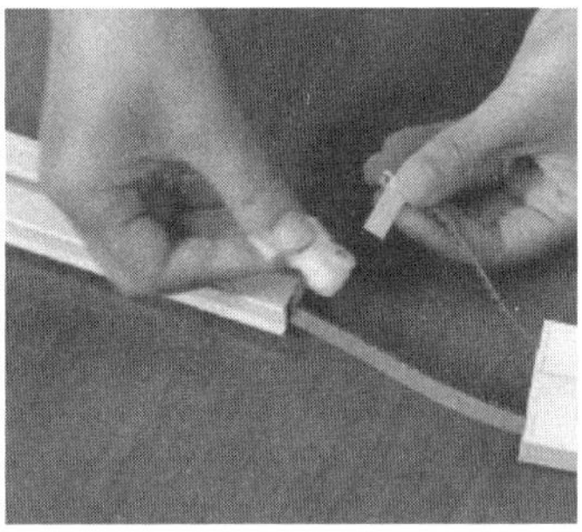
27	将轨道滑车组件穿入轨道，并将轨道插入副传动箱	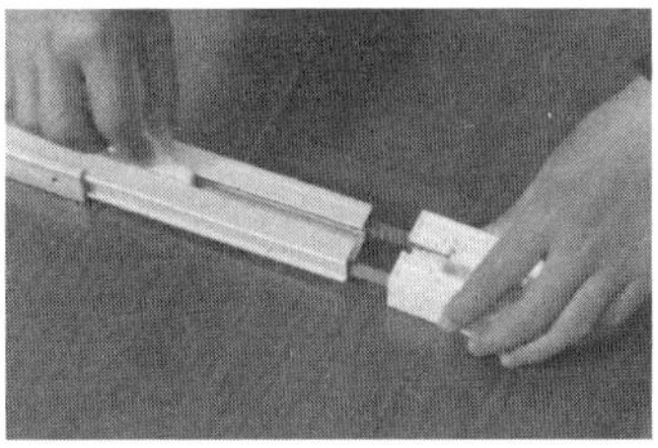
28	将两个滑车组件进行组装	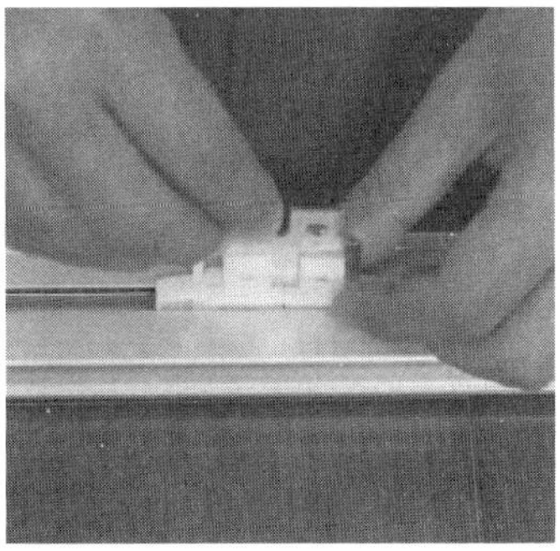
29	拧紧螺钉	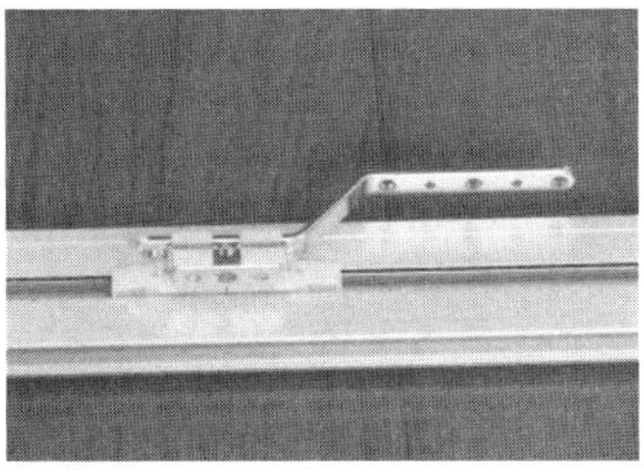

步骤	操作	图示
30	以同样方式安装好另一个轨道滑车	
31	滑动滑车，测试轨道顺滑度	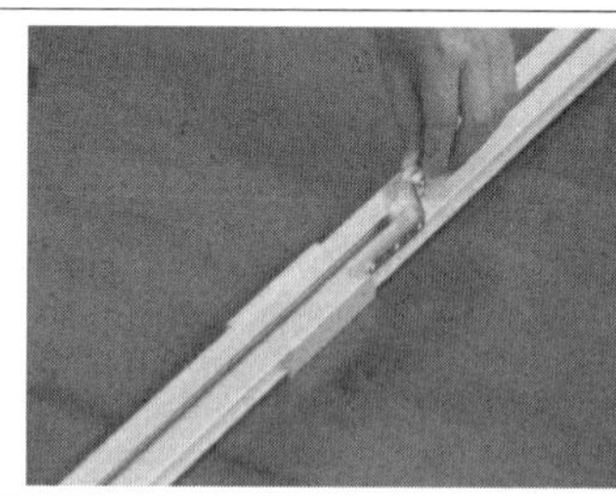
32	在主传动箱一侧装入吊轮，数量以8个/m 为标准，在副传动箱一侧装入同样数量的吊轮	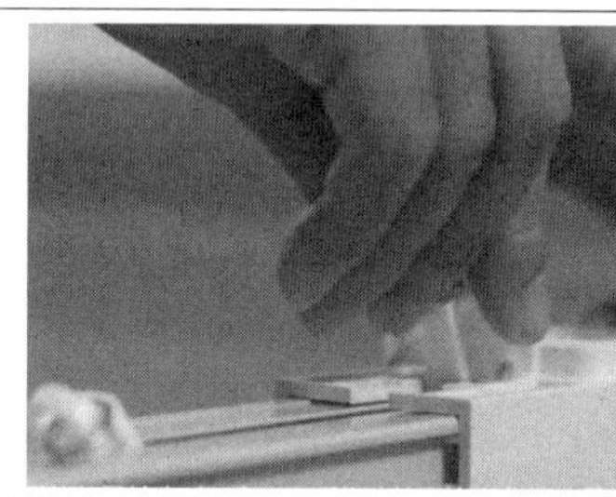
33	将主传动箱与轨道顶紧后，锁上轨道张紧器	
34	使用螺丝刀进行固定	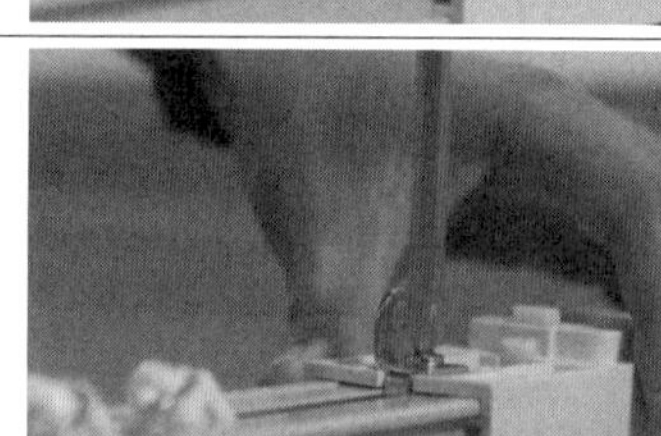
35	在副传动箱处进行同样操作	

步骤	操作	图示
36	至此，双开轨道安装完成	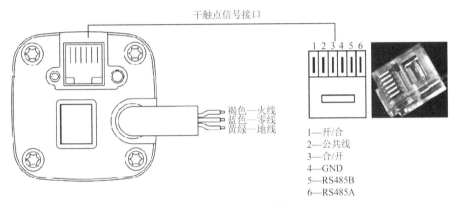

（3）窗帘电机装卸。

①ZigBee 开合帘电机接线图。窗帘电机外接电源线，为电机提供 220 V 交流工作电源，使用时电源插头插入交流电源插座即可。电机配有干触点开关面板接口（配 6P6C 水晶头），可以外接线控窗帘开关，实现面板控制功能，如图 2.6.9 所示。

干触点信号接口

褐色—火线
蓝色—零线
黄绿—地线

1—开/合
2—公共线
3—合/开
4—GND
5—RS485B
6—RS485A

图 2.6.9　窗帘电机接线

②窗帘电机的安装，具体操作步骤如表 2.6.6 所示。

表 2.6.6　窗帘电机的安装操作步骤

步骤	操作	图示
1	将电机头部对准主传动箱槽口	

步骤	操作	图示
2	侧向插入并旋转电机，当听到定位块卡住电机后，电机安装完成	
3	为电机插入电源	

③窗帘电机的卸载，具体操作步骤如表 2.6.7 所示。

表 2.6.7　窗帘电机的卸载操作步骤

步骤	操作	图示
1	将电机定位件向外推动，旋转电机	
2	取下电机	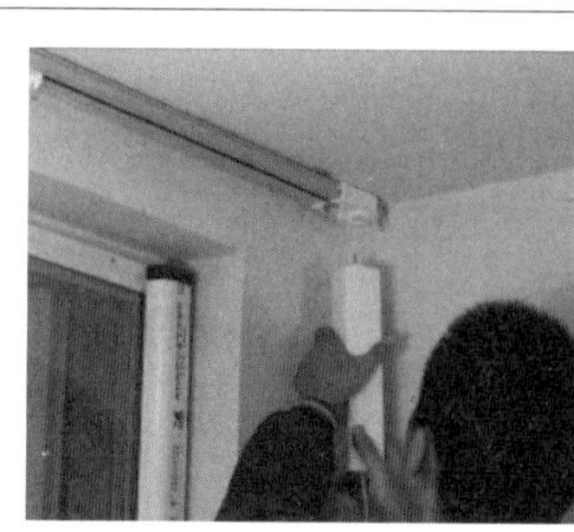

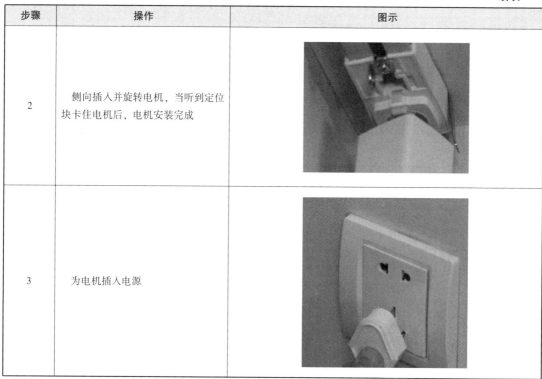

4. 设备配网

设备配网具体步骤如表 2.6.8 所示。

表 2.6.8　设备配网具体步骤

移动端组网

步骤	操作	图示
1	在 App 首页，单击信息栏右上角的"+"按钮，在下拉列表框中选择"添加设备"，进入设备添加页面。	
2	添加人体运动传感器设备： （1）首先，在左侧"支持添加的设备"列表中选择"红外探测器"。 （2）然后，在右侧设备列表中选择"人体传感器 5210 款"，单击"添加"按钮。 （3）选择网关为智能网关 86 型 U86GW。 （4）长按配网按键至配网指示灯闪烁，人体运动传感器解除绑定并进入配网模式。单击"我确认在闪烁"按钮。 （5）成功发现该设备后，单击 App 界面的"确认"按钮，结束本次配网操作。	

续表

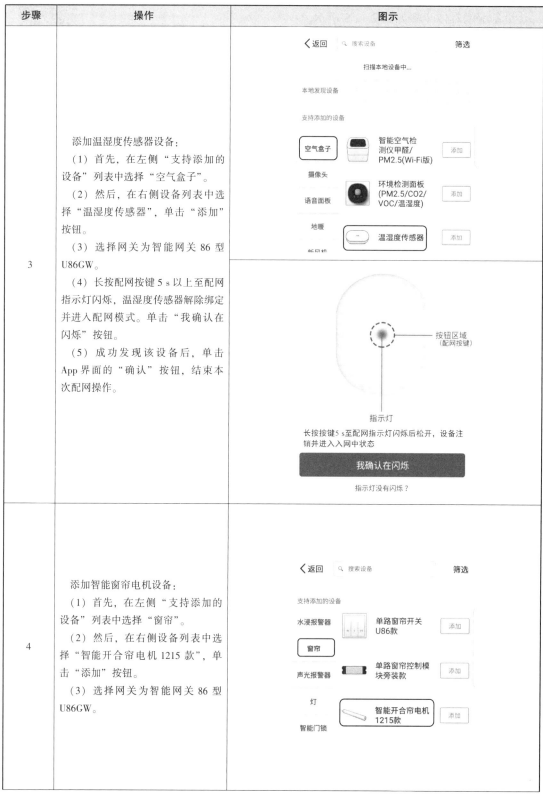

步骤	操作	图示
3	添加温湿度传感器设备： （1）首先，在左侧"支持添加的设备"列表中选择"空气盒子"。 （2）然后，在右侧设备列表中选择"温湿度传感器"，单击"添加"按钮。 （3）选择网关为智能网关 86 型U86GW。 （4）长按配网按键 5 s 以上至配网指示灯闪烁，温湿度传感器解除绑定并进入配网模式。单击"我确认在闪烁"按钮。 （5）成功发现该设备后，单击App 界面的"确认"按钮，结束本次配网操作。	
4	添加智能窗帘电机设备： （1）首先，在左侧"支持添加的设备"列表中选择"窗帘"。 （2）然后，在右侧设备列表中选择"智能开合帘电机 1215 款"，单击"添加"按钮。 （3）选择网关为智能网关 86 型U86GW。	

步骤	操作	图示
4	（4）长按开合帘电机的配网按键 5 s 以上至配网指示灯闪烁，开合帘电机解除绑定并进入配网模式。单击"我确认在闪烁"按钮。 （5）成功发现该设备后，单击 App 界面的"确认"按钮，结束本次配网操作。	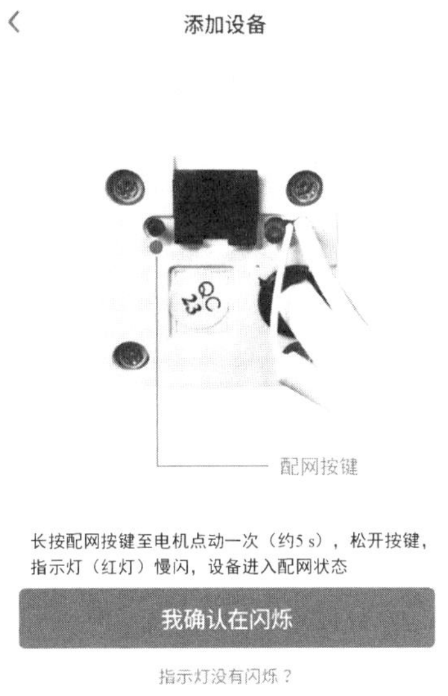 〈　　　添加设备 配网按键 长按配网按键至电机点动一次（约5 s），松开按键，指示灯（红灯）慢闪，设备进入配网状态 我确认在闪烁 指示灯没有闪烁？

5. 设备功能与设置

当完成设备安装和配网后，还需要对设备进行设置，具体步骤如表 2.6.9 所示。

表 2.6.9　设备功能的设置步骤

步骤	操作	图示
1	人体运动传感器设置： 在"设备页面"可进行的操作： ● 查看传感器触发状态； ● 查看传感器现有电量。	 〈　　人体传感器5210款　　≡ 有人　　　　　90% 红外检测状态　　电池电量

续表

步骤	操作	图示
2	温湿度传感器设置： 在设备页面可进行的操作： ● 查看传感器安装环境的当前温度、湿度和气压； ● 查看传感器现有电量。	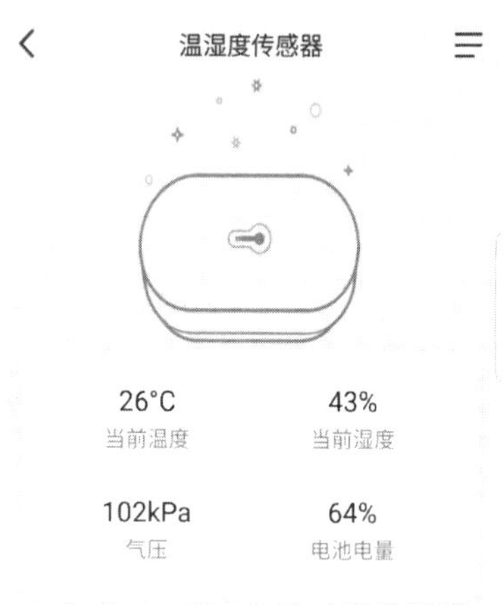 **温湿度传感器** 26℃　当前温度　43%　当前湿度 102kPa　气压　64%　电池电量
3	智能窗帘电机设置： 在设备页面，可进行的操作： ● 窗帘操作模式：单击"打开"/"关闭"可以开启/关闭窗帘，电机运转过程中随时单击"暂停"键则窗帘电机停转。 ● 窗帘工作模式：该功能用作电机安装固定完毕后，测试电机转动方向。单击"正转"/"反转"按钮，单击一次，电机正向/反向点动一次后自动停止。 ● 窗帘位置：按住进度条拖动到任意位置，将窗帘开合到自定义比例。	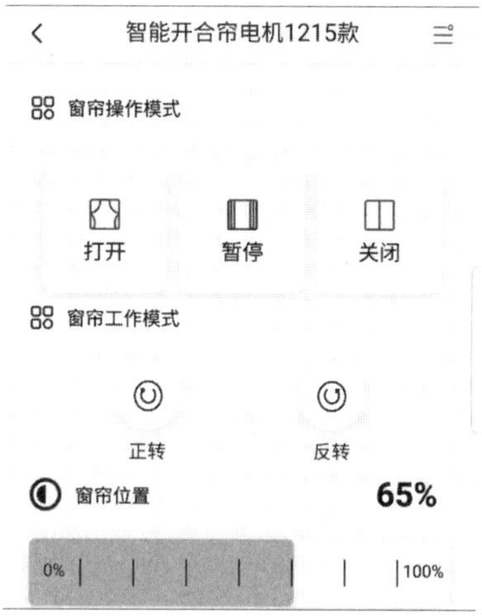 **智能开合帘电机1215款** 窗帘操作模式 打开　暂停　关闭 窗帘工作模式 正转　反转 窗帘位置　**65%** 0%｜　｜　｜　｜　｜100%

6. 设备测试

当完成设备安装和设备联网后，还需要对设备进行测试。

1）人体运动传感器测试

下面对已经配网成功的人体运动传感器进行设备连接测试和功能测试，具体操作如表2.6.10所示。

表 2.6.10　人体运动传感器测试操作

步骤	操作	图示
1	当人体运动传感器持续 110～130 s 内未检测到人，App 显示无人。	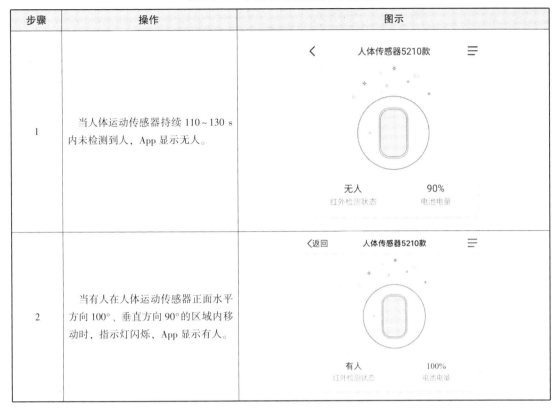
2	当有人在人体运动传感器正面水平方向 100°、垂直方向 90° 的区域内移动时，指示灯闪烁，App 显示有人。	

2）温湿度传感器测试

下面可以对已经配网成功的温湿度传感器进行设备功能测试。设定当室内环境温度高于 30 ℃时，自动启动连接智能插座的制冷风扇，具体操作如表 2.6.11 所示。

表 2.6.11　温湿度传感器测试操作

步骤	操作	图示
1	首先配网智能网关、智能插座和温湿度传感器设备，将智能插座名称修改为"制冷风扇插座"。	

步骤	操作	图示
2	单击 App 底部的"智能"图标，选择"自动"，单击页面右上角的"+"按钮，选择"自动场景"，修改场景名称为"高温开启风扇模式"，开启"首页显示"功能。单击"添加本地"按钮，进入"场景设置"页面。	
3	● 在"如果"区域确认场景触发条件，选择"设备触发"，选中设备"温湿度传感器"，选中"当前温度"，然后选择"大于 30 ℃"为场景触发的条件，单击"确定"按钮并保存。 ● 在"就"区域确认场景执行的动作，选择"设备动作"，选中"制冷风扇插座"，选中"电源开关"，然后选择"开启"作为场景执行的动作，单击"保存"按钮。 　最后单击"确定"按钮保存场景设置内容。	
4	场景设置完成后，将温湿度传感器周围环境温度提高到 30 ℃ 以上。对高温联动开启制冷风扇插座设备功能进行验证测试。	

3）智能窗帘电机测试

下面可以对已经配网成功的"智能开合帘电机"进行设备连接测试和功能测试。

（1）开关控制测试。

①测试电机断电状态下，手拉控制窗帘开、关、停。

②测试电机上电状态下，手拉控制窗帘开、关。

③测试电机在线状态下，App 控制窗帘开、关、停。

（2）联动场景测试。

客户赵先生希望每天早上 7:00 窗帘自动打开，为了能实现赵先生的需求，除了要将智能窗帘电机设备连入家庭智能网络中外，还需要为设备进行一定的联动设置。当工作日每天早上 7:00 时，智享人居 App 能控制电动窗帘自动打开。具体操作步骤如表 2.6.12 所示。

表 2.6.12　智能窗帘联动测试操作步骤

步骤	操作	图示
1	进入场景管理，添加自动场景，修改场景名称为"定时打开窗帘"，并单击"添加本地"按钮，进入"场景设置"页面。	
2	条件和动作设置： • 在"如果"区域确认场景触发条件，选择"定时触发"，在时间频率设置页面，选择周一到周五，7:00 为场景触发的条件，单击"保存"按钮。 　• 在"就"区域确认场景执行的动作，选择"设备动作"，选中设备"智能开合帘电机 1215 款"，选中"窗帘打开位置"，选择"等于 100%"，选中"窗帘操作方式"，选择"开窗帘"，作为场景执行的动作，单击"保存"按钮。 　最后单击"确定"按钮保存场景设置。	

续表

步骤	操作	图示
3	场景设置完毕后，本场景显示在"场景管理"页面。 可以重新设置一个接近手机当前时间的"定时打开窗帘"场景，观察场景的自动触发情况是否与场景设置一致。	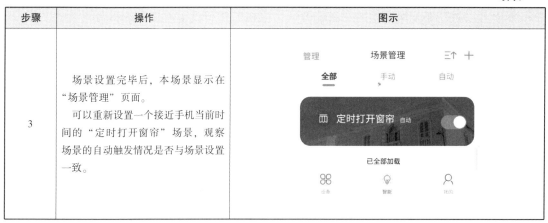

4）常见故障和排除方法，见表 2.6.13

表 2.6.13　常见故障和排除方法

序号	常见故障	处理方法
1	电机不动作	检查电源
2	发射器无法控制	更换发射器电池
3	发射器开关反向	执行换向操作
4	外接开关反向	更换开关序列
5	中间合不拢	检查发射器开关方向是否设定，如果无法执行换向操作，重新检测行程
6	总是撞击或走不到边	删除行程，重新设置行程和边界
7	手拉卡	设置行程边界
8	遇阻不停	检查轨道上下盖固定螺钉

2.6.2　知识链接

1. 人体运动传感器

1）人体运动传感器的工作原理

目前常用的人体运动传感器为热释电传感器。人的眼睛能看到的可见光光波波长从长到短排列，依次为红、橙、黄、绿、青、蓝、紫。其中，红光的波长范围为 $0.62 \sim 0.76\ \mu m$，紫光的波长范围为 $0.38 \sim 0.46\ \mu m$。比紫光光波更短的光叫紫外线，比红光波长更长的光叫红外线。自然界中的物体如人体、火焰、冰块等都会发射红外线，但波长各不相同。人体温度为 $36 \sim 37\ ℃$，所发射的红外波长为 $9 \sim 10\ \mu m$。

为了能使热释电人体运动传感器更好地发挥作用，一般要配合菲涅尔透镜使用。人体发射的红外线通过菲涅尔透镜增强后，聚集到红外感应源上。在不加装菲涅尔透镜的情况下，传感器探测半径可能不足 2 m，配上菲涅尔透镜后，可达 11 m 甚至更大。

热释电人体运动传感器的特点是它只有在外界辐射引起它本身温度发生变化时，才给出一个相应电信号，当温度变化趋于稳定后就不会有信号输出，所以热释电人体运动传感器对运动的人体敏感。人体运动传感器产品设计原理框图如图 2.6.10 所示。

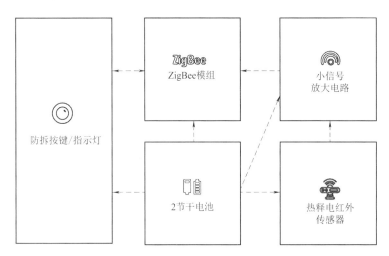

图 2.6.10　人体运动传感器产品设计原理框图

2）人体运动传感器的选型依据

（1）红外传感器类型。

①主动红外对射探测器。

②被动红外探测器。

（2）警戒方式。

被动红外探测器包括普通广角红外、幕帘红外和方向幕帘红外等几类，它们的主要区别是警戒范围不同。

①普通广角红外的警戒范围一般是以其透镜始点为起点，散发水平 100°~120°、垂直 60°、长 8~18 m 不等的圆锥形探测区域，主要适用于室内防范。

②幕帘红外采用特殊菲涅尔透镜，从而形成超薄的红外探测区域，属于屏障式保护。安装在窗前，只保护窗户，主人仍然可以在室内自由活动。

③方向幕帘红外在幕帘红外的基础上增加了方向识别功能，人从某个方向行走时不报警，从相反方向行走时才报警。这样做的好处是，比如用来防护卧室窗的方向幕帘红外，人在室内不小心触发了红外，并不会报警，但是如果有人从外面闯进卧室，就会报警，方便了主人在室内的活动。

（3）警戒范围。

红外传感器依据警戒范围不同可以分为普通红外探测器和广角式红外探测器。一般探测角度为 90°~120°，其中广角式红外探测器探测角度可达 170°。

（4）通信方式。

市面上常见红外传感器的通信方式主要分为以下几种。

①ZigBee 或 433 MHz 无线接入：这种方式的人体运动传感器需要连接智能网关后接受手机 App 智能控制。

②WiFi 接入：这种方式的人体运动传感器通过家庭无线路由器接入 Internet，即可接受手机 App 智能控制。

（5）技术参数。

人体运动传感器是基于 ZigBee 无线连接的安防类传感器：人体运动传感器与智能网关通过 ZigBee 模块无线连接，通信协议遵循 ZigBee3.0，用户可以在手机 App 端查看屋内是否有人活动以及查看设备剩余电量，同时可以通过 App 自定义关联场景。

①设备参数说明见表 2.6.14。

表 2.6.14　人体运动传感器参数说明

项目	名称	说明
功耗	电池使用时间	1 年
通信	通信方式	ZigBee
	人体状态检测范围	水平方向 100°、垂直方向 90° 有移动，上报有人事件； ≤3 m/s，持续 110~130 s，上报无人事件
	通信距离	室外空旷距离：81 m；室内可见距离：31 m
	天线方式	内置
环境	工作温度	0~40 ℃
	工作湿度	≤90%RH（无冷凝）
结构	防护等级	IP20
	主要材质	PC
	安装方式	壁挂
	符合标准	GB 10408.1、GB 10408.5

②重点参数讲解。

人体状态检测范围：人体在传感器正面水平方向 100°、垂直方向 90° 的区域内移动时，上报有人事件；移动速度不大于 3 m/s，持续 110~130 s 内未检测到人体活动时，上报无人事件。

2. 温湿度传感器

1）温湿度传感器的工作原理

（1）温度：度量物体冷热的物理量，是国际单位制中 7 个基本物理量之一。在国际上用得较多的其他温标有华氏温标（℉）、摄氏温标（℃），国内一般使用摄氏温标（℃）来表示温度数值。

（2）湿度：表示大气干燥程度的物理量。在一定温度、一定体积的空气里含有的水汽越少，则空气越干燥；水汽越多，则空气越潮湿。在智能家居中一般使用相对湿度来表示湿度单位。

（3）气压：气压是作用在单位面积上的大气压力，即在数值上等于单位面积上向上延伸到大气上界的垂直空气柱所受到的重力。国际单位为帕斯卡（Pa）。

温湿度传感器是基于 ZigBee 无线连接的环境传感器，通信协议遵循 ZigBee3.0，用户可以在 App 端查看电池电量、环境温湿度及气压值，其产品设计原理框图如图 2.6.11 所示。

2）温湿度传感器的选型依据

（1）通信方式。

①ZigBee 或 433 MHz 无线接入：这种方式的温湿度传感器需要连接智能网关后接受手机 App 智能控制。

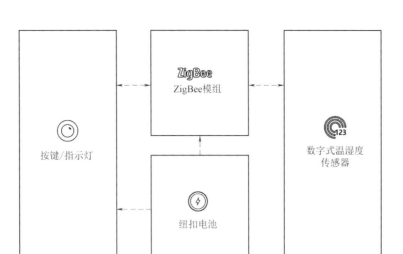

图 2.6.11　温湿度传感器产品设计原理框图

②WiFi 接入：这种方式的温湿度传感器通过家庭无线路由器接入 Internet，即可接受手机 App 智能控制。

（2）技术参数。

①设备参数说明见表 2.6.15。

表 2.6.15　温湿度传感器参数说明

项目	名称	说明
功耗	电池使用时间	1 年
通信	通信方式	ZigBee
	温度监测范围和精度	监测范围 0~45 ℃，精度 0.5 ℃
	湿度监测范围和精度	监测范围 0~100%，精度 3%
	通信距离	室外空旷距离：81 m；室内可见距离：31 m
	天线方式	内置
环境	工作温度	0~45 ℃
	工作湿度	≤90%RH（无冷凝）
结构	防护等级	IP20
	主要材质	PCRABSR
	安装方式	桌面式 R，手持式 RR
	符合标准	Q/HZE0602

②重点参数讲解。

a. 温度监测范围和精度：监测范围为 0~45 ℃；精度为 0.5 ℃。

b. 湿度监测范围和精度：监测范围为 0~100%；精度为 3%。

3. 智能窗帘电机

1）智能窗帘电机的工作原理

开合帘电机采用 ZigBee 通信方式，通过 App 可实现远程控制及场景设置等，具有手拉启动、停电手拉、断电手拉等功能。智能窗帘电机产品设计原理框图如图 2.6.12 所示。

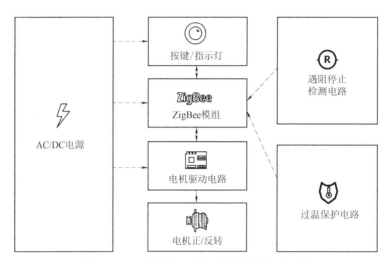

图 2.6.12　智能窗帘电机产品设计原理框图

2）智能窗帘电机的选型依据

（1）窗帘类型。

电动窗帘电机按照窗帘的类型，又可分为开合帘电机、管状电机、百叶帘电机、罗马帘电机、蜂巢帘电机、天棚帘电机等。

下面介绍常见的开合帘电机和管状电机。

①开合帘电机。开合帘电机广泛运用于酒店、别墅、精装修公寓等场所，具有电子记忆限位、手拉启动、停电手拉、静音设计等功能。同时开合帘电机的控制方式非常灵活，有遥控控制、手拉启动控制、开关控制、智能控制等，开合帘电机应用环境见表 2.6.16。

表 2.6.16　开合帘电机应用环境

开合帘电机	开合帘电机应用环境

②管状电机。管状电机通过使用直流电机带动叶片升降代替传统百叶帘手拉的传动方式，具有创新性的突破，能够更加精准地调节室内的自然光采集程度。根据室内用户的需求来调节光线的取入，通常被用于办公场所，因其简洁明快而深受欢迎，管状电机应用环境见表 2.6.17。

表 2.6.17 管状电机应用环境

管状电机	管状电机应用环境
	卷帘　百叶帘　柔纱帘　香格里拉帘

（2）电机类型。

①电动窗帘电机按电源供电方式不同分为以下几种。

a. 交流电机：体积大、功率大、噪声大、振动大、不节能，只能用于直轨轨道，一般应用于大型工程项目。

b. 直流电机：体积小、功率小、噪声小、振动小、节能，可用于直轨、弧形轨道，一般应用于家庭、宾馆等场所。

c. 市场上还有锂电池电控窗帘电机、太阳能供电式窗帘电机等设备。应该根据不同的安装环境、供电条件来选择相应的窗帘电机。

②电动窗帘电机按静音功能方式不同分为以下两种。

a. 静音电机和导轨。

b. 普通电机和导轨。

③电动窗帘电机按供电方式不同分为以下两种。

a. 交流 220 V 供电。

b. 电池供电。

（3）技术参数。

①设备参数说明见表 2.6.18。

表 2.6.18 电动窗帘电机参数说明

项目	名称	参数
输入	额定电压	交流 220 V
	额定频率	50 Hz
	额定电流	0.47 A
	额定功率	107 W
输出	额定扭矩	1.2 N·m

续表

项目	名称	参数
通信	通信方式	ZigBee
	通信距离	室外空旷距离：101 m；室内可见距离：31 m
	天线方式	内置
	发射频率	2.4 GHz
	发射功率	20 dBm
环境	工作温度	−10~60 ℃
	工作湿度	≤90%RH（无冷凝）
结构	外形尺寸	305 mm×40 mm×40 mm
	质量	1 026 g（1±10%）（净重）
	防护等级	IP20
	主要材质	铝合金
	安装方式	壁挂

②重点参数讲解。

a. 额定功率：额定功率是指设备所能达到的最大输出功率。对于电动窗帘电机而言，额定功率意味着能承载的窗帘尺寸重量以及导轨长度等上限。

b. 额定扭矩输出：在功率一定的情况下，扭力越大转速就越低；扭力越小转速就越高。对于窗帘电机而言，额定扭矩输出决定了能承载的窗帘重量。当窗帘重量和移动阻力超过额定扭矩的输出能力，会导致窗帘电机无法正常运转。

2.6.3 思考与练习

（1）简述环境监控设备的工作原理。

（2）简述环境监控设备的选型依据。

（3）登录智享人居 App，删除已添加的环境监控设备，然后重新添加环境监控设备。

虚拟仿真软件的
使用方法

项目 3

智能家居综合应用

素养进课堂

【芯人物】孙坚
——中国第一代 EDA 的研发者，芯片行业尽显巾帼风采

孙坚，女，生于 1961 年，荣获过国家科技进步一等奖的 EDA 专家，北京石溪清流投资公司总经理，石溪资本管理合伙人，中国半导体行业协会副秘书长，攻坚国内首个自主研发的 ICCAD 系统——熊猫系统。

1986 年，法国同意帮助中国建立集成电路设计中心，并赠送一套 ICCAD（集成电路自动化设计）系统。但是由于政府更迭，这一计划搁浅。而美国又在 EDA（Electronics Design Automation，电子设计自动化）软件出口上限制中国，国内的芯片设计行业面临了严重的危机。

不能在这个方面被卡了脖子。为此，国务院决定自主研发，组织专家组集中攻关，力争拿下 ICCAD 系统这个堡垒。这个任务交给了新成立不久的北京集成电路设计中心（以下简称"设计中心"），由来自硅谷的华人 CAD 专家连永君来带头。而刚加入设计中心的孙坚，很有幸地成为攻关团队的一员。设计中心就是后来的华大半导体，是中国第一家专业芯片设计单位，由机电部直属。

她刚去的工作就是做集成电路的版图设计，第一个产品就是 74 系列芯片。当时国内的集成电路设计水平很低，多以逆向工程仿制为主，但版图要靠人工来提取，而且没有仿真环节。就在这种条件下，孙坚做出了自己的第一款 IC 产品。就在此时，连永君博士组建了 ICCAD 产品开发的软件室，孙坚没学过软件，犹豫去软件室还是留在原部门，不过孙坚天生喜欢新事物，终于还是下定决心加入软件室。孙坚好学勤奋，成长速度非常快，很快担任版图编辑组组长兼任数据库组组长。有了国家的支持，大家齐心协力，终于在 1991 年完成了三级系统的研制，通过了国家验收。据说，因为攻关人员长期熬夜加班，黑眼圈都很重，很像国宝熊猫，于是经上级同意，三级系统改名叫熊猫系统。

熊猫系统是中国第一个自主研发的 ICCAD 系统，核心部分由 28 个设计工具组成，共180 万行代码。它的成功，打破了西方对中国集成电路设计技术的封锁，意义非凡，获奖无数，特别是获得了 1993 国家科学技术进步一等奖。

自从研制成功以后，而后她做出了人生的第二个重大选择，从研发转型做销售。后来，孙坚来到了融科资讯，在 Cadence 中国做起了战略规划。后投资金沙江创投。围绕中国集成电路产业，其职业身份多次变化。而每一个工作，她都做得很出色。一方面，是她的勤奋所致；另一方面，是因为她对未知的事物永葆好奇之心，让她在中国半导体行业的大变迁中，书写了一条亮丽又独特的轨迹。

——来源：《芯人物——致中国强芯路上的奋斗者》系列报道

项目情境	实习生小陈已经跟随技术员小李学习了整套智能家居产品的安装调试工作，对相关设备的功能和设置都很熟悉了。 家居智能化的基础是实现单品的自动化与智能化，但是仅仅单品智能化远远达不到智能家居的标准。智能家居应该是一套完整的系统的解决方案，使各种家电协同工作为人们创造最佳智慧生活体验。 今天，公司安排小陈参加一场智能家居设备的综合应用培训，公司希望通过这场培训，能够让实习生小陈尽快掌握智能家居系统场景设置、自动化控制设置等技能。
知识目标	● 理解并掌握智能家居生活场景的作用； ● 理解并掌握手动场景的基本工作原理； ● 理解并掌握自动场景的基本工作原理。
技能目标	● 能正确设置并调试智能家居手动场景； ● 能正确设置并调试智能家居自动场景。

任务 3.1　智能家居场景应用

学习型任务单	任务 3.1　智能家居场景应用

1. 任务描述

随小陈首先学习智能家居系统手动场景。智能家居系统手动场景一般分为本地场景和云端场景。本地场景保存在网关，不保存在云端，配置本地场景时网关必须在线；本地场景一旦配置成功，即便网关断网，本地场景仍可运行。云端场景保存在云端，配置云端场景时，网关可以不在线；运行云端场景时，网关和终端设备必须在线。

接下来跟着小陈开始学习智能家居手动场景吧。

2. 任务分析

本任务通过智享人居 App 对手动场景进行实践操作，使学员掌握下列内容：

（1）手动场景的新建；

（2）手动场景的配置；

（3）手动场景的激活。

续表

学习型任务单	任务 3.1 智能家居场景应用
3. 任务要求 （1）通过学习，掌握以下知识点： ①进一步熟悉手动场景的用途； ②进一步熟悉手动场景的原理。 （2）通过学习，掌握以下技能点： 能按照客户的需求，完成智能家居手动场景的配置和调试，能完成手动场景的测试流程。	
学习总结：	

3.1.1   操作方法与步骤

1. 准备工作

场景设计

为了能够实现场景自动化控制功能，需要将所有联动的设备安装、配网好，并确保智能设备正常运行。根据场景所要实现的功能，在设置前需要准备好以下软、硬件环境，如图 3.1.1 所示。

将智能手机和智能网关连接到同一网络	智享人居App账号登录	智能手机	智能网关
智能语音面板	智能插座	智能窗帘电机	智能灯组
红外遥控器	电视机顶盒	机械手阀门控制器	12 V直流电机控制模块

图 3.1.1   软、硬件清单

在开始场景设置之前，除了准备好以上软、硬件之外，还需要做好以下准备工作。

（1）供电：给智能网关、智能灯组、智能语音面板、智能插座、红外遥控器、电视机顶盒、12 V 直流电机控制模块和智能窗帘电机接通电源，将 12 V 直流电机控制模块的控制线连接机械手阀门控制器。

（2）网关联网：使用网线将智能网关接入所在测试环境的路由器，保障智能网关可以正常进入 Internet。

（3）移动网络环境要求：待配网的网络一定工作在 2.4 GHz WiFi 网络，不支持 5G。

（4）移动网络连接要求：确保手机、智能语音面板可以正常接入所在测试环境的 2.4 GHz 频段的 WiFi 网络。确保智能手机、语音面板和智能网关在同一个路由器 WiFi 内。

（5）App：登录智享人居 App 账号。

2. 智能场景设置

1）设备配网

依次将用到的智能网关、智能灯组、智能语音面板、智能插座、红外遥控器、电视机顶盒、12 V 直流电机控制模块和智能窗帘电机设备添加到 App 中，如图 3.1.2 所示为智享人居 App 默认界面。

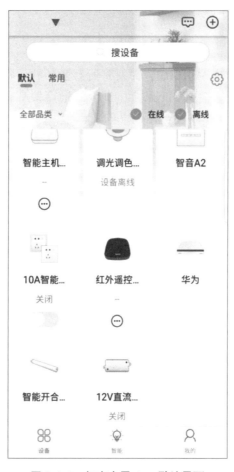

图 3.1.2　智享人居 App 默认界面

　　注意，在对多个 ZigBee 设备配网时，不可让两个或者两个以上设备同时进入配网状态，必须一个设备配网结束后（网关"ZigBee 指示灯"由粉色转为红色代表当前设备配网结束），再开始下一个设备的配网操作。

　　2）智能家居场景配置——离家模式

　　首先确认以上设备全部配网成功，然后确认设备全部在线。满足以上两个条件后，开始进行"离家模式"智能场景的配置操作。步骤如表 3.1.1 所示。

表 3.1.1　"离家模式"智能场景的配置操作步骤

步骤	操作	图示
1	进入智享人居 App，单击底部的"智能"图标，进入场景管理页面，选择"手动"，然后单击"添加场景"按钮。	 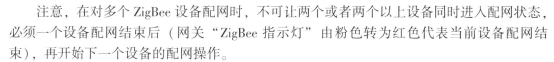
2	在"场景管理"页面按顺序进行以下设置操作： • 首先单击"编辑"按钮，设置场景名称为"离家模式"，并可为离家模式场景选择一个合适的图标和背景图。 • 然后单击"添加云端"按钮，进入"联动设置页面"。	

步骤	操作	图示
3	在"联动设置"页面的"就"区域，首先选择"设备动作"类型，然后选择设备"调光调色灯具"，设置调光调色灯具的动作类型，单击"确认"按钮，保存本设置内容。	 〈　　设备动作　　保存 全部　常用 品类　　　　　　　　　切换多选 🔆 调光调色灯具　　　　∧ ☑ 主灯开关 　关闭　　　　　　　✓ 　开启 ☐ 冷暖色温 ☐ 明暗度 确认　　　取消
4	用同样方法，设置设备"智能插座"的场景动作类型，设置完成后单击"确认"按钮，保存设置内容。	 〈　　设备动作　　保存 全部　常用 品类　　　　　　　　　切换多选 ▦ 10A智能插座U2/02款U1/计量　∧ ☑ 电源开关 　关闭　　　　　　　✓ 　开启 确认　　　取消

续表

步骤	操作	图示
4	用同样方法，设置设备"华为机顶盒"的场景动作类型，设置完成后单击"确认"按钮，保存设置内容。	 ‹　　　设备动作　　　保存 全部　常用 （品类）　　　　　　　（切换多选） ——　华为 ☐　频道 ☐　音量 ☑　电源开关 　　　电源关　　　　　　✓ 　　　电源开 （确认）　　　（取消）
5	以上 3 个设备联动类型设置完毕后，单击页面下方的"确定"按钮，保存本次联动设置的内容，系统自动返回到场景管理页面。	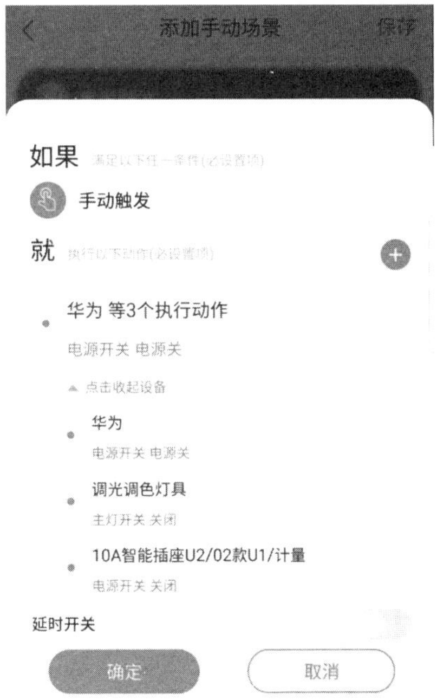 ‹　　添加手动场景　　保存 如果 满足以下任一条件(必选首项) 🖐 手动触发 就 执行以下动作(必选首项)　　　　⊕ · 华为 等3个执行动作 　电源开关 电源关 　▲ 点击收起设备 · 华为 　电源开关 电源关 · 调光调色灯具 　主灯开关 关闭 · 10A智能插座U2/02款U1/计量 　电源开关 关闭 延时开关 （确定）　　　（取消）

步骤	操作	图示
6	在"场景管理"页面可以进行以下设置操作： • 长按某个联动名称可以删除该联动预置的条件和动作。 • 通过"场景开关"暂时启用或关闭本场景。 • 通过"联动开关"暂时启用或关闭本联动。 以上内容设置完毕后，单击"保存"按钮，保存本次场景设置内容。	
7	场景设置完毕后，"离家模式"场景显示在"场景管理"页面。 单击"手指"图标可以执行该场景。	

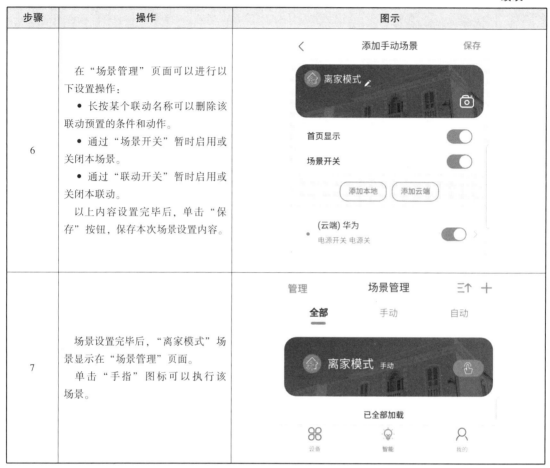

3）智能家居场景配置——睡觉模式

设备配网成功后，继续进行智能家居"睡觉模式"场景的配置，具体操作步骤如表 3.1.2 所示。

表 3.1.2 "睡觉模式"场景的配置操作步骤

步骤	操作	图示
1	进入"场景管理"页面，执行手动场景设置操作。 • 首先，单击"编辑"按钮，设置场景名称为"睡觉模式"，为睡觉模式场景选择一个合适的图标和背景图。 • 然后，单击"添加云端"按钮，进入"联动设置"页面。	

步骤	操作	图示
2	在"联动设置"页面的"就"区域，首先选择"设备动作"类型，然后选择设备"10A 智能插座"，设置智能插座的动作类型，单击"确认"按钮，保存本设置内容。	 〈　　　　设备动作　　　　保存 **全部**　常用 品类　　　　　　　　　　切换多选 10A智能插座U2/02款U1/计量 ☑ 电源开关 　关闭　　　　　　　　　　✓ 　开启 确认　　　　取消
3	用同样方法，设置设备"12 V 直流电机控制模块"的场景动作类型，设置完成后单击"确认"按钮，保存设置内容。	 〈　　　　设备动作　　　　保存 **全部**　常用 品类　插座　　　　　　　切换多选 12V直流电机控制模块 ☑ 操作模式 　关　　　　　　　　　　✓ 　开 　暂停 确认　　　　取消

续表

步骤	操作	图示
3	用同样方法，设置设备"调光调色灯具"和"智能开合帘电机 1215 款"的场景动作类型，设置完成后单击"确认"按钮，保存设置内容。	

步骤	操作	图示
4	以上 4 个设备联动类型设置完毕后，单击页面下方的"确定"按钮，保存本次联动设置的内容，系统自动返回到"场景管理"页面。	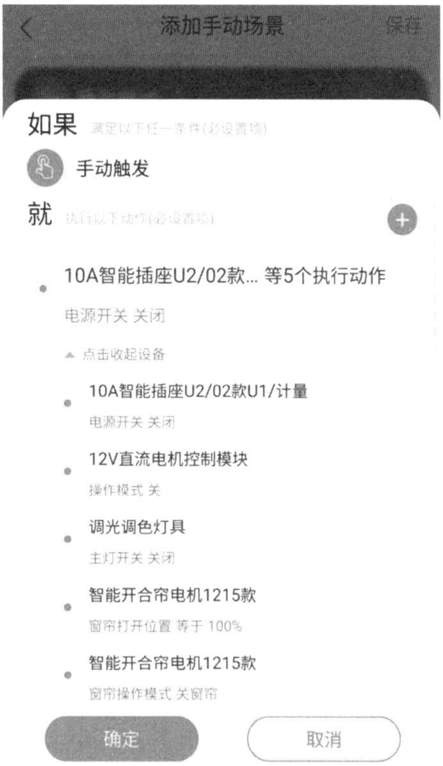 **添加手动场景**　保存 **如果** 满足以下任一条件(必设置项) 👆 手动触发 **就** 执行以下动作(必设置项) ➕ • 10A智能插座U2/02款… 等5个执行动作 　电源开关 关闭 　▲ 点击收起设备 • 10A智能插座U2/02款U1/计量 　电源开关 关闭 • 12V直流电机控制模块 　操作模式 关 • 调光调色灯具 　主灯开关 关闭 • 智能开合帘电机1215款 　窗帘打开位置 等于 100% • 智能开合帘电机1215款 　窗帘操作模式 关窗帘 　确定　　取消
5	场景设置完毕后，"睡觉模式"场景显示在"场景管理"页面。 　单击"手指"图标可以执行该场景。	 管理　　场景管理　　☰↑　＋ **全部**　　手动　　自动 👆 睡觉模式 手动　　👆 已全部加载 88　　💡　　🧍 设备　　智能　　找的

4）智能语音面板控制

　　只有在智能语音面板的支持设备列表中显示的设备或场景，才可以对其正确实施语音控制操作。通过以下内容，学习如何确认一个新的设备或者场景成功添加到智能语音面板的支持设备列表中，其操作步骤如表 3.1.3 所示。

表 3.1.3　智能语音面板控制操作步骤

步骤	操作	图示
1	返回到 App 首页设备列表，找到智能语音面板设备"智音 A2"，确认该设备在线，可以正常接入 Internet。	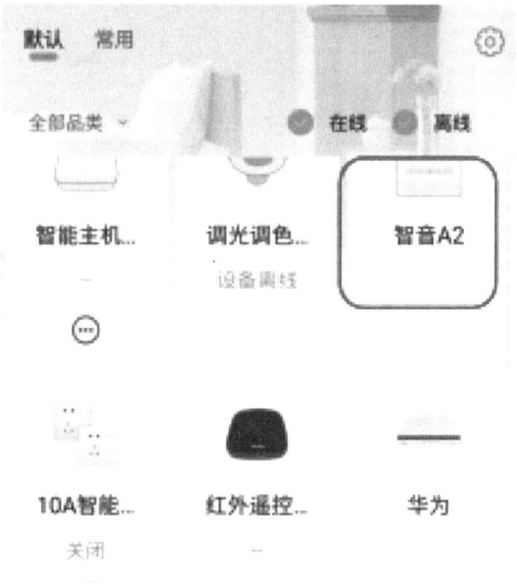
2	单击设备"智音 A2"，进入设备交互页面，单击右下角"我的"图标进入"设备管理"页面。	
3	在"设备管理"页面，单击"家庭"图标进入本家庭的房间、设备、场景等管理页面。	

续表

步骤	操作	图示
4	可以看到添加的设备以及"离家模式"场景和"睡觉模式"场景已经显示在智能语音面板支持的设备和场景列表中了。	< 家庭 **欢迎回家**　✉ ⚙ ⊕ 开启你的智能家居新生活~ 查看支持设备列表 > **全部 7**　场景　未指定… 离家模式 场景　　睡觉模式 场景　　12 V直流电… 未指定位置 智能开合帘电… 未指定位置　　10 A智能插… 未指定位置　　无限槽线 如音点2 未指定位置

此时，只需要对着智能语音面板说"小雁，小雁"，唤醒语音面板，然后，对着语音面板说"打开离家模式"或"打开睡觉模式"，小雁就会自动启动对应的智能场景。

3. 场景测试

下面学习使用手机 App 和智能语音面板，测试已经添加成功的"离家模式"场景和"睡觉模式"场景，执行场景操作，并观察每个场景动作执行的结果。

（1）准备工作。

为了明确看到一键或者一条语音指令关闭电器的场景控制效果，首先在 App 上打开智能灯组、智能插座、窗帘电机、智能阀门机械手和华为电视机顶盒设备，如图 3.1.3 所示。

（2）测试智能语音面板语音控制功能。

对着智能语音面板说"小雁，小雁"，唤醒语音面板。听到语音面板回应后，对着语音面板继续说"打开离家模式"，观察设备状态变化是否与预设场景一致。

按照"（1）准备工作"内容，把所有设备重新打开。唤醒智能语音面板后，对着设备说"打开睡觉模式"，观察设备状态变化是否与预设场景一致。

（3）测试 App 一键控制功能。

按照"（1）准备工作"内容，把所有设备重新打开。

在 App 上执行手动场景"睡觉模式"，观察智能插座、智能阀门机械手、智能灯组和开合窗帘电机是否一键关闭。

在 App 上执行手动场景"离家模式"，观察智能灯组、智能插座和机顶盒是否一键关闭。

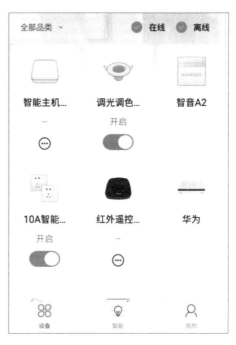

图 3.1.3　准备工作界面

3.1.2　知识链接

1. 场景分类

场景模式分为手动场景和自动场景，手动场景只需单击对应场景，即可立即执行场景；自动场景需要满足设置的条件，可执行场景。

在场景中，我们还可以继续将其细分为本地场景和云端场景。

（1）本地场景。

不依赖互联网上的服务器，而是存储在网关上，在互联网中断的情况下依然可以正常执行，本地场景不支持 WiFi 产品，云端场景支持延时功能。

执行方式：存储在网关上的本地智能场景根据其条件触发→网关发送动作指令到关联的智能终端设备上。

（2）云端场景。

场景配置时设备可以不在线，场景执行时网关和 WiFi 设备必须通过互联网连接云服务器，云端场景支持延时功能。

执行方式：云端服务器根据智能场景的条件触发→从云端服务器发送执行动作的指令到家里的智能设备。

（3）两者的区别。

云端场景的执行严重依赖网络，场景任务存储在云端服务器上，如果出现断网或者网络不稳定的情况，可能会造成场景任务不能执行的情况发生。

本地场景任务存储在本地网关，如果发生 Internet 断网或者 Internet 网络不稳定的情况，本地场景任务的执行不受影响。

2. 智能家居常用场景

智能家居包括智能中控、电器影音、安防监控、环境监控和安全监测等一系列子系统。用户可根据自己的个人需求，选择满足自己需求的子系统进行场景设计。下面对智能家居系统中经常用到的五大生活场景应用进行阐述。

（1）回家场景。

当你下班回家或从外面旅行回来，只要用指纹轻触打开家门，玄关、过道、客厅的灯光自动亮起，窗帘徐徐打开，背景音乐缓缓响起……一键打开提供你日常生活所需的一般照明，一些不必要的照明并不会打开，你再也不需要为了开灯而东奔西跑了。

（2）影音场景。

在你需要看电视或者欣赏影片的时候，切换到影音场景，卧室内仅开启壁灯和电视上方射灯（或者电视背景墙内灯带），效果类似客厅的电视模式，影音场景为你带来更舒适、更精彩的影音体验。

（3）娱乐场景。

在你和家人想在家里看电影的时候，只要一键开启娱乐场景，高清播放机、AV 功放、投影机、电动幕布自动打开，窗帘缓缓拉上，灯光调整到最佳观影状态，让你在家就有影院级的享受。

（4）浪漫场景。

餐桌吊灯调光 30%、壁灯调光 10%、布帘打开、纱帘闭合、背景音乐打开。烛光晚餐是浪漫场景的最高境界，在浪漫场景下，餐桌吊灯朦胧地散发出温馨的光线，营造类似烛光般的场景，营造出同样浪漫的感觉。

（5）离家场景。

当你要出门的时候，通过"离家场景"可以一键关闭室内所有用电设备，不仅能杜绝忘记关灯、关电视而造成的用电浪费和留下的电气安全隐患，而且能节约你宝贵的时间，给你一个愉悦的出行心情。

3. 场景概念

随着越来越多的智能设备走进家庭，是否拥有一个使用 App 控制功能的智能产品就是智能家居呢？答案是否定的。一套真正意义上的智能家居产品，需要的是产品自己能够满足多种场景控制的需求，产品与产品之间能够实现多种模式联动，通过产品与产品的搭配来实现各种应用场景。智能家居的场景化设计是以智能家居产品为核心，通过各智能家居子系统的联动达到控制的目的。

可以同时控制多个设备的方式称为"场景"，场景一旦创建，就可以手动控制它，也可以通过配置实现自动化控制。可以在智享人居 App 页面单击场景图标或按下场景面板按键来控制场景，也可以在智能语音面板设备上唤醒语音设备后发出语音控制指令启动场景。

3.1.3 思考与练习

（1）简述手动场景的工作原理。
（2）简述手动场景的设置流程。

（3）在智能家居 App 中，设计并创建一个手动场景。

任务 3.2　智能家居自动化应用

学习型任务单	任务 3.2　智能家居自动化应用
1. 任务描述 在之前的任务中，学习了如何配置本地及云端的手动场景，但是在智能家居系统的场景应用中，除了手动场景控制设备外，更多的时间是需要智能家居设备根据时间、环境参数等条件自动控制设备，这就需要通过配置自动场景模式来实现智能家居系统中的设备自主控制管理。 接下来跟着小陈开始学习智能家居自动场景。	
2. 任务分析 本任务通过智享人居 App 对自动场景进行实践操作，使学员掌握下列内容： （1）自动场景的新建； （2）自动场景的配置； （3）自动场景的验证。	
3. 任务要求 （1）通过学习，掌握以下知识点： ①进一步熟悉自动场景的用途； ②进一步熟悉自动场景的原理。 （2）通过学习，掌握以下技能点： 能按照客户的需求，完成智能家居自动场景的配置和调试，能完成自动场景的测试流程。	
学习总结： 	

3.2.1　操作方法与步骤

1. 准备工作

为了能够实现场景自动化应用，首先要将所有准备联动的设备安装好，并能够保证其正常运行，根据场景模式所要实现的功能，在设置前需要准备好图 3.2.1 所示的软、硬件环境。

将智能手机和智能   智享人居App   智能手机   智能网关

网关连接到同一网络   账号登录

智能门锁   门窗磁传感器   机械手阀门控制器   12 V直流电机控制模块

人体运动传感器   天然气报警器   智能灯组

图 3.2.1 软、硬件清单

在开始设置之前，除了准备好以上这些软、硬件设备外，还需要做好以下准备工作。

（1）供电：给智能网关、智能灯组、天然气报警器和 12 V 直流电机控制模块接通电源；确保人体运动传感器、门窗磁传感器和智能门锁电池电量充足，满足设备配网和功能测试需要；将 12 V 直流电机控制模块的控制线连接机械手阀门控制器。

（2）网关联网：使用网线将智能网关接入所在测试环境的路由器，保障智能网关可以正常进入 Internet。

（3）移动网络环境要求：待配网的网络一定工作在 2.4 GHz WiFi 网络，不支持 5G。

（4）移动网络连接要求：确保手机可以正常接入所在测试环境的 2.4 GHz 频段的 WiFi 网络。

（5）App：登录智享人居 App 账号。

2. 自动场景配置

1）设备配网

依次将使用到的智能网关、智能灯组、天然气报警器、12 V 直流电机控制模块、人体运动传感器、门窗磁传感器和智能门锁设备添加到 App 中，如图 3.2.2 所示。

注意，在对多个 ZigBee 设备配网时，不可让两个或者两个以上设备同时进入配网状态，必须一个设备配网结束后（网关"ZigBee 指示灯"由粉色转为红色代表当前设备配网结束），再开始下一个设备的配网操作。

2）创建自动化场景——防盗模式

设备配网成功后，继续进行智能家居"防盗模式"自动化场景的配置操作，具体操作步骤如表 3.2.1 所示。

图 3.2.2　智享人居 App 默认界面

表 3.2.1　智能家居"防盗模式"自动化场景的配置操作步骤

步骤	操作	图示
1	在"场景管理"页面，单击"添加场景"按钮，进行新增场景操作。	管理　　场景管理　　三↑　＋ 全部　　手动　　自动 暂无场景，请点击添加手动或自动场景 添加场景 设备　　智能　　我的
2	单击右上角"+"按钮，在弹出的选项中，选择"自动场景"。	管理　　场景管理　　三↑　＋ 全部　　手动 手动场景 自动场景 暂无场景，请点击添加手动或自动场景 添加场景 设备　　智能　　我的

步骤	操作	图示
3	接着，单击"添加云端"按钮，进入自动场景设置页面，在"如果"区域单击"待添加条件"，进入场景触发条件设置页面。	 添加自动场景　保存 如果 满足以下任一条件(必设置项) ⊕ 待添加条件 且 满足以下所有条件 ⊕ 待添加条件 就 执行以下动作(必设置项) ⊕ 内容后面一个动作 延时开关 确定　　取消
4	在弹出的场景触发条件设置页面中选择并单击"设备触发"。	 如果 满足以下任一条件(必设置项) ✕ ⏱ 定时触发 ⌂ 设备触发 ☁ 天气触发 且 满足以下所有条件 ⊕ 待添加条件

步骤	操作	图示
5	在弹出的设备列表中，选择设备"智能云锁"，并选择"门未锁好报警"选项，然后单击"确认"按钮，保存门锁设置内容。	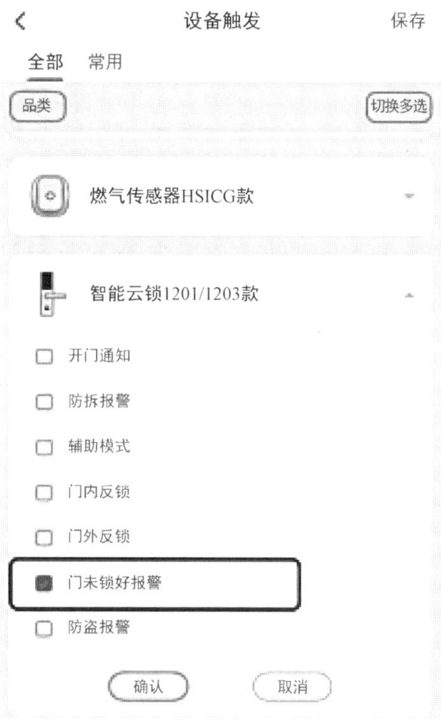
6	系统自动返回设备列表，继续选择设备"门窗传感器 5201 款"，并设置"门磁状态"为"打开"，单击"确认"按钮，保存门磁设置内容。 设置完场景触发条件后，单击右上角"保存"按钮。	

步骤	操作	图示
7	系统重新进入"自动场景设置"页面，在"就"区域单击"待添加执行动作"按钮，选择"通知推送"功能。	 且　　　　　　　　　　　　　　　＋ ● 门窗传感器5201款 等1个限制条件 　门磁状态 打开 　▼ 点击展开更多 就　　　　　　　　　　　　　　　＋
8	在通知推送页面，输入推送内容"测试房间中有人入侵"，启用页面底部的"手机通知"功能。 　单击"保存"按钮，返回"自动场景设置"页面。 　确认以上设置无误后，单击页面底部的"确定"按钮，保存场景设置内容。	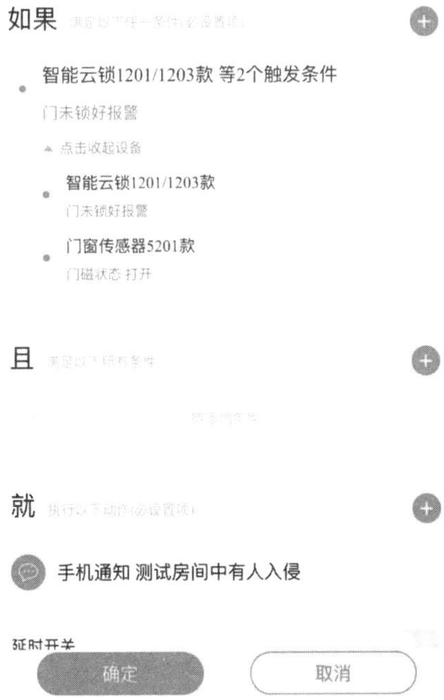 如果　　　　　　　　　　　　　　　＋ ● 智能云锁1201/1203款 等2个触发条件 　门未锁好报警 　▲ 点击收起设备 　● 智能云锁1201/1203款 　　门未锁好报警 　● 门窗传感器5201款 　　门磁状态 打开 且　　　　　　　　　　　　　　　＋ 就　　　　　　　　　　　　　　　＋ 💬 手机通知 测试房间中有人入侵 延时开关 　　确定　　　　　取消

步骤	操作	图示
9	完成以上自动场景的内容设置后，系统自动返回到"场景管理"页面。单击该页面左上角"新建场景"，对新建的场景进行重命名。	
10	输入场景名称"防盗模式"，并在下方选择一个场景图标，然后单击右上角"保存"按钮，完成场景名称编辑操作。	
11	系统自动返回"场景管理"页面，单击页面右上角的"保存"按钮，保存"防盗模式"场景设置内容。	

续表

步骤	操作	图示
12	将"防盗模式"场景名称右边的按钮向右滑动,启用"防盗模式"场景。	 管理　　场景管理　　三↑ ＋ 全部　　手动　　自动 🖼 防盗模式 自动　　　⚪ 已全部加载 设备　　智能　　我的

3）创建自动化场景——燃气报警

设备配网成功后,继续智能家居"燃气报警"自动化场景的配置操作,具体操作步骤如表 3.2.2 所示。

表 3.2.2　智能家居"燃气报警"自动化场景的配置操作步骤

步骤	操作	图示
1	在"场景管理"页面,单击"添加场景"按钮,进行新增场景操作。	 管理　　场景管理　　三↑ ＋ 全部　　手动　　自动 暂无场景,请点击添加手动或自动场景 添加场景 设备　　智能　　我的
2	单击右上角"＋"按钮,在弹出的选项中选择"自动场景"选项。	 管理　　场景管理　　三↑ ＋ 全部　　手动 手动场景 自动场景 暂无场景,请点击添加手动或自动场景 添加场景 设备　　智能　　我的

181

续表

步骤	操作	图示
3	在弹出的"自动场景设置"页面，在"如果"区域单击"待添加条件"按钮，进入场景触发条件设置页面。	
4	在弹出的场景触发条件设置页面中单击"设备触发"。	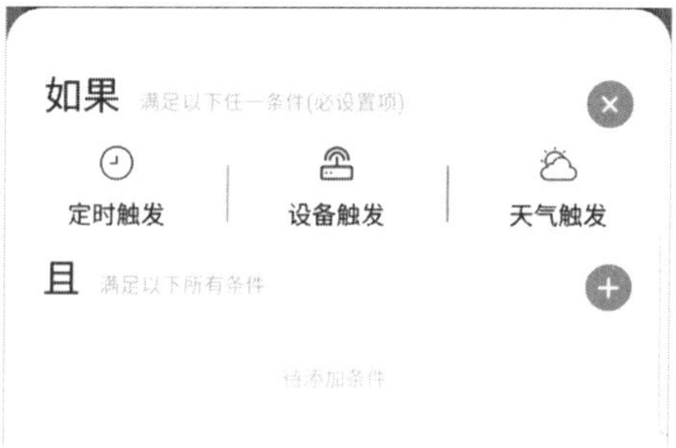

步骤	操作	图示
5	在设备列表中，选择"燃气传感器HS1CG 款"设备，并设置"燃气检测状态"为"燃气泄漏"，单击"确认"按钮，保存燃气传感器设置内容。	 〈　　　　设备触发　　　　保存 智能…　全部　常用 品类　　　　　　　　　　　切换多选 ⊡　**燃气传感器HS1CG款** ☑　燃气检测状态 　正常 　燃气泄漏　　　　　　　✓ （确认）　　　（取消）
6	系统自动返回到"自动场景设置"页面，单击"待添加执行动作"按钮，设置智能场景执行动作。	 〈　　　添加自动场景　　　保存 **如果** 满足以下任一条件(必设置项)　　⊕ · 燃气传感器HS1CG款 等1个触发条件 　燃气检测状态 燃气泄漏 　▼ 点击展开更多 **且** 满足以下所有条件　　　　　　⊕ 　　　待添加条件 **就** 执行以下动作(必设置项)　　　⊕ 　　　待添加执行动作 延时开关 （确定）　　　（取消）

步骤	操作	图示
7	返回设备列表，继续选择设备"12 V直流电机控制模块"，并设置"操作模式"为"关"，单击"确认"按钮，保存12 V直流电机控制模块设置内容。	
8	返回到自动场景的编辑页面中，预览场景设置，确认无误后，单击下方的"确定"按钮，保存联动设置内容。	

步骤	操作	图示
9	返回到自动场景编辑页面，单击"新建场景"，修改场景名称。	 〈　　添加自动场景　　保存 新建场景 首页显示 场景开关 添加本地　　添加云端 (本地) 12V直流电机控制模块 ● 操作模式 关 智能主机U86款
10	输入场景名称为"燃气报警"，在下方选择一个图标，单击右上角"保存"按钮，保存编辑的场景名称。	 〈　　修改名称图标　　保存 场景名称：　新建场景 回家　离家　会客场景　睡眠模式　用餐场景 场景图标

步骤	操作	图示
11	场景内容设置完名称后，单击右上角的"保存"按钮，完成燃气报警自动场景的设置。	
12	在"场景管理"页面中，单击"燃气报警"场景右侧的开关，启用"燃气报警"场景。	

4）创建自动化场景——智能夜灯

设备配网成功后，继续进行智能家居"智能夜灯"自动化场景的配置操作。本次操作设置两个自动场景：一个实现自动开灯；另一个实现自动关灯。具体操作步骤如表 3.2.3所示。

表 3.2.3　智能家居"智能夜灯"自动化场景配置操作步骤

步骤	操作	图示
1	进入"场景管理"页面，在自动场景添加页面，首先输入场景名称"智能夜灯"，还可以为智能夜灯场景选择一个合适的图标和背景图，然后单击"添加本地"按钮，进入场景设置页面。	
2	在"如果"区域单击"待添加条件"按钮，接着单击"设备触发"。	

步骤	操作	图示
3	在打开的设备列表中选择"人体传感器 5210 款"设备旁边的下拉三角箭头，将"红外检测状态"值设置为"有人"，单击"确认"按钮，保存设置内容。 设备触发条件设置完毕后，单击页面右上角"保存"按钮，保存本次设置内容。	
4	在"且"区域单击"待添加条件"，接着单击"时间限制"。	

步骤	操作	图示
5	进入"编辑时间限制"页面，时间限制主要是用来限制场景工作的时间，把"开始时间"设置为19:00，把"结束时间"设置为5:00，单击右上角"保存"按钮，保存本次时间设置操作内容。	 〈　　　编辑时间限制　　　保存 开始时间　　　　　　　19时00分 结束时间　　　　　　　05时00分 04时 **05时**　　　　　　**00分** 06时　　　　　　01分
6	回到"自动场景"设置页面，在"就"区域单击"待添加执行动作"，接着单击设备动作按钮。	 **如果** 满足以下任一条件(必选项) ⊕ • 人体传感器5210款 等1个触发条件 　红外检测状态 有人 　▼ 点击展开更多 **且** 满足以下所有条件 ⊕ 🕐 **19:00:00-05:00:00** **就** 执行以下动作(必选项) ⊕ ［　　待添加执行动作　　］ 延时开关 （　确定　）　（　取消　）

步骤	操作	图示
7	在打开的设备列表中选择设备"调光调色灯具"，选中"主灯开关"的"开启"状态，接着单击"确认"按钮，保存本次灯具的设置内容。 待动作类型设置完毕后，单击当前页面右上角的"保存"按钮，重新进入"自动场景"设置页面，单击页面下面的"确认"按钮，系统自动返回到"场景管理"页面。	
8	在"场景管理"页面可以进行以下设置操作： • 长按某个联动名称可以删除该联动预置的条件和动作。 • 通过"场景开关"暂时启用或关闭本场景。 • 通过"联动开关"暂时启用或关闭本联动。 • 通过"首页显示开关"确定本场景名称是否显示在 App 首页。 以上内容设置完毕后，单击"保存"按钮，保存本次场景设置内容。	

步骤	操作	图示
9	设置完"智能夜灯"的"自动开灯"场景后，接着设置"智能夜灯"的"自动关灯"场景。 　再次执行添加自动场景操作，单击"新建场景"，将新建的场景名称设置为"智能夜灯自动关闭"，单击"添加云端"按钮。	
10	在"自动场景"设置页面，在"就"区域单击"待添加执行动作"按钮，接着单击"设备触发"。	

步骤	操作	图示
11	在打开的设备列表中，选择"人体传感器5210款"，单击设备旁边的下拉三角箭头，将"红外检测状态"值设置为"无人"，单击"确认"按钮，保存设置内容。 设备触发条件设置完毕后，单击页面右上角"保存"按钮，保存本次设置内容。	 〈　　　设备触发　　　保存 **全部**　常用 品类　　　　　　　　　切换多选 ○　人体传感器5210款 ☐ 电池电量 ☑ 红外检测状态 　无人　　　　　　✓ 　有人 ☐ 防撬报警 确认　　　取消
12	在"且"区域单击"待添加条件"，接着单击"时间限制"。	 **如果** 满足以下任一条件(必设置项)　⊕ · 人体传感器5210款 等1个触发条件 红外检测状态 有人 ▼ 点击展开更多 **且** 满足以下所有条件　　　✕ 🕐　　　　　　🔗 时间限制　　　设备状态 **就** 执行以下动作(必设置项)　⊕ 延时开关 确定　　　取消

续表

步骤	操作	图示
13	进入"编辑时间限制"页面，时间限制主要是用来限制场景工作的时间，把"开始时间"设置为19:00，把"结束时间"设置为5:00，单击右上角"保存"按钮，保存本次时间设置操作内容。	 〈　　　　编辑时间限制　　　保存 开始时间　　　　　　19时00分 结束时间　　　　　　05时00分 04时 05时　　　　　　00分 06时　　　　　　01分
14	系统自动回到"自动场景"设置页面，在"就"区域单击"待添加执行动作"按钮，接着单击设备动作按钮。	 如果　　　　　　　　　⊕ · 人体传感器5210款 等1个触发条件 红外检测状态 无人 ▼ 点击展开更多 且　　　　　　　　　　⊕ ⊘ 19:00:00-05:00:00 就　　　　　　　　　　⊕ 延时开关 确定　　　　取消

步骤	操作	图示
15	在打开的设备列表中选择设备"调光调色灯具"，单击旁边的下拉三角按钮。选中"主灯开关"及"关闭"状态，接着单击"确定"按钮，保存本次灯具的设置内容。 　　系统自动返回"自动场景"设置页面，开启本页面下方的"延时开关"按钮，设置延时时间为30 s，使调光调色灯具在人体运动传感器检测到无人状态后，继续亮灯30 s，然后自动关灯。 　　待以上触发条件和动作类型设置完毕后，单击当前页面下面的"确定"按钮，系统自动返回到"场景管理"页面。	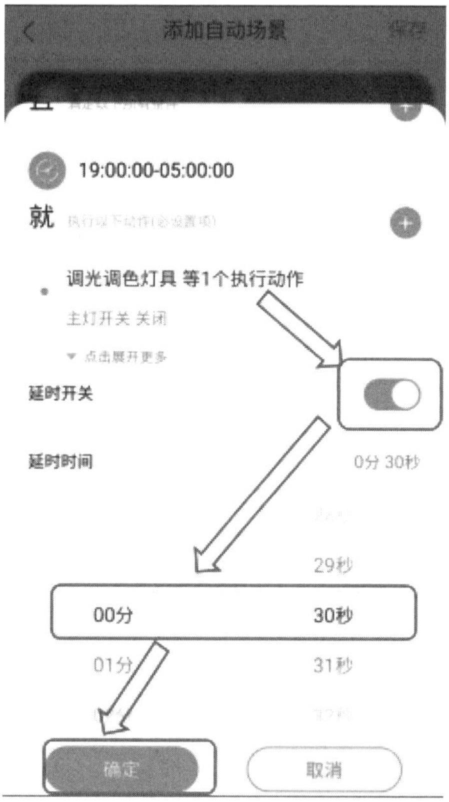
16	待场景设置完毕后，单击页面右上角的"保存"按钮保存本次场景设置内容。	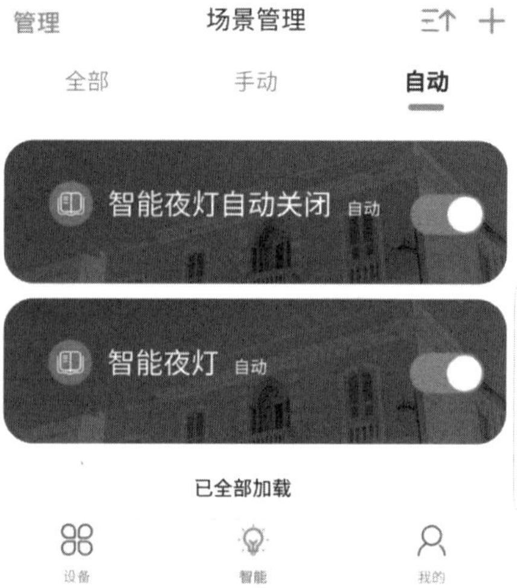

通过以上设置操作，完成了对智能夜灯的自动开灯和自动关灯场景的设计。

3. 自动场景测试

1）智能夜灯场景测试

（1）智能夜灯自动开灯场景测试。

首先，确认"调光调色灯具"处于"关闭"状态，人体运动传感器处于"无人"状态，当前时间为夜间 19:00 到凌晨 5:00（注：为方便测试，可以把场景中的启/止时间设置为就近方便测试的时间段），设备初始条件如图 3.2.3 所示。

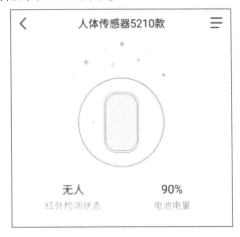

图 3.2.3　设备初始条件

触发人体运动传感器，模拟有人经过的情景，如果场景自动启动，并联动调光调色灯具自动打开，灯亮，表明智能夜灯场景执行成功。

（2）智能夜灯自动关灯场景测试。

智能夜灯场景测试成功后，将人体运动传感器透镜遮挡住，避免人为触发，待手机App 上人体运动传感器的检测状态为"无人"时，继续等待 30 s，如果调光调色灯具关闭，灯灭，表明智能夜灯自动关闭场景测试执行成功。

另外，智能场景是可以关闭的，关闭后原有场景即便激活，设备也不会响应，如图 3.2.4 所示。

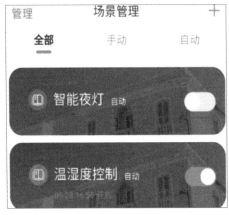

图 3.2.4　自动关闭智能夜灯场景

2）防盗模式场景测试

防盗模式场景功能测试步骤如表 3.2.4 所示。

表 3.2.4　防盗模式场景功能测试步骤

步骤	操作	图示
1	打开门，App 上指纹锁的门锁状态显示"打开"，门锁发出告警语音"门未关好，请重新关门"。	 **〈返回　智能云锁1201/1203款　☰** 打开　　0%　　-- 门锁状态　电池电量　接收信号强度
2	将门窗磁传感器的磁体与主体分离，距离不小于 31 mm，App 显示门磁打开。	 **〈　　门窗传感器5201款　☰** 打开　　　　45% 门磁状态　　电池电量
3	以上两个条件下，会触发"防盗模式"场景启动。 单击 App 底部"我的"图标，在"个人中心"菜单中单击"消息管理"项，接着在"消息管理"页面单击顶部的"消息"，可以看到手机收到的"入侵防盗"提示信息。	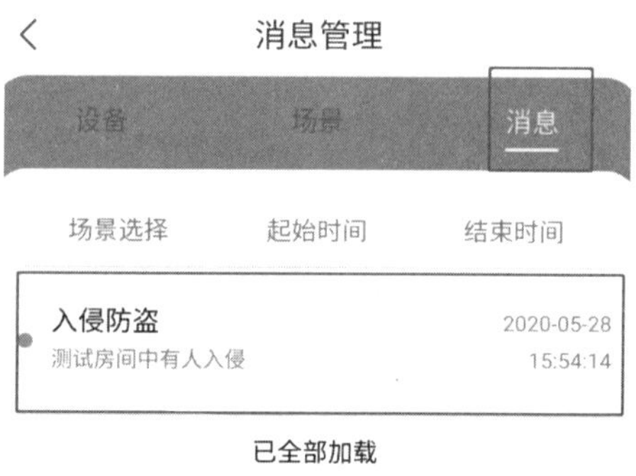 **〈　　消息管理** 设备　　场景　　消息 场景选择　起始时间　结束时间 入侵防盗　　　　2020-05-28 测试房间中有人入侵　15:54:14 已全部加载

3）燃气报警场景测试

（1）首先确认智能机械手处于打开状态、天然气报警器处于正常状态，如图 3.2.5 所示。

图 3.2.5　设备初始状态

（2）然后按下燃气传感器的自检按钮并保持，燃气传感器的红色 LED 灯持续闪烁同时发出"嘀–嘀"报警声，联动 12 V 直流电机控制模块动作，触发机械手阀门控制器自动关闭，燃气报警场景测试成功。

3.2.2　知识链接

1. 自动场景概念

自动场景不需要在 App 上手动单击场景开关启动执行，也不需要使用智能语音面板的"打开某某场景"指令启动执行，而是根据光照亮度、时间、环境温湿度、场景设备触发等环境条件，自动对智能设备实施联动控制的功能。

2. 设计创建智能家居自动场景时的注意事项

智能家居自动化（联动）模式，大致集中在灯光照明系统联动、安防类联动以及环境类联动三个方面。

1）灯光照明系统联动

智能家居灯光的控制不局限于一个开关控制一盏灯，而是控制一组灯，比如可以设置不同的照明模式，照明方案见表 3.2.5。

表 3.2.5　照明方案

照明模式	照明方案
最亮照明	所有灯光全开，亮度全部调到最亮
氛围照明	所有灯带、筒灯、射灯、落地灯等氛围灯光开启，关闭主灯
最暗照明	可调光灯具开启，并把亮度调到最暗
标准照明	开启主灯，根据需求开启部分灯带、筒灯、射灯、落地灯等

根据照明时间的不同，可以将照明分为短时照明模式和长时照明模式。

短时照明是指人离开短时间内就需要关闭的照明，如卫生间、厨房、过道、门厅、阳台等区域的照明；长时照明指的是人即使离开也不能短时间内关闭的照明，如客厅、餐厅、卧室等区域的照明。对于短时照明，推荐的联动方式见表 3.2.6。

表 3.2.6　短时照明方案

方案名称	方案内容
联动 1	如果"有人移动且亮度暗"则"开启照明"
联动 2	如果"X（一般为 2~10）min 内无人移动"则"关闭照明"

对于长时照明，联动方式可以作为开灯条件，但是关灯条件也要充分考虑。

所以，表 3.2.6 所示的联动 1 依然可以使用，但是联动 2 则不适宜。

联动 2 可以修改为：如果"X（一般为 60 min 以上）min 内无人移动"则"关闭照明"。

当然，也可以先进入低亮度照明状态，然后关闭，例如：

联动 3：如果"X（30~60）min 内无人移动"则"开启最暗照明场景"。

联动 4：如果"X（60~120）min 内无人移动"则"关闭照明"。

2）安防类联动

实现安防功能用到的组件主要是烟雾传感器、燃气传感器、漏水传感器、人体运动传感器、智能摄像头、门窗磁传感器等。根据安防发挥作用的时段不同，一般把安防联动分成全时安防和离家安防两类。

全时安防就是在任何时候都要发挥作用的安防，包括烟雾探测、燃气探测、漏水探测、室外智能摄像头等，这些设备要一直工作。虽然很多传感器本身已经具备一定的提醒功能，但是受限于电源供应和安装位置，其提醒能力一般比较弱，所以对这些提醒可以增加以下联动。

联动 1：如果（烟雾传感器探测到烟雾）则（X 网关播放报警声音）（智能音响播放"X 区域探测到烟雾"）（向手机发送通知）。

联动 2：如果（天然气传感器探测到燃气泄漏）则（X 网关播放报警声音）（智能音响播放"X 区域探测到燃气泄漏"）（向手机发送通知）（开启油烟机排风）。

联动 3：如果（水浸传感器监测到漏水）则（X 网关播放报警声音）（智能音响播放"X 区域探测到漏水"）（向手机发送通知）（电动阀门自动关闭水阀）。

如此设置后，可以在很大程度上提高报警效果。对于多网关的系统，可以让所有网关都播放报警声音，这样可以快速提醒。对于手机 App 消息推送，需要注意的是，为了更好地接收消息推送，一定要让 App 在后台常驻。

3）环境类联动

环境联动主要是与温度、湿度、空气质量、通风与空气流动相关的场景。一般在设计时，主要是根据室内温度、湿度来控制家中电器，以营造一个适宜的居住环境。一般可以有两种方式：一种方式是有人存在且温度不适宜则开启相应设备，例如，以下联动方式。

联动 1：如果（X 房间温度大于 26 ℃）且（有人移动）则（开启空调并调整为制冷模式，设置温度为 25 ℃）。

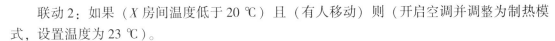

联动 2：如果（X 房间温度低于 20 ℃）且（有人移动）则（开启空调并调整为制热模式，设置温度为 23 ℃）。

联动 3：如果（无人移动超过 X（60~120）min）则（关闭空调）。

这种方式的优势在于可以更加节约能源，只控制有人存在的房间的温度，而缺点就是刚进入时温度不一定适宜。另外需要注意的是，如果房间为卧室，则不适宜使用联动 3 关闭空调，可以直接在早安场景中关闭空调或者定时关闭。

另一种方式是室内所有房间保持恒温，适合地暖等一直开启的设备，这种情况可以结合离家模式和回家模式，在离家模式中关闭所有制冷、制热设备，在回家模式中开启制冷、制热设备即可。

这种方式的优势是只要在家，各个房间温度都是适宜的，但是从能源节约的角度看，有些浪费，各位可以根据实际情况选择两种不同的方式。

3.2.3　思考与练习

（1）简述自动场景的工作原理。

（2）简述自动场景的设置流程。

（3）在智能家居 App 中，设计并创建一个自动场景。

拓展与提高

随着社会经济结构、家庭人口以及信息技术的发展变化，大众对家居环境的舒服性、功效性、安全性提出了更高的要求。同时，许多家庭要求家居产品不但具有单纯的智能，更要求整个系统在功能上可以扩展，对多个设备之间的联动有了需求。

本项目学习了智能家居中的手动场景和自动场景使用的知识。当需要使用智能家居场景时，请思考以下问题：

（1）当两个不同场景对同一个设备进行操作时会存在哪些风险？

（2）手动场景和自动场景是否可以联合使用以实现复杂逻辑？

项目 4

智能家居全屋设计

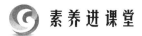 素养进课堂

【芯人物】戴伟民

——从终身教授到创业者，台前幕后助力"芯火燎原"

戴伟民，芯原微电子（上海）股份有限公司创始人，现任董事长兼总裁。1956年出生于上海，1980年移民美国，在美国加州大学伯克利分校获得计算机科学学士学位和电子工程博士学位，曾任加州大学圣克鲁兹分校计算机工程系终身教授；1995年创办美国Celestry公司的前身Ultima公司，后被Cadence以1.35亿美元收购；2001年回到上海创办芯原微电子。

在美国能够取得终身教授职位是一件令众人艳羡的事情，但是戴伟民却并没有甘于只做一名大学教授，他反而为自己开辟了一条全新的道路：创业。

1995年创办了计算机辅助设计高科技企业——美国Ultima Interconnect Technology。2000年，Ultima与美国伯克利技术公司（BTA）合并成为美国思略科技（Celestry），2002年，Celestry又以1.35亿美元出售给美国铿腾电子（Cadence）。1998年，中国召开半导体发展战略研讨会，让戴伟民认识到国内的IC产业将兴起浪潮，同时也让他萌生了回国创业的念头。戴伟民回到上海创立芯原，公司刚刚成立时，芯原的基本业务包括提供IC设计所必需的标准单元库，戴伟民把这些标准单元库比喻为"造房子用的砖块"。慢慢地，芯原的合作伙伴名单中又增加了宏力半导体、上海先进、华虹NEC、无锡上华等。2005年，芯原从国际芯片巨头LSI Logic处获得ZSP400 DSP（数字信号处理器）内核的使用授权；2006年，芯原收购了LSI Logic的ZSP部，ZSP部门被整合进芯原的组织架构中，成为芯原的重要平台之一。2015年10月，芯原和图形处理器公司图芯（Vivante）基于全股份交易的方式达成最终合并协议。

坚持只做服务，不做产品，不与任何一家晶圆代工厂捆绑在一起，有着清晰定位的芯原正在正确的轨道上前进着。通过多年的自主研发及并购积累，芯原不仅可以提供世界一流的系统级芯片（SoC）和系统级封装（SiP）一站式解决方案，同时针对消费电子、汽车电子、计算机及周边、工业、数据处理、物联网等领域建立起自己的IP护城河，成功发展成为一流的"IP Power House"。根据Compass Intelligence报告，2018年人工智能芯片企业排名中，芯原位居全球第21位，在中国大陆企业上榜名单中排名第三。芯原还获得了国家大基金2亿元战略投资，也获得浦东科创投旗下的浦东新兴和张江火炬国有资本的入股。

其他主要投资者还包括华山资本、富策、兴橙、IDG 和小米等。

——来源：《芯人物——致中国强芯路上的奋斗者》系列报道

项目情境	小徐是尚谐智慧家装公司方案设计部门的一位设计师，主要负责根据客户需求提供完整的智能家居设计方案。实习生小陈前段时间在公司跟随技术部的小李工程师学习了智能家居设备的装调和综合应用，今天设计部的经理让小徐作为带教师傅带领小陈学习智能家居设计工作。 　小徐正准备接待一位客户，客户有一套四室二厅的房子需要装修，要求公司给出一个全屋智能化设计方案。设计师小徐负责这个项目，他需要帮客户选择智能家居设备、配合多个子系统，制订智能家居系统架构、组网通信、个性化云平台定制等方案，来达到智慧生活的目的。小徐就带着小陈一起参与。 　让我们一起跟着小陈了解一下如何去设计全屋智能化的方案，完成项目整体流程，包括智能产品选型、系统集成、云服务、组网通信、设备点位设计、系统布线、个性化定制等方案设计。
知识目标	• 了解智能家居项目实施流程； • 智能家居系统方案选型； • 智能家居清单和图纸设计； • 智能家居全屋智能方案设计。
技能目标	• 能详细讲述智能家居项目实施流程； • 能根据用户需求正确选型智能家居方案； • 能正确设计智能家居项目清单和图纸； • 能正确设计智能家居项目全屋智能方案。

任务 4.1　智能家居项目实施流程和方案选型

学习型任务单	任务 4.1　智能家居项目实施流程和方案选型
\[1. 任务描述\]　作为智能家居设计部门的设计师，小徐接到一个全屋智能化设计的项目，需要对四房二厅二卫一厨的户型进行全屋智能方案设计。在为公司做方案设计时，小徐首先为客户介绍了智能家居项目的实施流程，接着了解了客户对全屋智能的需求，然后提出专业化建议方案，并从专业的角度分析客户的需求，对各类智能家居系统方案进行对比讲解，让客户明白各种智能家居方案的优、缺点，从而帮助客户做出正确的选择。接下来就跟着小徐一起开始智能家居方案选型知识的学习吧。	
2. 任务分析 通过本任务的学习，使学员掌握以下内容： • 智能家居系统项目实施流程； • 智能家居系统的选型流程； • 智能家居系统的客户需求分析； • 根据户型图分析做出初步规划方案； • 提出智能家居专业化建议方案。	

学习型任务单	任务 4.1 智能家居项目实施流程和方案选型
3. 任务要求 （1）通过学习，掌握以下知识点： 进一步熟悉智能家居系统项目的实施流程和选型流程。 （2）通过学习，掌握以下技能点： • 能做智能家居系统的客户需求分析； • 能根据户型图分析做出初步规划方案； • 能提出智能家居专业化建议方案。	
学习总结：	

4.1.1 操作方法与步骤

需求调研

1. 智能家居系统项目实施流程

为了彻底打消客户的顾虑，设计师小徐为客户详细介绍了智能家居项目的实施流程，过程如下。

1）阶段一：方案选型

（1）向用户介绍智能家居子系统的功能特点和情景模式。

（2）了解房屋装修进度是否允许智能家居施工布线要求。

（3）了解用户家庭信息，如夫妻、父母、子女等。

（4）了解用户对智能家居的个性化需求，如生活痛点、功能需求、外观需求、品牌需求等。

（5）熟悉用户住宅户型结构图，初步确定智能家居点位配置信息。

（6）向用户介绍市场主流智能家居可选方案，介绍不同方案的优、缺点，提出设计人员自己的专业化建议，与用户确认适合自己的最终选型方案。

2）阶段二：方案设计

（1）填写智能家居系统功能需求表，确认智能家居方案包括哪些子系统。

（2）根据智能家居系统功能需求表，设计功能点位表和设备报价清单，提交用户确认。

（3）与用户确认最终预算金额后，深化设计智能家居功能点位表和设备报价清单，签订合同。

（4）根据深化设计的功能点位表，参考强电开关连线图和插座点位图，设计系列智能家居图纸，包括图纸目录、设计说明及图例、点位布置图、布线图、系统图和安装图。

（5）智能家居全屋智能方案设计。

3）阶段三：项目施工

（1）与精装修公司施工人员做图纸交底，个别项目需要提供施工组织计划。

（2）施工人员做管线及设备配套底盒预埋，定期跟踪按图施工过程。如需调整，可随时修改施工方案，并做好图纸和清单变更资料存档。

（3）设备安装、调试、验收、培训，交付业主使用。

设计竣工资料交于精装修公司、业主，自行存档。

2. 智能家居系统方案选型

（1）介绍智能家居子系统及功能。

为了让客户对智能家居系统有个完整的认识，小李向客户介绍了电器影音、安防监控、安全监测、环境监控和智能家居的核心智能中控系统的详细功能以及每个系统的使用场景。

（2）收集客户需求。

设计师要设计出一套满足业主要求的个性化智能家居方案，必须清楚地了解业主家庭成员、作息时间、设备使用习惯及不同家庭成员的个性化需求。小李与客户主要沟通了以下两方面的信息，并提供给智能家居设计师作为参考。

①了解业主家庭信息和生活习惯。

②了解业主个性化需求。

（3）填写信息表和需求表。

为方便设计师完整了解客户家的情况，小李把与客户的沟通内容做了一个详细的梳理，并把用户信息和需求信息分类制作成了表格。

①房屋信息表和家庭成员信息表，见表 4.1.1 和表 4.1.2。

表 4.1.1　房屋信息表

名称	说明									
户型结构	四房二厅二卫一厨（开放式书房）									
	主卧	男孩房	父母房	书房	客厅	餐厅	主卫	次卫	厨房	玄关
装修进度	水电还没有开始施工，适合强弱电布线									

表 4.1.2　家庭成员信息表

家庭成员	工作学习状态	健康状况
男主人（赵先生）	上班族，经常出差	健康
女主人	上班族，早出晚归	健康
儿子	小学在读，自己去上学，放学自己回家	健康
男主母亲	二老退休在家，母亲偶尔出去买菜遛弯；	血压高，偶尔会忘事
男主父亲	父亲喜欢找人下棋	健康

②填写用户功能需求表，如表 4.1.3 所示。

表 4.1.3 用户功能需求表

名称	说明
回家需求	晚回家开启入户门的同时，自动打开照明灯泡，出于隐私要求，自动关闭室内窗帘，并开启插座电源
离家需求	希望当家人一起外出时，只要对着智能音箱说一声，就可以自动关闭室内的照明灯泡、电源插座和客厅电视机，放心外出
睡眠需求	夜晚睡觉时，希望能按一个按键就可以一次性关闭室内的照明灯泡、电源插座、智能窗帘电机，同时关闭燃气阀门，确保燃气不会泄漏，保障家人安全
防盗报警需求	家中无人时，如果入户门被强行打开或者入户门锁被撬开，可以在手机上及时收到推送的报警提示信息
燃气安全需求	希望在厨房安装一套燃气泄漏报警和处置装置，发现燃气泄漏，即刻发出声音提示，同时能自动关闭燃气阀门，切断气源
室内空气湿度控制需求	父母关节不好，要控制室内空气湿度；希望当空气湿度超过某个限定值时，可以自动开启插在电源插座上的抽湿设备开启除湿模式
起夜需求	父母年龄大了，夜间起夜次数多，为安全起见，希望老人夜间下床后，自动开启照明灯，防止老人看不见地面跌倒受伤
紧急报警需求	老人遇到紧急情况，只要按一个按键，就可以把报警信息即刻发送到子女的手机上

（4）户型图分析。

客户的户型为四房二厅二卫一厨，其中书房是开放式的。户型分布如图 4.1.1 所示，包含厨房、餐厅、客厅、书房、主卧、男孩房、父母房、主卫、次卫和玄关。

图 4.1.1　四房二厅二卫一厨户型分布

结合客户提供的家庭信息、对智能家居系统的功能要求和客户家的房屋户型结构信息，对客户家的智能家居设备点位配置有了一个初步的规划方案。

①入户门外：安装智能摄像头。

②入户门：安装指纹锁和门窗磁传感器。

③玄关：安装单键智能开关。

④过道：安装智能灯组和人体运动传感器。

⑤厨房：安装天然气报警器和智能阀门机械手。

⑥客厅：安装智能语音面板，电视柜配置红外遥控器。

⑦书房：安装智能网关。

⑧父母房：床头配置无线紧急按钮，电视柜配置温湿度传感器。

⑨男孩房：安装智能插座，室内弱电箱配置无线路由器。

⑩主卧室：床头配置单键无线开关，卧室飘窗安装智能窗帘电机。

（5）专业化建议方案。

通过以上项目实例，可以看到智能家居系统采用"智能硬件+平台+App"的模式实现了终端、云端和人端三者的联通。

家庭环境内的智能硬件之间的通信技术是智能家居核心技术，目前分为有线和无线两种，每种技术都有优、缺点，而这些优、缺点都是相对的。各种通信技术在不同的应用场合均能发挥各自的优势，智能终端的生产厂商针对不同的应用环境选择特定的通信技术，因地制宜地有效实现用户对智能家居的需求。

3. 智能家居的现状

（1）各厂商之间标准不统一，包括网络传输标准的不统一以及各家产品之间无法融合。

（2）企业各自为政，都想建立自己的生态圈，可扩展性、开放性、兼容性不足。

（3）不同智能家居通信技术的安全风险系数高低不同，在隐私保护方面的风险也高低不同。

（4）普遍存在的 3 种恐惧心理如下。

①技术恐惧：会不会很复杂？

②服务恐惧：坏了怎么办？

③价格恐惧：是不是很贵？

4. 智能家居的发展趋势

经过小李的详细讲解，客户了解到采用一个中立、开放的平台化、生态化智能家居方案才符合智能家居的发展趋势，未来智能家居产品的迭代升级、扩容也就更为便利，如图 4.1.2 所示。

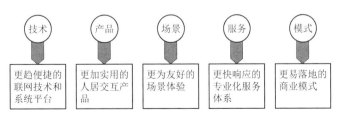

图 4.1.2　智能家居方案

5. 确定最终选型方案

市场上智能家居产品分为有线和无线两种。为了加深客户对智能家居产品的深层认识和理解，方便双方最终确定采用的智能家居技术方案，小李又给客户详细讲解了市场上智能家居系统采用的两种主流方案（有线总线技术、无线技术）的优、缺点。

（1）有线总线技术包括 RS-485（Modbus）、EIB/KNX、电力线载波（X-10、PLC-BUS）、LonWorks 等。

①有线总线技术的优点。设备通信与控制都基于有线总线，产品具有双向通信能力。信息传输限制在传输导线中，抗干扰性能好，而且容量大、速率高、宽频带和传输质量稳定。

②有线总线技术的缺点。设备复杂，采购成本高；安装复杂，施工周期长，费用高；操作难，产品专业性强，非专业人员不会使用；维护成本高，周期长；兼容性低，灵活性差，扩展困难。

（2）无线通信技术包括 ZigBee、WiFi、蓝牙和 Zwave 4 种为主。无线产品与有线总线制相比，优点非常明显，那就是即插即用、免布线、扩容方便、升级方便、维护方便。

①维护简单，可以快速检测出问题所在并及时修复。

②安装简易，无须复杂的布线，轻松实现家庭设备控制智能化。

③自动组网，设备拓展能力强。

④低功耗，符合"低碳生活"的绿色家居概念。

客户听取了小李对智能家居市场主流技术的对比性讲解后，对智能家居方案的选择有了自己的评判标准，他认为如果选择一套适合自己的智能家居产品，必须满足以下条件。

①兼容性强，可以选择不同品牌的单品接入到现有的智能家居系统。

②安全性强，要保证个人隐私不会泄露。

③易扩展，自己随时可以往智能家居系统中添加智能单品。

④易升级，厂家的产品可在线迭代升级。

⑤易维护，产品即使出现故障，更换方便。

客户最终选择了一套满足自己需要、也符合行业发展前景的无线智能家居方案。在确定使用无线网络方案后，小李还要进一步与客户明确使用哪种无线网络方案。

在智能家居行业，主流无线通信技术（如 ZigBee、WiFi 和蓝牙）都是基于 2.4 GHz 频段，在无线设备爆发的时代，使得这个信道变得越来越拥挤，相互之间干扰问题日趋严重。

为了避免以上问题，ZigBee 无线技术生产厂家采用了更为灵活的工作频段，即 2.4 GHz、868 MHz 及 915 MHz，而且这 3 个频段均为免执照频段，成本偏低，灵活性大。

（3）方案确定。

家庭网络通信的典型特点是传输数据信息量小、传输速率不需要太高、设备多、网络容量需求大、信息传输实时性强、网络时延要短，同时成本要低。

综合以上特点和需求，小李最终为客户推荐了"ZigBee+WiFi"的无线传输网络方案。在本套智能家居方案中，ZigBee 属于窄带传输，负责传输设备的控制信号或状态值等数据，WiFi 属于宽带传输，具有较高的传输速率，可以传输数据量较大的实时音频、视频数据。

接着，小李给客户介绍了无线智能家居技术本身的一些缺点，比如：

①无线信号覆盖面有限，容易形成信号盲区；

②无线信号在传输过程中容易受到干扰。

不过，这些缺点通过专业设计师的合理规划设计，可以降低无线信号传输过程中出现的干扰和不稳定性。

4.1.2 知识链接

如何选择一个满意的智能家居产品呢？

随着智能家居的普及，越来越多的家庭在装修的时候或多或少地选择了智能家居产品，但是市场上智能家居品牌众多，让人眼花缭乱。到底怎样才能选择一套适合自己的智能家居产品呢？

智能家居需要专业的人员进行设计、安装和调试，如果装修完成后再安装智能家居，可能会破坏局部装修，所以，智能家居安装一般与装修同步进行。

智能家居产品的质量和使用寿命很关键，以开关为例，按装修 10 年的寿命、一天开关 10 次计算，开关的次数 = 365×10×10 = 36 500 次，如果选择智能开关，智能开关的开关次数至少应该达到 3.6 万次以上，而实际上一般开关的标准为 4 万次。

由于智能家居一般和装修同步进行，必须考虑智能家居产品的外观是否和家庭的装修风格匹配，比如美式、欧式、英式、现代、田园等。智能家居产品的外观能否满足业主的需求，能否提升业主家庭装修的品味和质感，如何起到画龙点睛而不是画蛇添足的效果？

智能家居往往需要通过智能网关来控制各种智能设备，这其中需要经过云计算、场景逻辑判断、网络通信等手段才能实现一个联动的控制，反映到终端客户的体验就是设备的反应速度是否足够快，按照人体学理论，反应速度小于 0.2 s 时人不会有明显的感觉，而大于 0.2 s 时人就会有不耐烦等不良情绪出现，所以选择智能家居产品 0.2 s 是个分水岭，当然速度是越快越好，最好是同步进行。

如今，智能家居的通信技术是以无线为主流。以后，无线的智能家居产品也会越来越多。无论哪一种无线技术都不可能做到百分之百的准确，总是因为这样或那样的问题出现，使产品有时候会控制不到位，所以控制的准确性就是智能家居产品质量好坏的一个非常重要的指标。同时，因为智能家居是全屋使用，在实际使用中需要跨房间使用，所以信号的穿透性也是判断智能家居产品性能的重要指标。

任务 4.2 智能家居清单和图纸设计

学习型任务单	任务 4.2 智能家居清单和图纸设计
1. 任务描述 　　所有智能家居设备基本以无线为主，方便、快捷、易安装，使用 WiFi、ZigBee 通信方式，小徐要根据前期收集的详细数据设计各区域无线 AP 网络覆盖，路由器、智能网关的位置图，各区域强弱电布线图。有线方式有灯光控制系统、影音系统、控制双控开关、空调控制器、有线控制布线设计图。 　　小徐将教小陈根据采集到的用户信息和功能需求信息设计功能需求表、功能点位表和报价清单，并可以利用 AutoCAD 软件绘制各种智能家居图纸，来完成全屋智能综合布线设计工作。	

学习型任务单	任务 4.2　智能家居清单和图纸设计
2. 任务分析 本任务通过全屋综合布线的设计，使学员掌握下列内容： （1）智能家居系统表格和报价清单设计； （2）智能家居系统设计说明； （3）智能家居系统图纸设计。	
3. 任务要求 （1）通过学习，掌握以下知识点： 进一步熟悉智能家居系统表格和报价清单设计原则。 （2）通过学习，掌握以下技能点： 能完成智能家居系统设计说明工作，能完成智能家居系统图纸设计。	
学习总结：	

4.2.1　操作方法与步骤

1. 清单设计

设计师小徐根据小李提供的房屋信息表、家庭成员信息表、用户功能需求表和户型图分析（初步的规划方案），开始对客户家的智能家居系统进行设计。

（1）系统功能需求表，见表 4.2.1。

表 4.2.1　系统功能需求表

序号	子系统名称及设备		选择	类别
1	全屋 WiFi 覆盖	POE 路由器（2.4 GHz WiFi）	☑	必选
2	智能中控设备	智能网关	☑	必选
3		智能语音面板	☑	可选
4		触控面板	☐	可选
5		单键智能开关	☑	可选
6		单键无线开关	☑	可选
7		九场景遥控器	☐	可选
8		六键场景开关	☐	可选
9	电器影音设备	智能灯组	☑	可选
10		背景音乐主机	☐	可选
11		喇叭	☐	可选
12		智能插座	☑	可选
13		红外遥控器	☑	可选

续表

序号	子系统名称及设备		选择	类别
14	安防监控设备	智能门锁	☑	可选
15		门窗磁传感器	☑	可选
16		智能摄像头	☑	可选
17		声光报警器	☐	可选
18		烟雾传感器	☐	可选
19	安全监测设备	天然气报警器	☑	可选
20		智能阀门机械手	☑	可选
21		紧急按钮开关	☐	可选
22		无线紧急按钮	☑	可选
23	环境监控设备	人体运动传感器	☑	可选
24		环境检测面板	☐	可选
25		温湿度传感器	☑	可选
26		智能窗帘电机	☑	可选
27		推杆式开窗电机	☐	可选

（2）功能点位表，见表4.2.2。

表 4.2.2 功能点位表

序号	子系统名称	设备名称	智能家居配置点位表									数量合计
			入户门外	入户门	玄关	过道	厨房	客厅	书房	父母房	男孩房	主卧	
1	全屋WiFi覆盖	POE路由器（2.4 GHz WiFi）									1		
2	智能中控设备	智能网关							1				1
3		智能语音面板						1					1
4		单键智能开关			1								1
5		单键无线开关										1	1
6	电器影音设备	智能灯组				1							1
7		智能插座									1		1
8		红外遥控器						1					1
9	安防监控设备	智能门锁		1									1
10		门窗磁传感器		1									1
11		智能摄像头	1										1
12	安全监测设备	天然气报警器					1						1
13		智能阀门机械手					1						1
14		无线紧急按钮								1			1

209

续表

序号	子系统名称	设备名称	智能家居配置点位表										数量合计
			入户门外	入户门	玄关	过道	厨房	客厅	书房	父母房	男孩房	主卧	
15	环境监控设备	人体运动传感器				1							1
16		温湿度传感器								1			1
17		智能窗帘电机										1	1

（3）设备报价清单，见表4.2.3。

表4.2.3　设备报价清单

序号	子系统名称	设备名称	品牌	型号	数量	单价	总价
1	全屋WiFi覆盖	POE路由器 （2.4 GHz WiFi）			1		
2	智能中控设备	智能网关			1		
3		智能语音面板			1		
4		单键智能开关			1		
5		单键无线开关			1		
6	电器影音设备	智能灯组			1		
7		智能插座			1		
8		红外遥控器			1		
9	安防监控设备	智能门锁			1		
10		门窗磁传感器			1		
11		智能摄像头			1		
12	安全监测设备	天然气报警器			1		
13		智能阀门机械手			1		
14		无线紧急按钮			1		
15	环境监控设备	人体运动传感器			1		
16		温湿度传感器			1		
17		智能窗帘电机			1		
A	设备费用合计						
B	安装调试费	15%					
C	费用总计	=A+B					

　　小李拿着小徐设计的系统功能需求表、功能点位表和报价清单与客户做了方案汇报，最终客户认可了小徐的设计，并且同意了本次报价的预算金额。小李和客户现场签订了合同。

　　小李回到公司，把合同交给财务盖章后，快递了一份盖章合同给客户，并去设计部找到了设计师小徐，告诉他可以对客户家的智能家居方案实施后续的图纸设计。

2. 图纸设计

1）图纸准备

（1）原装修平面户型图，如图 4.2.1 所示。

图 4.2.1　户型图

（2）原装修开关点位图，如图 4.2.2 所示。

注：所有安装于完成面上的设备外观颜色均需要与设计师师确认。

符号	名称	规格型号	备注
	暗装双联开关		床头： H=600 mm 其他： H=1 050 mm
	暗装三联开关		
	暗装双联双控开关		
	暗装三联三控开关		

图 4.2.2　开关点位图

（3）原装修插座点位图，如图 4.2.3 所示。

2）设计图纸

在本方案中，根据施工需要，设计图纸包含以下几个部分，分别是设计说明（包含图例说明）、点位图、布线图、系统图和安装图。为方便教学和学习，把图例说明单列出来进行讲解。

图 4.2.3　插座点位图

注：所有安装于完成面上的设备
外观颜色均需要与设计师确认

符号	名称	规格型号	备注
	暗装单相插座	10 A，250 V（五孔）	暗装下底距地0.3 m
	电话插座		见饰图
	网络插座		见饰图
	电视信号插座		见饰图
	音频视频插座		见饰图
	户内多媒体总箱	带光网络单元	下底距地0.5 m
	照明配电箱	见系统图	暗装下底距地1.8 m

（1）设计说明。

设计说明是整套图纸的大纲和设计依据，它是图纸设计必不可少的一部分，它和系统图、布线图等图纸共同构成一个完整的设计图纸文件，如图4.2.4所示。

全屋智能家居设计说明

本设计为 四房两厅两卫一厨 户型，基于云平台的全屋智能家居系统设计。主要内容包括智能中控系统、电器影音系统、安防监控系统、安全监测系统和环境监控系统等内容。系统以物联网为基础架构，注重更多智能家居设备的互联互通，通过集成和应用软件开发实现真正的智慧家居管理。系统组网以WLAN和ZigBee无线为主，以便于日后更多智能家居设备的接入。

1、基本系统

(1)智能中控系统

智能网关作为全屋智能的本地控制中枢设备，需220 V供电，用于全屋智能设备的无线ZigBee组网。安装在客厅靠近过道的墙上，属于户型的中间位置，方便与四周的ZigBee通信。

智能语音面板安装在客厅，方便用户在客厅活动时，设备随时可以接收到用户的语音控制指令。当然，根据个人使用需要，用户也可以在卧室、书房等位置配置智能语音面板，满足语音控制的需求。

单键智能开关安装在玄关位置。单键无线开关摆放在主卧室床头柜上（可以随时移动）。单键智能开关实现业主夜间回家时开门后联动开启玄关照明灯的功能，解决了黑暗中摸索着找开关的麻烦。单键无线开关满足用户躺在床上，拿起开关就可以遥控照明灯和电控窗帘设备。

(2)电器影音系统

智能灯组安装在靠近客卫门口的过道区域，吸顶安装，老人和儿童起夜时，走到过道触发人体运动传感器联动开启过道智能灯组照明，延时结束后自动关闭智能灯组照明。

智能插座安装在男孩房，电视机机柜后面，功能是夜间到了休息时间，父母在主卧室直接使用手机App关闭电视取电插座，避免孩子熬夜看电视或使用电器。

红外遥控摆放在客厅电视机机柜上，代替传统的红外遥控器，用户使用手机App就可以控制客厅的电视、空调等设备。

(3)安防监控系统

智能门锁安装在入户门上，提供用户多种开门方式，指纹开锁、刷卡开锁、密码开锁和钥匙开锁。还具备门未锁好提醒、非法撬门报警、门状态查询和开门记录查询，开锁联动其他设备动作等功能。

门窗磁传感器安装在入户门上，检测门的状态，设置场景模式，当入户门打开后启动自动场景动作。

智能摄像头安装在入户门外，随时随地远程监视门外图像功能，视频录像保存查询功能和夜间滞留门口人员报警录像等功能。

(4)安全监测系统

天然气报警器安装在厨房，探测厨房内的燃气浓度，当浓度超过设备设定的值时，发出报警声音提醒家人，通过智能家居场景联动关闭燃气阀门。

智能阀门机械手固定在燃气管道上靠近一子阀位置，机械臂卡在阀门手柄上，当发生燃气泄漏报警后，自动关闭燃气管道阀门，切段气源。夜间休息或离家时，一键关闭阀门，杜绝燃气泄漏隐患。

无线紧急按钮安装在老人房床头摆放（可以随时移动），老人在紧急情况下按下按钮，根据设置好的联动模式进行报警或者信息推送。

(5)环境监控系统

人体运动传感器安装在走廊（过道），夜间19:00到凌晨5:00区间，检测到有人路过时，联动点亮过道灯，检测到无人时，延时亮灯30 s后自动关闭过道灯。

温湿度传感器安装在父母房物视柜摆放，监测父母房的温湿度，当室内温度高于30℃时。联动开启冷风扇插座设备，让环境保持最适宜居住的状态。

智能窗帘电机安装在主卧室窗户，周一到周五，每天早晨7点定时开启窗帘。每天晚上睡觉时，启动睡眠模式后，自动关闭主卧窗帘。

图 4.2.4　设计说明

（2）图例说明。

人们把图纸里各种样式符号统称为"图例"。图例通常包含在"设计说明"里，也有部分图纸图例设置在平面图旁边。图纸识图必须先从图例看起，这是最基本、也是最基础的识图开始。图例说明包括各种设备在平面图的设计样式，还有图例相对应的安装高度尺寸，如图 4.2.5 所示。

图例	名称	布线及安装
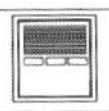	智能语音面板	预留L、N+86底盒
	智能网关	预留L、N+网线
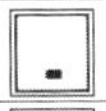	单键智能开关	预留L、N+86底盒
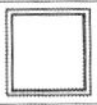	单键无线开关	电池供电
	智能摄像头	预留L、N+86底盒
	智能插座	留L、N+86底盒
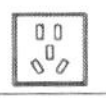	220 V普通插座	留L、N+86底盒
	智能窗帘电机	预留L、N
	人体运动传感器	电池供电
	门窗磁传感器	电池供电
	天然气报警器	预留L、N+86底盒
	智能门锁	电池供电
	无线路由器	交流 220 V转直流
	电动窗帘导轨	
	智能灯泡	预留L、N+86底盒
	智能阀门机械手	交流 220 V
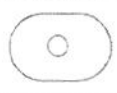	无线紧急按钮	电池供电
	温湿度传感器	电池供电
	红外遥控器	交流 220 V转直流

L—Live＝火线；N—Neutral＝零线；E—Earth＝地线＝GND。

图 4.2.5　图例说明

（3）点位图。

平面布置图（即点位图）是决定各种装置、设备的平面与空间的位置、安装方式及其相互关系的图纸，如图 4.2.6 所示。

（4）布线图。

布线图是规定各种装置、设备间连接线顺序、使用线缆规格以及走线方式的图纸，如图 4.2.7 所示。

图 4.2.6　点位图

图 4.2.7　布线图

（5）系统图。

智能家居系统图是用来表示智能家居系统中设备组成、各类元件之间相互连接关系、功能、作用和原理的图纸，主要用于指导设备安装施工和系统调试，如图 4.2.8 所示。

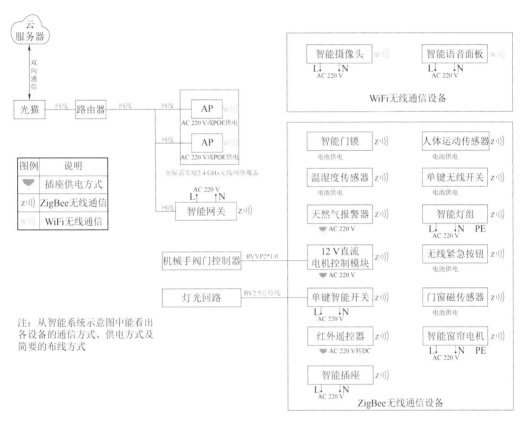

图 4.2.8　系统图

（6）安装图。

通过安装图，可以了解到每个设备的安装和接线方式，如图 4.2.9 所示。

4.2.2　知识链接

1. 规范图纸设计要求

CAD 绘图时，需要对图框、标题栏、图层的设置进行规范化工作。建议参考《电气工程 CAD 制图规则》（GB/T 18135—2008）。

在电气工程图纸中，采用的基本幅面有 5 种，即 A0、A1、A2、A3、A4，各种图幅的相应尺寸如表 4.2.4 所示。图幅分为横式幅面和立式幅面。

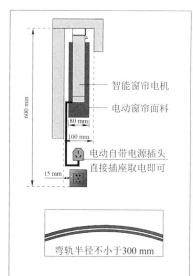

注：选用智能窗帘电机时，需要在窗帘盒一端墙上预留五孔插座，插座具体定位详见图中标注。特别提示，开合帘轨道长度最小0.9 m，最大12 m，轨道端部离窗帘盒需预留2 cm间隙，单轨和双轨窗帘盒最小预留宽度分别为100 mm和200 mm，最小弯轨半径为300 mm。

智能窗帘电机示意图

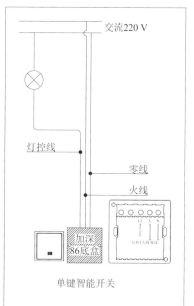

注：单键智能开关的预埋位置同精装开关点位图，需预埋70 mm深86底盒，以方便安装及继电器散热。开关面板需布零、火线及灯控线。

单键智能开关示意图

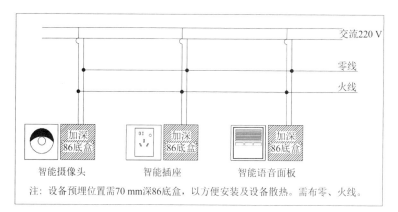

注：设备预埋位置需70 mm深86底盒，以方便安装及设备散热。需布零、火线。

其他智能设备示意图

图 4.2.9　安装图

表 4.2.4　标准图纸规格幅面尺寸

mm

幅面	A0	A1	A2	A3	A4
长	1 189	841	594	420	297
宽	841	594	420	297	210

另外，对图纸的字高及宽高比也有相关的要求，字高序列包括 1.8 mm、2.5 mm、3.5 mm、5 mm、7 mm、11 mm、14 mm 和 21 mm，一般尺寸用 3.5 mm。注释性文字采用 5 mm。标题栏字体根据表格的高度选择用 5 mm 或 7 mm。明细栏中的文字高度是 3.5 mm，宽高比固定用 0.667。

听到小徐的介绍，客户似懂非懂，小徐继续给客户做了更为详细的图纸规范合计介绍。

2. 图框要求

在电气工程图中，确定图框的尺寸有两个依据：一是图纸是否需要装订；二是图纸幅面的大小。需要装订时，装订的一边要留装订边，具体尺寸如表 4.2.5 所示，示例如图 4.2.10 所示。

表 4.2.5　图框尺寸　　　　　　　　　　　　　　　　　　　　　mm

幅面	A0	A1	A2	A3	A4
e	20			10	
c	10			5	
d	25				

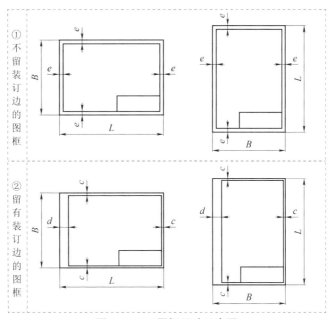

图 4.2.10　图框尺寸示意图

图纸内框线、外框线线宽要求：图纸的内框线根据不同的幅面、不同的输出设备宜采用不同的线宽，如表 4.2.6 所示。图纸的外框线均为 0.25 mm 的实线。

表 4.2.6　图框线粗细　　　　　　　　　　　　　　　　　　　　mm

幅面	绘图机类型	
	喷墨绘图机	笔试绘图机
A0, A1	1.0	0.7
A2, A3, A4	0.7	0.5

3. 比例要求

按比例制图，其比例选择应符合《技术制图比例》（GB/T 14690—1993），并在图中给出比例尺。

电气工程图中图形与实物相应要素的线性尺寸之比称为比例。需要按比例绘制图样时，应从表4.2.7（推荐比例）中所规定的系列中选取适当的比例。

表 4. 2. 7　图纸比例

类别	推荐比例		
放大比例	50：1	5：1	2：1
原值比例		1：1	
缩小比例	1：2	1：5	1：10
	1：20	1：50	1：100

对于同一张图样上的各个图形，原则上应采用相同的比例绘制，并在标题栏内的"比例"一栏中进行填写。比例符号用"："表示，如1：1或1：2等。当某个图形需要采用不同比例绘制时，可在视图名称的下方以分数的形式标注出该图形所采用的比例。

4. 字体要求

在AutoCAD 2000中文版以后的版本中，专为中国用户提供了符合国标要求的中西文字体。西文字体有两种，即斜体（gbeitc. shx）和直体（gbenor. shx）。中文字体名称为gbcbig. shx。其他字体是Windows提供的，也可以使用，但不符合国标要求，一般绘图时不使用。

如果需要使用Windows系统字体，建议汉字字体使用仿宋体，比如仿宋_GB2312；字母和数字使用仿宋_GB2312。

注意：如果小字体选择行文字字体（后缀为. shx），则汉字也需要用行文字大字体；字母和数字不必要追求是斜体，如图4.2.11所示。

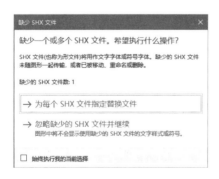 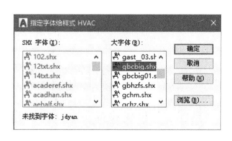

图 4. 2. 11　图纸字体设置

5. 标注要求

（1）尺寸延伸线自原点偏移的距离为1/5文字高度。

（2）箭头大小为3/4文字高度。

（3）文字与尺寸标注线的距离：A4 图纸为 0.5 mm；文字高度：A4 图纸为 1.5 mm。

（4）两尺寸标注间的距离为 2 倍文字高度。

（5）中心标注一定要画中心线。

6. 线型要求

（1）根据国标规定，电气工程图中常用的线型有实线、虚线、点画线、波浪线、双折线等。设备使用线条颜色为绿色。

（2）图线的宽度应根据图纸的大小和复杂程度，在下列数值中选择，即 0.18 mm、0.25 mm、0.35 mm、0.5 mm、0.7 mm、1 mm、1.4 mm 和 2 mm。

（3）在电气工程图中，图线一般只用两种宽度，分别是粗实线和细实线，其宽度之比为 2∶1。通常情况下，粗线的宽度采用 0.5 mm 或 0.7 mm，细线的宽度采用 0.25 mm 或 0.35 mm。

（4）在同一图纸中，同类图线的宽度应基本保持一致，虚线、点画线及双点画线的画长和间隔长度也应大致相等。

7. 图层要求

（1）关于 0 层。

0 层是默认层，不建议在 0 层画图。只在绘制图块时使用 0 层，插入哪个层块的属性就是哪个层，颜色是随层的。

（2）图层颜色。

不同的图层使用不同的颜色，有助于在颜色上明显地区别图层，方便打印时根据颜色设置线宽。

颜色根据打印时线宽的粗细来选择。线型设置越宽，该图层选用的颜色越亮（暖色）；反之，该图层的颜色就应该选用 8 号或类似较深（冷色）颜色。亮色显宽深色显窄，在屏幕上直观反映出线型的粗细。白色一般用于文字，图形不建议使用白色。

图形的颜色应与图层颜色一致，便于改图。为使图面更清晰、美观，主要图层颜色选用亮色，次要图层选用暗色。

任务 4.3　全屋智能方案设计

智能家居系统
设计—方案交付

学习型任务单	任务 4.3　全屋智能方案设计
1. 任务描述 设计师小徐告诉小陈，一个完整的全屋智能家居设计方案，首先应该阐述项目概况，明确本设计方案所依据的行业标准、图纸和用户要求。其次，需要对用户的功能需求进行详细分析。再次，在规范的设计原则和设计目标指导下，对方案的总体设计情况做出描述。然后，介绍本设计方案的整体组成情况，以及可以达到的预期效果。在介绍完以上内容后，按照功能不同，把方案划分为若干个子系统。把每个子系统设备的安装位置、技术参数和在本方案中实现的功能做出介绍。最后，介绍项目的施工工艺和完整的项目清单。 接下来就跟着小陈一起学习全屋智能方案设计吧。	

学习型任务单	任务4.3 全屋智能方案设计
2. 任务分析 本任务通过全屋智能方案设计，使学员掌握下列内容： （1）完整的智能家居方案包含哪些内容； （2）全屋智能家居方案各模块设计方法。	
3. 任务要求 （1）通过学习，掌握以下知识点： 进一步熟悉智能家居方案包含的内容。 （2）通过学习，掌握以下技能点： 能完成全屋智能方案设计。	
学习总结：	

4.3.1 操作方法与步骤

1. 项目概况

本方案的户型为四房二厅二卫一厨，包含厨房、餐厅、客厅、书房、主卧、男孩房、父母房、主卫、次卫和玄关，其中书房是开放式的。

2. 设计依据

（1）智能家居系统设计师要规范图纸，严格遵守建筑弱电安装工程施工及验收规范和所在地区的安装工艺标准以及当地有关部门的各项规定，这些相关行业的规定及规范主要如下：

① 《有线电视系统工程技术规范》；

② 《通信光缆的一般要求》；

③ 《民用闭路监视电视系统工程技术规范》；

④ 《建筑及建筑群综合布线系统工程设计规范》；

⑤ 《商用建筑线缆标准》；

⑥ 《智能建筑设计标准》；

⑦ 《30 MHz~1 GHz 声音和电视信号电缆分配系统》；

⑧ 《民用建筑电气设计规范》；

⑨ 《安全防范工程程序要求》；

⑩ 《家居布线标准》；

⑪《六类布线标准》；

⑫《建筑与建筑群综合布线系统工程设计规范》；

⑬《建筑与建筑群综合布线系统工程验收规范》；

⑭《民用建筑电气设计规范》；

⑮《商用建筑线缆标准》；

⑯《全国住宅小区智能化技术示范工程建设要点与技术导则》；

⑰《住宅小区安全技术防范综合报警服务系统设计导则》。

（2）施工人员要熟悉和审查图纸，包括学习图纸、了解图纸设计意图、掌握设计内容和技术条件，会审图纸后形成纪要，由业主、智能家居实施方、智能家居施工方共同签字，作为施工图的补充技术文件。核对装修公司与安装图纸之间有无矛盾和错误，明确各专业之间的配合关系。

3. 系统功能需求分析

详见本教材"项目4 任务4.1"，对客户需求做了详细的调查、分析和总结，并有针对性地提出了专业化建议方案。

4. 设计目标和原则

1）设计原则

本方案的设计原则基于以下几个要点并贯彻始终。

（1）实用性和先进性。

本智能家居系统按照智能建筑设计标准进行设计，系统的设置既强调先进性也注重实用性，以实现功能和经济的优化设计。

（2）标准化和结构化。

系统设计除依照国家有关标准外，还根据用户对系统的功能要求，做到系统的标准化、结构化和智能化，能综合体现出当今的先进技术。

（3）集成性和可扩展性。

系统设计遵循全面规划的原则，并有充分的余量，以适应将来功能扩展的需要。保证智能家居系统总体结构的先进性、合理性、可扩展性和兼容性。

（4）易维护性和经济性。

为了适应物联网技术发展的速度，必须充分考虑以最简单的方法、最低的投资实现系统的扩展和维护。

2）设计目标

（1）对家电设备的智能控制和集中管理目标。

受控设备包括室内照明设备、电源插座（包括连接插座上电器）设备、电视机顶盒设备等。控制方式包括语音控制、遥控控制、时序控制、传感器联动控制、集中控制和远程控制等。实现手段是通过智能家居系统提供的场景控制功能。

通过云平台和智能家居网关实现对室内电器、智能设备的状态查看、状态自动监测和集中管理功能。

（2）对安防、安全和环境智能监控目标。

通过智能门锁、门窗磁传感器、人体运动传感器、天然气报警器、智能阀门机械手、无线紧急按钮、智能摄像头等多种安防设备的组合满足用户对安防监控、环境监控、安全监

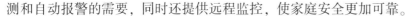

测和自动报警的需要，同时还提供远程监控，使家庭安全更加可靠。

（3）节能目标。

通过温湿度传感器实时采集室内环境的温、湿度数据，为空调、地暖等设备提供控制依据；智慧家庭内所有设备集成一个系统，实现信息共享，进行综合管理，其作用和效益是巨大的，要实现这些作用和效益，就必须实施优化，通过优化控制方案达到节能目的，这是一种"主动节能"方案，它有别于墙体结构、门窗形式和设置改造的"被动节能"。

5. 系统的总体结构和组成

1）方案的总体设计情况

（1）方案的总体设计说明。

①系统架构，如图4.3.1所示。

图 4.3.1　系统架构

②架构说明（ZigBee＋WiFi）。本设计方案采用了"ZigBee＋WiFi"的无线传输网络方案。其中，ZigBee属于窄带传输，负责传输设备的控制信号或状态值等数据；WiFi属于宽带传输，具有较高的传输速率，负责传输数据量较大的实时音频、视频数据。

本系统采用"智能硬件＋平台＋App"的模式实现终端、云端和人端三者的联通，布线采用有线＋无线的方式。

（2）该方案重点设计的区域。

入户门和外窗是家庭第一道防线，守护好入户门和外窗才能守护好家庭财产和家人生命的安全。

玄关是回家、离家必经区域。离家时一键关闭家庭电器、关闭燃气阀门、自来水阀门；回家时一键开启燃气阀门、自来水阀门、通道照明灯、客厅窗帘，充分发挥智能家居系统集中控制功能的优势。

过道是夜间儿童、老人去公共卫生间的必经之路，从安全和方便的角度考虑，实现人体感应自动开启过道照明灯，人离开后延时关闭照明灯的功能。

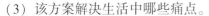

（3）该方案解决生活中哪些痛点。

该方案通过 5 个子系统的设计，解决了用户对电器智能控制（场景联动、语音控制）、家庭安全监测、老人健康监测、儿童用电安全监测和起夜照明的要求。

（4）该方案的技术特点。

该方案的技术特点是采用"有线+无线"的组网方案，作为智能家居系统"大脑"的智能网关通过网线接入家庭路由器，链接到 Internet 网络，设备通信稳定可靠。

传输数据量相对较小的传感器和控制开关采用无线 ZigBee 协议与智能网关通信，施工安装布线和维护简单，而且容易进行功能扩展。

传输数据量相对较大的智能摄像头和智能语音面板设备采用 WiFi 协议通过家里的无线路由器接入 Internet 网络，保障了数据的实时性和流畅性。

2）方案组成

本方案用到的设备包括无线 WiFi 全覆盖设备和智能家居设备。其中，智能家居设备根据功能不同，划分为智能中控设备、电器影音设备、安防监控设备、安全监测设备和环境监控设备。各种智能家居设备通过智能家居系统提供的场景管理功能，实现不同子系统设备间的互联互通，达到联动控制的目的。

3）系统建成后的预期效果和作用

该系统建设完成后，可以达到以下效果（不局限于以下功能，还可以扩展）。

（1）夜晚回家，指纹开启入户门锁，联动开启室内照明灯和电控窗帘。

（2）炎炎夏季或者寒冷冬季，回家前在手机 App 上提前开启空调，到家即享温暖舒适的室内环境。

（3）夜晚休息，担心男孩房电器使用安全，可以在主卧室使用手机 App 关闭男孩房电器插座，强制关闭男孩房照明灯，让孩子放心安全地早早休息。

（4）老人遇到突发情况，按下床头或身边桌子上的无线紧急按钮，第一时间把报警信息发送到子女的手机上。

（5）老人和孩子夜间起夜，下床后触发人体运动传感器，联动开启从卧室一直到公共卫生间的沿途照明灯，回到卧室后，照明灯自动关闭，继续睡眠。

（6）出门在外，家里没有人，可以在手机上远程监视家门口的视频图像，做到离家也放心。

（7）早晨上班，家中无人，出门前按下"离家模式"场景，一键关闭室内电器和照明，关闭燃气阀门，放心离家，安心工作。

（8）坐在客厅的沙发上，或者躺在卧室的床上，直接语音控制家里的电器，启动设定的智能家居场景控制功能。

（9）用户还可以根据自己个性化需要，编辑设定满足自己功能需求的场景。

6. 各子系统介绍

1）智能家居 App

App 是智能家居可移动化的管理和控制方式，它的出现大大改变了家庭的生活习惯，即使在异地，用户也可以轻松管理设备，实现全自动化，让我们的生活更智能化。在本项目中配置的智能家居 App 具备以下功能。

（1）信息反馈。将家中智能设备运行状态的各项数据实时反馈到手机 App 上，当出现异常情况时，可远程向手机 App 发送报警信息。

（2）安防监控。通过智能摄像实时监视屋内屋外的视频图像；通过门窗磁传感器监控夜间和离家时门窗意外开启情况；通过智能门锁实时监控入户门开启状态，实时接收非法开门报警信息。

（3）语音控制。用说话的方式给智能语音面板发出命令，达到控制电器、启动场景的目的。

（4）设备分享。授予指定用户特定设备的账号权限，实现家庭中其他成员分享管理。

（5）场景设置。可以自由编辑设定场景（手动场景、自动场景），让不同的设备联动工作，实现家居设备的智能化，主要包括定时、远程、联动、场景等，如定时关闭电视、打开门锁时玄关灯联动开启、一键开启"睡觉"模式等。

（6）红外控制家电。将室内电视、空调等使用红外遥控的设备虚拟遥控器集中放置到手机 App 上，在 App 上通过控制红外遥控器设备，间接实现遥控电视开关、调台、调音量；遥控空调开关、调温等操作，非常方便。

2）智能中控系统

（1）包含的设备。

智能网关、智能语音面板和智能开关（单键智能开关和单键无线开关）。

（2）设备技术指标。

在本教材"项目 2 任务 2.2 智能中控设备装调"内容中，对设备的技术参数做了详细的讲解。

（3）设备布置情况。

①智能网关安装在客厅靠近过道的墙上。

②智能语音面板安装在客厅。

③单键智能开关安装在玄关位置。单键无线开关摆放在主卧室床头柜上（可以随时移动）。

（4）主要实现功能。

①智能网关安装位置属于户型的中间位置，方便与四周的 ZigBee 设备通信。

②智能语音面板方便用户在客厅活动时，设备随时可以接收到用户的语音控制指令。当然，根据个人使用需要，用户也可以在卧室、书房等位置配置智能语音面板，满足语音控制的需求。

③单键智能开关实现业主夜间回家时开门后联动开启玄关照明灯的功能，免除黑暗中摸索着找开关的麻烦。单键无线开关满足用户躺在床上，拿起开关就可以遥控照明灯和电控窗帘设备的需要。

3）电器影音系统

（1）包含的设备。

智能灯组、智能插座和红外遥控器设备。

（2）设备技术指标。

在本教材"项目 2 任务 2.3 电器影音设备装调"内容中，对设备的技术参数做了详细的讲解。

（3）设备布置情况。

①智能灯组安装在靠近客卫门口的过道区域，吸顶安装。

②智能插座安装在男孩房，电视机机柜后面。

③红外遥控器摆放在客厅电视机机柜上。

（4）主要实现功能。

①智能灯组的功能是老人和孩子起夜时，走到过道触发人体运动传感器联动开启过道智能灯组照明，延时结束后自动关闭智能灯组照明。

②智能插座的功能是夜间到了休息时间，父母在主卧室直接使用手机 App 关闭电视机取电插座，避免孩子熬夜看电视或使用电器。

③红外遥控器的功能是代替传统的红外遥控器，用户使用手机 App 就可以控制客厅的电视、空调等设备。

4）安防监控系统

（1）包含的设备。

智能门锁、门窗磁传感器和智能摄像头设备。

（2）设备技术指标。

在本教材"项目 2 任务 2.4 安防监控设备装调"内容中，对设备的技术参数做了详细的讲解。

（3）设备布置情况。

①智能门锁安装在入户门上。

②门窗磁传感器安装在入户门上。

③智能摄像头安装在入户门外。

（4）主要实现功能。

①智能门锁的功能是提供用户多种开门方式，包括指纹开锁、刷卡开锁、密码开锁和钥匙开锁，还具备门未锁好提醒、非法撬门报警、门状态查询和开门记录查询、开锁联动其他设备动作等功能。

②门窗磁传感器的功能是检测门的状态，设置场景模式，当入户门打开后启动自动场景动作。

③智能摄像头的功能是随时随地远程监视门外图像、视频录像保存查询和夜间滞留门口人员报警录像等。

5）安全监测系统

（1）包含的设备。

天然气报警器、智能阀门机械手（12 V 直流电机控制模块+机械手阀门控制器）和无线紧急按钮设备。

（2）设备技术指标。

在本教材"项目 2 任务 2.5 安全监测设备装调"内容中，对设备的技术参数做了详细的讲解。

（3）设备布置情况。

①天然气报警器安装在厨房。

②智能阀门机械手固定在燃气管道上靠近一子阀位置，机械臂卡在阀门手柄上。

③无线紧急按钮安装在父母房床头（可以随时移动）。

（4）主要实现功能。

①天然气报警器的功能是探测厨房中的燃气浓度，当浓度超过设备设定的值时，发出报警声音提醒家人，通过智能家居场景联动关闭燃气阀门。

②智能阀门机械手的功能是当发生燃气泄漏报警后，自动关闭燃气管道阀门，切断气源。夜间休息或离家时，一键关闭阀门，杜绝燃气泄漏隐患。

③无线紧急按钮的功能是老人在紧急情况下按下按钮，根据设计好的联动模式进行报警或者信息推送。

6）环境监控系统

（1）包含的设备。

人体运动传感器、温湿度传感器和智能窗帘电机设备。

（2）设备技术指标。

在本教材"项目2 任务2.6 环境监控设备装调"内容中，对设备的技术参数做了详细的讲解。

（3）设备布置情况。

①人体运动传感器安装在走廊（过道）。

②温湿度传感器安装在父母房，一般在电视柜摆放。

③智能窗帘电机安装在主卧室窗户。

（4）主要实现功能。

①人体运动传感器的功能是夜间19:00到凌晨5:00区间，检测到有人路过时，联动点亮过道灯，检测到无人时，延时亮灯30 s后自动关闭过道灯。

②温湿度传感器的功能是监测父母房的温湿度，当室内温度高于30 ℃时，联动开启制冷风扇插座设备，让环境保持最适宜居住的状态。

③智能窗帘电机的功能是，周一到周五，每天早晨7点定时开启窗帘。每天晚上睡觉时，启动睡眠模式后，自动关闭主卧窗帘。

7. 工程施工要求

1）管路要求

（1）根据以下原则确定开槽路线：

①路线最短原则；

②不破坏原有强电原则；

③不破坏防水原则。

（2）确定开槽宽度：根据信号线的多少确定PVC管的多少，进而确定槽的宽度。

（3）确定开槽深度：若选用16 mm的PVC管，则开槽深度为21 mm；若选用21 mm的PVC管，则开槽深度为25 mm。

（4）线槽外观要求：横平竖直，大小均匀。

（5）线槽的测量：暗盒、槽独立计算，所有线槽按开槽起点到线槽终点测量，线槽宽度如果放两根以上的管，应按2倍以上计算长度。

2）布线要求

全屋无线智能家居弱电布线的施工通称为智能布线。在进行智能布线施工时，作为施工方，应该按照什么样的布线准则来操作呢？智能布线施工时应该注意什么问题呢？

（1）点位确定的依据。根据智能家居布线图，结合墙上的点位示意图，用铅笔、直尺或墨斗将各点位处的暗盒位置标注出来。

（2）暗盒高度的确定。除特殊要求外，暗盒的高度与原强电插座一致。若有多个暗盒在一起，暗盒之间的距离至少为 11 mm。

3）布线要点

（1）应根据用电设备位置，确定管线走向、标高及开关、插座的位置。

①电源插座间距不大于 3 m，距门道不超过 1.5 m，距地面 30 cm。

②所有插座距地高度 30 cm，开关安装距地 1.2~1.4 m，距门框 0.15~0.2 m。

（2）电源线配线时，所用导线截面积应满足用电设备的最大输出功率要求。

（3）暗盒接线头留长 30 cm，所有线路应贴上标签，并标明类型、规格、日期和工程负责人。

（4）穿线管与暗盒连接处，暗盒不许切割，须打开原有管孔，将穿线管穿出。穿线管在暗盒中保留 5 mm。

（5）暗线敷设必须配管。

（6）同一回路电线应穿入同一根管内，但管内总根数不应超过 4 根。

（7）电源线与通信线不得穿入同一根管内。

（8）电源线及插座与电视线、网络线、音/视频线及插座的水平间距不应小于 501 mm。

（9）穿入配管导线的接头应设在接线盒内，接头搭接应牢固，绝缘带包缠应均匀紧密。

（10）连接开关、螺口灯具导线时，相线应先接开关，开关引出的相线应接在灯中心的端子上，零线应接在螺纹的端子上。

（11）厨房、卫生间应安装防溅插座，开关宜安装在门外开启侧的墙体上。

（12）线管均采取地面直接布管方式，如有特殊情况需要绕墙或走顶时，必须事先在协议上注明不规范施工或填写《客户认可单》方可施工。

4）封槽抹灰

（1）固定暗盒。除厨房、卫生间暗盒要凸出墙面 21 mm 外，其他暗盒与墙面要求齐平。几个暗盒在一起时要求在同一水平线上。

（2）固定 PVC 管。

①地面 PVC 管要求每间隔 1 m 必须固定。

②槽 PVC 管要求每间隔 2 m 必须固定。

③墙槽 PVC 管要求每间隔 1 m 必须固定。

（3）封槽。封槽后的墙面、地面不得高于所在平面。

（4）清扫施工现场。封槽结束后，清运垃圾，打扫施工现场。

8. 设备清单（来自前文清单设计）

详见"项目 4 任务 4.1"中的"设备报价清单"，模板如表 4.3.1 所示。

表 4.3.1　设备报价清单模板

序号	子系统名称	设备名称	品牌	型号	数量	单价	总价
1							

续表

序号	子系统名称	设备名称	品牌	型号	数量	单价	总价
2							
3							
4							
5							
6							
A	设备费用合计						
B	安装调试费	15%					
C	费用总计	= A+B					

4.3.2 知识链接

1. 施工组织设计与施工方案

1）施工组织设计介绍

施工组织设计是指导一个拟建工程进行施工准备和组织施工的基本技术经济文件，它用于对拟建工程（单项工程或单位工程）的施工准备工作和施工过程，在人力和物力、时间和空间、技术和组织上做出一个全面而合理，符合好、快、省、安全要求的计划安排。

2）施工方案介绍

施工方案是单位工程或分部（分项）工程中施工方法的分析，是对施工实施过程所耗用的劳动力、材料、机械、费用以及工期等在合理组织的条件下，进行技术经济的分析。力求采用新技术，从中选择最优施工方法也即最优方案。

对于工程项目中一些施工难点和关键分部、分项工程，会编制专门的施工方案。因此，施工方案有包含在施工组织设计里和独立编制两种形式。

2. 施工组织设计与施工方案的关系

1）整体和局部的关系

施工方案和施工组织密不可分，两者均是施工组织设计中必不可少的一部分。缺少了施工方案的施工组织设计只剩下空洞的外壳，不具备项目管理规划和实施的作用。而脱离了施工组织设计的施工方案，也是不切实际的技术文件，无法指导施工。

2）指导与被指导的关系

施工组织设计确定了该工程项目的总体施工思想和全局部署，施工方案只是针对局部工程或分部分项工程而编制的。施工方案必须在施工组织设计的总体规划和全局部署下进行。如果说施工方案是目，则施工组织设计就是纲。施工方案始终是在施工组织设计的指导下进行编制和实施的。

3. 施工组织设计与施工方案的区别

1）编制目的不同

（1）施工组织设计是一个工程的战略部署，是对工程全局全面的纲领性文件。要求具有科学性和指导性，突出"组织"二字，对施工中的人力、物力的选用方法，时间与空间的布置等各方面给予周密的安排。它是宏观的管理性文件，它是依据合同、设计图纸以及各类规范、标准、规定和文件来编制的，具有指导性。它是根据质量目标的要求、业主的实际要求以及设计的要求来选择、明确施工方法的。

（2）施工方案是依据施工组织设计关于某一分项工程的施工方法而编制的具体的施工工艺。它将对此分项工程的材料、机具、人员、工艺进行详细部署，保证质量要求和安全文明施工要求。它应该具有可行性、针对性，符合施工及验收规范。

2）编制内容不同

（1）施工组织设计编制的对象是工程整体，可以是一个建设项目或建筑群，也可以是一个单位工程。它所包含的文件内容广泛，涉及工程施工的各个方面。从项目机构安排、施工方案选择，合理安排施工顺序和进度计划，有效选用施工场地，优化配置和节约使用人力、物力、财力、技术等生产要素，协调各方面的工作，施工有计划、有节奏，能够保证质量、进度、安全，取得良好的经济效益、社会效益和环境效益。

（2）施工方案编制的对象通常指的是分部、分项工程。它是指导具体的一个分部、分项工程施工的实施过程。其编制内容通常包括该工程概况、施工中的难点及重点分析、施工方法的选用比较、具体的施工方法和质量、安全控制以及成品保护等方面的内容。

3）侧重点不同

（1）施工组织设计侧重决策。决策讲究高屋建瓴，遇事具有前瞻性，强调全局规划。

（2）施工方案侧重实施。实施讲究可操作性，强调通俗易懂，便于局部具体的施工指导。

4）出发点不同

（1）施工组织设计从项目决策层的角度出发，是决策者意志的文件化反映。它更多反映的是方案确定的原则，如何通过多方案对比确定施工方法。

（2）施工方案从项目管理层的角度出发，是对施工方法的细化，它反映的是如何实施、如何保证质量、如何控制安全。技术交底从操作层的角度出发，反映的是操作的细节。

项目 5

物联网开发板

素养进课堂

【芯人物】王博

——换道 3 次"挑战"自我 期待可重构计算打磨中国"芯"天地

王博，清微智能创始人，北京邮电大学计算机通信专业硕士。2018 年，带领清华大学可重构计算团队创办北京清微智能科技有限公司，以团队 10 多年的技术积累为基础，一年时间实现超低功耗智能语音芯片和多模态智能计算芯片量产，出货量上千万。此前，曾出任另一家人工智能公司 CTO，在人脸识别技术上填补国家空白，以完整的产品和解决方案实现公司年产值数亿元，带领公司实现 A 股上市。

王博毕业后"换道"3 次的 3 份工作基本都是从头学起，可以说没有一件事是容易的，因为所有困难分散在每天当中，每天都是在面对困难、解决困难中"活"过来的。

人生中的第一次挑战，在进入导师公司进行研发时是一个"空白期"，当时只有思科等国际大厂，国内的华为、锐捷等公司刚着手开发。面临未知困难，王博却毅然决然地选择这一条荆棘之路。在攻克困难的过程中，王博也接触到了大量不同架构的芯片，对底层架构有了深度的了解。而公司开发的产品由于性能出色，在市场上也颇受欢迎。

然而，王博在 5 年后选择了新的赛道，进入汉柏科技，从而跨入了云计算领域，乃至后期与 AI 结缘。这又相当于从零开始，是王博人生的第二次挑战。王博以合伙人兼 CTO 的身份加入汉柏科技，从网络安全、交换机开始，一步步延伸，逐渐转向云计算数据中心解决方案，并先后将服务器、防火墙、虚拟化软件等相关软、硬件都涵盖在云体系中，而这基本又开了业界的先河。在公司搭建私有云的过程中，很多落地方案都要接地气。在这一过程中，也产生了新的业务契机，汉柏在 2015 年开始与陈永川院士建立联合实验室，孵化人脸识别算法，虽然当时还不成熟，但已判定 AI 有很强的应用场景，尽管面临重重困难，仍决定放手一搏。王博也因此深入接触到人脸识别相关的 AI 算法，在算法层面构建了知识框架，企业也取得了年产值数亿元的成绩，并在 2016 年被某上市公司并购。

似乎可以功成身退的王博这时又做出了一个大胆的决定，出任清微智能联合创始人兼CEO。作为王博的第三战场，清微智能的发展正在稳步向前。清微智能采用的可重构计算（CGRA）是一种新型的芯片架构技术，从 2015 年开始在国际上引起广泛关注，《国际半导体技术路线图》（ITRS 报告）将其视为未来最具前景的计算架构方向。2017 年美国国防部高级研究计划局（DARPA）发起了"电子复兴计划"，重点支持的正是"运行时快速重构"的硬

230

件架构研究。中国不仅在时间上提前布局了 10 年，而且在关键性的技术指标上业已领先。

——来源：《芯人物——致中国强芯路上的奋斗者》系列报道

项目情境	物联网开发板是一种集成多功能芯片和电子器件的电路板，开发板具有输入输出，可以通过通信网络实现和物联云平台的连接，因此产品开发初期一般会选用物联网开发板进行功能测试。为了让小陈更好地了解智能家居产品，公司让他到研发部继续实习。李经理具有多年的智能家居开发经验，希望小陈从基础开始学起。循序渐进地阅读开发板资料、安装计算机上编译软件环境和开发板的上电测试，逐步掌握开发板的基础使用。 　现在就和小陈一起来学习物联网设备开发的过程吧。
知识目标	<ul><li>了解物联网开发板的软件组成；</li><li>了解物联网开发板的硬件组成；</li><li>了解物联网开发板的工作原理。</li></ul>
技能目标	<ul><li>能正确部署开发板的软件环境；</li><li>能正确对开发板进行固件安装；</li><li>能正确实现物联网开发板的调试。</li></ul>

任务 5.1　物联网开发板初识

学习型任务单	任务 5.1　物联网开发板初识
1. 任务描述 　李经理在工作开始前发给小陈一块物联网开发板，说道："这个开发板采用的是目前流行的 ARM 32 位芯片，经过对比芯片公司的能力、产品成本、供货周期和开发资源等因素，很适合用于智能家居产品的功能设计。这里有一些参考材料，你先看一下吧。" 　接下来就跟着小陈一起开始学习物联网开发板的相关知识吧。	
2. 任务分析 通过本任务的学习，使学员掌握以下内容： （1）熟悉物联网开发板的基本功能和作用； （2）熟悉物联网开发板的软、硬件组成。	
3. 任务要求 （1）通过学习，掌握以下知识点： 物联网开发板的基本功能和作用原理。 （2）通过学习，掌握以下技能点： 能对物联网开发板进行自主开发。	
学习总结： 	

5.1.1 操作方法与步骤

1. 准备工作

为完成本任务需要做软、硬件环境准备工作，软、硬件清单如图 5.1.1 所示。

联网的计算机　　　　物联网开发板　　　　Micro USB线　　　　相关软件

图 5.1.1 软、硬件清单

2. 认识 Everylinked IoT 开发板

1）查看 MCU 芯片介绍

STM32L476VGT6 是一款超低功耗 STM32 L4 系列 32 位微控制器，基于高性能 ARM Cortex-M4 RISC 内核，工作频率高达 80 MHz。Cortex-M4 内核具有单精度浮点运算单元（FPU），支持所有 ARM 单精度数据处理指令与数据类型。它还允许执行全套 DSP 指令，以及包含一个用于增强应用安全性的内存保护单元（MPU）。该器件集成了高速嵌入式存储器（闪存高达 1 024 KB，SRAM 高达 128 KB），灵活的外部存储器控制器（FSMC）用于静态存储器。具有四 SPI 闪存接口，以及多种增强型 I/O 和外设，连接到两条 APB 总线，两条 AHB 总线和 32 位多 AHB 总线阵列。该器件具有多种嵌入式保护机制，用于闪存和 SRAM 的读出保护、写入保护等功能。

硬件特征如下。

（1）最大时钟频率：80 MHz。

（2）程序存储器 Flash：1 MB。

（3）静态内存（SRAM）：128 KB。

（4）指令吞吐能力：1.25 DMIPS/MHz（Drystone 2.1）。

（5）晶振：内部集成多种晶体振荡器和锁相环（PLL）。

（6）实时时钟（RTC）：带有日历、警报以及校准功能。

（7）LCD 驱动器：用于 8×40 或 4×44 段。

（8）21 个电容式传感通道：支持触摸键和直列式与旋转式触摸传感器。

（9）定时器：多个通用定时器和特殊定时器，如看门狗定时器、SysTick 定时器。

（10）4 个数字滤波器：用于 Σ-Δ 调制器。

（11）丰富的接口：USB OTG 2.0、USART、I^2C、SPI、SAI、CAN、SWPMI、SDMMC。

（12）14 通道 DMA 控制器。

（13）随机数发生器。

（14）CRC 计算单元，96 位唯一 ID。

芯片内部结构如图 5.1.2 所示。

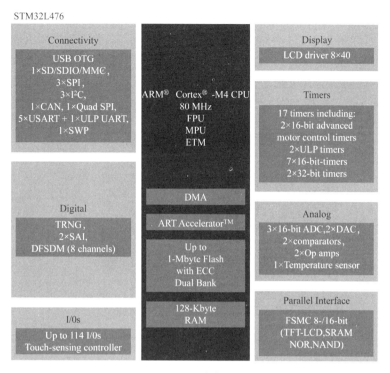

图 5.1.2　芯片内部结构

管脚基本定义如图 5.1.3 所示。

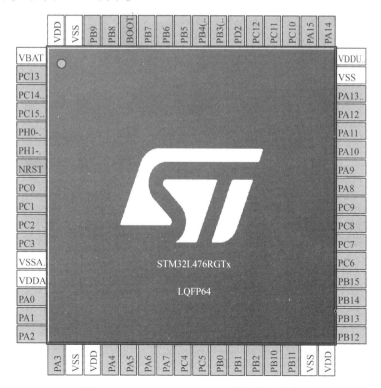

图 5.1.3　STM32L476VGT6 管脚基本定义

2）查看 Everylinked IoT 开发板介绍

Everylinked IoT 开发板是基于 STM32L476VGT6 设计的高性能物联网开发板，支持物联网操作系统 AliOS。通过"MCU+WiFi"方式快速接入阿里物联网平台，可用于物联网产品开发者评估、物联网初学者快速上手、物联网从业者参考设计物联网产品等。图 5.1.4 所示为 Everylinked IoT 开发板实物。

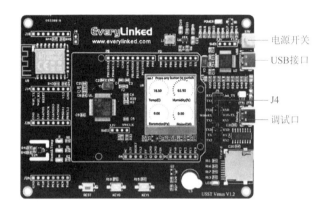

图 5.1.4　Everylinked IoT 开发板实物

Everylinked IoT 开发板主要特征如下。

（1）MCU：STM32L4X 低功耗 Cortex−M4 内核 80 MHz。

（2）内存：1 MB Flash，128 KB SRAM。

（3）下载器：板载 ST-Link2.1 仿真下载器。

（4）USB：2 个 USB 口，即一个 USB 下载器端口，一个 USB 调试端口。

（5）传感器：板载温湿度传感器。

（6）按键：1 个复位键，2 个用户按键。

（7）LED：3 个 LED，分别为红色、绿色和蓝色。

（8）LCD：1.3 英寸 TFT，240×240 像素。

（9）WiFi 模块：支持 802.11 b/g/n。

（10）MicroSD 卡：支持 32 GB。

（11）系统：AliOS Things。

（12）IO 扩展：标准 Ardunio 扩展口。

（13）传感器扩展：支持 I^2C、SPI、USART、GPIO 传感器类型。

3）查看原理框图

系统由 USB 接口提供的 5 V 电源供电，经过 DC-DC 降压至 3.3 V 给系统其他器件供电。主板 MCU 由板载 ST-Link 仿真器芯片 STM32F103 提供 8 MHz 工作晶振，外部按键连接至 MCU 的 IO 口，温湿度传感器连接在 MCU 的 I^2C2 接口上。开发板带有 1.3 英寸 240×240 分辨率的彩色 LCD，通过 SPI2 接口连接。WiFi 模块采用的是 ESP8266 芯片方案，与 MCU 通过 UART 接口通信，天线使用板载 WiFi 天线，电路原理框图如图 5.1.5 所示。

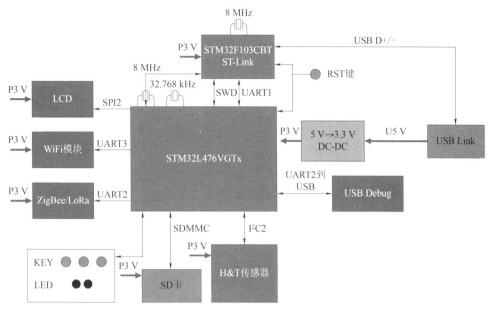

图 5.1.5　电路原理框图

4）查看 Everylinked IoT 开发板的基本功能

Everylinked IoT 开发板的基本功能是选择和评估开发板的重要内容之一，该开发板提供的基本功能包括以下几个。

（1）支持物联网操作系统 AliOS，能够快速接入阿里物联网平台，实现设备物联网化。

（2）支持 MQTT 传输协议，可以直接调用相关函数，实现设备和平台数据衔接。

（3）支持 WiFi 联网方式，适用于各种 WiFi 连接到互联网场景。

（4）支持设备端数据显示功能，方便设备和客户之间的交互。

（5）板载 ST-Link 仿真下载器，可直接进行仿真和程序下载，只需一根 USB 线就可以进行设备开发。

（6）提供标准的 Arduino 扩展接口，接入扩展板就可以进行功能拓展。

（7）提供传感器扩展接口，如 SPI、USART、GPIO、I²C 接口，可以和不同接口的传感器相匹配，可以灵活接入各种不同的传感器。

（8）提供 WiFi 扩展口，可以支持其他不同 WiFi 模块的接入。

（9）支持 SD 卡，方便数据的设备端保存。

（10）开发板上提供了温湿度、LED、蜂鸣器等器件，并提供了物联网全栈连接方式的例程，方便用户参考。

5）查看 Everylinked IoT 开发板的软件资源

Everylinked IoT 开发板的软件资源可以分为开源程序和调试软件两部分，开源程序相当于开发板的源代码，调试软件在计算机上搭建了开发板使用环境。

Everylinked IoT 开发板提供开源程序，程序可以在 www.everylinked.com 网站免费下载。同时开发板支持 AliOS Things 开源代码，AliOS Things 开源代码可以在 https://github.com/alibaba/AliOS-Things 处下载。

Everylinked IoT 开发板的调试软件主要有 ST-Link 仿真驱动、USB Debug 驱动、编译环境和串口调试助手等程序，程序也可在 www.everylinked.com 网站免费下载。

按照上面的介绍，小陈已经非常清楚地知道了这块开发板能够干什么、能够做哪些事，对于刚刚接触物联网的小陈来讲，这些功能已经足够满足他的需求了。

5.1.2　知识链接

几款常见的物联网入门开发板介绍如下。

1. Arduino

Arduino 是源自意大利的一款便捷灵活、方便上手的开源电子平台，拥有大量的学习和使用者。Arduino 包含硬件（Arduino 开发板如图 5.1.6 所示）和软件（Arduino IDE）两部分。

图 5.1.6　Arduino 开发板

（1）硬件部分一般都由不同性能的微控制器 MCU、闪存 Flash、可编程的通用输入输出引脚 GPIO、电源及接口等组成。

（2）软件部分则主要由 PC 端的 Arduino IDE 、板级支持包 BSP 以及可以拓展的第三方函数库组成。用户只要利用 IDE 中配置好的开发板和硬件驱动 BSP 包，简单调用开源的各种函数库，编译后下载就可以实现功能丰富的各种硬件功能。

（3）Arduino 目前已经衍生出了多种功能的开发板，如 Arduino Uno、Arduino Nano、ArduinoYún 等。Arduino 为了增加包容性，目前不仅支持 Arduino 系列开发板，还以引入 BSP 的方式增加了对更多第三方开发板的支持，如对 NodeMCU、Sparkfun 系列、Adafruit 系列等开发板的支持。

Arduino Uno 开发板非常常见，这里的"Uno"是意大利语"一"的意思，它被选为 Arduino IDE 1.0 的发布。Uno 板和 Arduino IDE 1.0 版本是 Arduino 的最初版本。Arduino Uno 开发板是基于 ATmega328P 芯片的开发板。它有 14 个数字输入输出引脚、6 个模拟输入脚、16 MHz 晶振、USB 连接、电源插孔、ICSP 接头和复位按钮。只需使用 USB 线将其连接到计算机，就可以使用。Uno 板是 USB Arduino 系列板中的第一块板，也是 Arduino 平台的参考模型。

Arduino 配有各种传感器模块和执行器模块，也可以搭配专门的防护装置来拓展更多的功能。配套的各种传感器能够感知环境，获取各种环境数据，如温度、湿度、压力、加速度值等，也可控制 LED 灯、电动机、继电器和其他的执行器。

由于其使用简单、编程方便，并且拥有丰富的第三方函数库支持，目前已经成为电子开源硬件的入门首选平台。

2. 树莓派

树莓派由注册于英国的慈善组织"Raspberry Pi"基金会开发，埃·厄普顿为项目带头人。这一基金会的目标是普及和提升计算机科学及相关学科的教育，以计算机变得有趣为宗旨，并期望开发出一款价格低廉，能够在发展中国家普及的微型计算机。2012 年 3 月，英国剑桥大学正式发售世界上最小的台式机，这就是 Raspberry Pi 计算机板，中文译名"树莓派"。外形只有信用卡大小，却具有计算机的所有基本功能。树莓派可以连接电视、显示器、键盘、鼠标等外部设备，也能替代日常桌面计算机的多种用途，包括文字处理、电子表格、媒体中心甚至游戏。

树莓派从早期发行的 A 型和 B 型板，经过了多次迭代升级，这些版本有树莓派 2、树莓派 2B、树莓派 3B、树莓派 4B，直到目前最新的树莓派 4B 8GB RAM 版。

树莓派是一款基于 ARM 的微型计算机主板，支持多种 Linux 操作系统。目前最新硬件配置为：主芯片采用博通公司的 BCM2711ARM，CPU 为 64 位 1.5 GHz 四核，配备蓝牙 5.0，自带 GPU 为 500 MHz VideoCore V1，支持 1~4 GB 的 DDR4 内存，具备双 Micro HDMI 影像输出端口，支持双通道 MIPI CSI 摄像头端口，支持 2 通道 MIPI DSI 显示端口，支持 4 KB、60 Hz 的显示屏，2 个 USB3.0 的端口和 2 个 USB2.0 的端口，支持千兆以太网，自带 WiFi 功能，支持 USB Type-C 的电源接口，具备 H.265、H.264 等视频编解码功能，支持 OpenGL ES 3.0 图形。树莓派开发板如图 5.1.7 所示。

图 5.1.7　树莓派开发板

5.1.3 思考与练习

(1) 物联网开发板有哪些物联网方面的功能?

(2) 物联网开发板的选型要考虑哪些因素?

任务 5.2 物联网开发板安装

学习型任务单	任务 5.2 物联网开发板安装
1. 任务描述 　　小陈经过物联网开发板参考材料的学习后,想要进一步学习开发板的使用。李经理这时拿出一台手提电脑说:"为了能正常使用物联网开发板,我们还有一些准备工作要做。"说着就和小陈一起打开了电脑。 　　下面就跟着小陈看看具体有哪些准备工作吧。	
2. 任务分析 通过本任务的学习,使学员掌握以下内容: (1) 物联网开发板的仿真器驱动安装原理; (2) 物联网开发板的串口驱动安装原理。	
3. 任务要求 (1) 通过学习,掌握以下知识点: ● 熟悉物联网开发板的仿真器驱动; ● 熟悉物联网开发板的串口驱动安装。 (2) 通过学习,掌握以下技能点: 能对物联网开发板的串口安装驱动并掌握其调试方法。	
学习总结:	

5.2.1 操作方法与步骤

1. 准备工作

为完成本任务,需要做软、硬件环境准备工作,软、硬件清单如图 5.2.1 所示。

图 5.2.1　软、硬件清单

2. 安装板载 ST-Link 仿真器驱动

使用跳线帽将 J4 的 TX3 和 WiFi-RX 短路、RX3 和 WiFi-TX 短路。将 USB 线的一端插入计算机的 USB 口，另一端插入开发板的 USB 口，按下开发板上的电源开关键，为开发板通电。此时打开计算机上的设备管理器页面，可以看到新发现设备旁边的感叹号，如图 5.2.2 所示，说明该设备驱动未自动安装成功，需要在计算机端主动安装开发板的驱动程序。

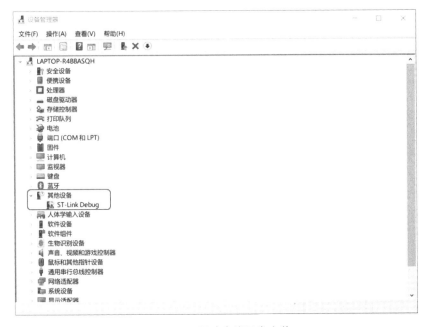

图 5.2.2　驱动未能正常安装

1）下载 ST-Link 驱动

在 Everylinked 网站下载 ST-Link 驱动，驱动包清单如图 5.2.3 所示。

2）启动安装程序 dpinst_amd64.exe

该驱动程序支持 32 位和 64 位的计算机操作系统。32 位的计算机操作系统运行 dpinst_x86.exe 程序；64 位的计算机操作系统运行 dpinst_amd64.exe 程序。程序启动后，界面如图 5.2.4 所示。

名称

amd64

x86

dpinst_amd64.exe

dpinst_x86.exe

readme.txt

stlink_dbg_winusb.inf

stlink_VCP.inf

stlink_winusb_install.bat

stlink_winusb_uninstall.bat

stlinkdbgwinusb_x64.cat

stlinkdbgwinusb_x86.cat

stlinkvcp_x64.cat

stlinkvcp_x86.cat

图 5.2.3　ST-Link 驱动包

图 5.2.4　安装 ST-Link 驱动

单击"下一步"按钮继续安装操作，就会看到图 5.2.5 所示对话框界面。

图 5.2.5　安装 ST-Link 驱动确认数字签名

在图 5.2.5 所示界面，勾选"始终信任来自"STMICROELECTRONICS（GRENOBLE 2）SAS"的软件（A）。"复选框，单击"安装"按钮。待开发板驱动程序安装完成后出现安装成功界面，如图 5.2.6 所示，单击"完成"按钮，结束安装。

图 5.2.6　安装 ST-Link 驱动成功界面

3）查看安装结果

驱动程序安装成功后，打开计算机设备管理器，界面如图 5.2.7 所示，在"端口"设备列表中出现正常安装的"STMicroelectronics STLink Virtual COM Port"设备，在"通用串行总线设备"列表中出现正常安装的"ST-Link Debug"设备。

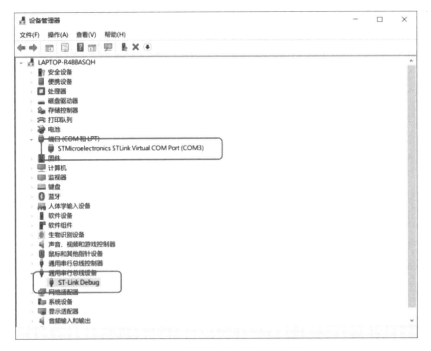

图 5.2.7　计算机设备管理器界面

3. 安装 USB Debug 驱动

USB Debug 接口是一个 USB 转串口的功能模块，该模块集成在开发板主板上。在后续调试 WiFi 模块或外部扩展模块时，需要用到 USB Debug 模块。使用 USB Debug 接口前，需要先在计算机上安装它的驱动程序。

1）下载 CH340 驱动

可以在 www. everylinked. com 网站下载 CH340 驱动程序 ch341ser. exe。

2）启动安装程序 ch341ser. exe

该驱动程序兼容计算机 32 位和 64 位的操作系统。执行安装程序后的界面如图 5.2.8 所示。

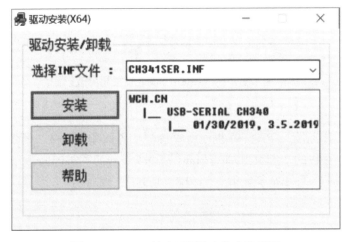

图 5.2.8　USB 转串口驱动安装启动界面

单击"安装"按钮，出现图 5.2.9 所示界面，表示 USB Debug 驱动程序安装成功。

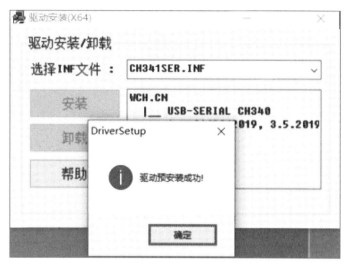

图 5.2.9　USB 转串口设备驱动程序安装成功

3）查看安装结果

首先，要用跳线帽将 J4 的 TXD 和 WiFi-RX 短路、RXD 和 WiFi-TX 短路。然后，连接 USB 线，将 USB 线的一端插入计算机的 USB 口，另一端插入开发板的 Debug 口。最后，按下开发板上的电源开关，为开发板通电。

打开计算机设备管理器，如图 5.2.10 所示，在"端口"设备列表中出现正常安装的 "USB-SERIAL CH340"设备，表示驱动程序安装成功。

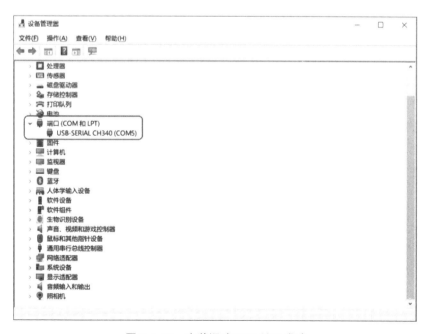

图 5.2.10　安装调试 USB 端口成功

4. 串口助手软件安装测试

串口助手是一款使用非常广泛的调试软件，如果在 Internet 网络上搜索关键字 "串口助手"，会搜索到很多免费使用的串口助手软件。串口助手可以作为人机交互工具，也可以用来查看设备的运行情况及设备信息等。在这里使用 "QCOM_V1.6 串口助手" 软件，该软件会协助我们在后续工作中完成各种测试任务。软件安装步骤如下。

1）软件下载

软件下载网址为 www.everylinked.com，下载后直接启动程序，串口助手界面如图 5.2.11 所示。

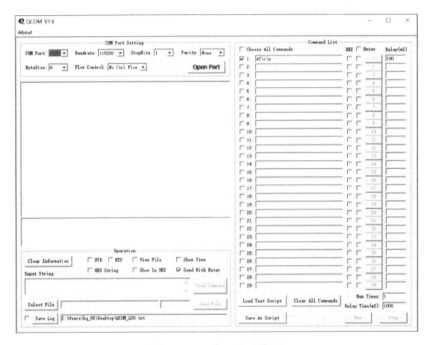

图 5.2.11　串口助手界面

2）打开端口

首先，将开发板断电。使用跳线帽将开发板上 J4 的 TX3 和 WiFi-RX 短路、RX3 和 WiFi-TX 短路。然后，将 USB 线的一端插入计算机的 USB 口，另一端插入开发板的 USB 口。最后，按下开发板电源开关键，为开发板通电。

如图 5.2.12 所示，使用默认串口通信波特率（Baudrate）"115200"，停止位（Stop-Bits）为 1，奇偶校验（Parity）为 None，数据字节（ByteSize）为 8 位，不需要硬件控制流（即 "Flow Control" 项选择 "No Ctrl Flow"）。

串口助手软件会自动识别开发板设备使用的串口号，选择正确的串口号后，可单击串口助手软件界面的 "Open Port" 按钮，即打开该串口。成功打开串口后，软件界面文字栏显示 "Open COM Port Success" 成功字样。

注意：在不使用串口或更换硬件串口时，需要单击串口助手软件界面的 "Close Port" 按钮关闭该串口，目的是防止软件出现问题，或在端口打开的状态下，影响其他使用该串口的软件正常工作。

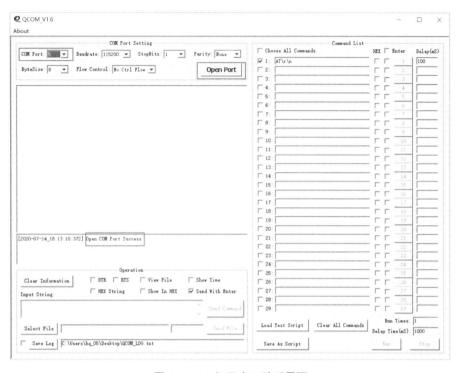

图 5.2.12 打开串口助手界面

5. WiFi 模块测试

物联网开发板的 WiFi 功能是通过开发板上集成的 WiFi 模块实现的，当开发板验证 WiFi 功能时，首先需要验证 WiFi 模块是否能正常工作。

1）连接 Debug 接口

测试 WiFi 模块功能之前，首先将开发板断电。接着使用跳线帽将 J4 的 TXD 和 WiFi-RX 短路、RXD 和 WiFi-TX 短路。然后，使用 USB 线将开发板和计算机连接，开发板端连接调试口。最后，按下开发板电源开关键，为开发板通电，如图 5.2.13 所示。

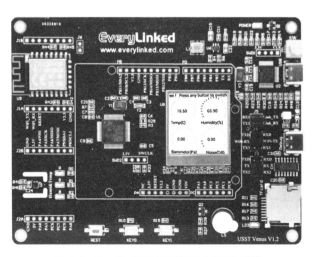

图 5.2.13 连接调试口并测试 WiFi 模块

2）打开串口助手并发送指令

打开串口助手软件，在"Input String"（串口指令输入窗口）中输入 AT，单击"Send Command"（指令发送）按钮，如图 5.2.14 所示。如果在信息输出文本框内有返回值 OK，说明 WiFi 模块通信正常。

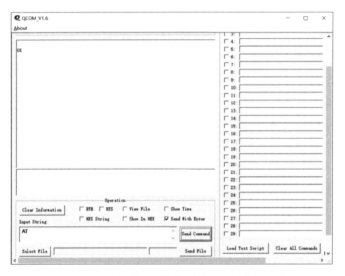

图 5.2.14　发送 AT 指令测试 WiFi 模块通信

3）WiFi 模块直接连接网络测试

在"Input String"内输入指令"AT+CWJAP = "wifiname","wificode""，选中软件界面的"Send With Enter"复选框，单击"Send Command"按钮，即可发送 WiFi 名称和密码到开发板设备。

串口助手软件与开发板在正常通信情况下，其信息输出文本框内会返回"WIFI CON-NECTED，WIFI GOT IP，OK"等内容，如图 5.2.15 所示。当出现"OK"时，说明开发板已经成功连接到所在测试环境的 WiFi 网络。

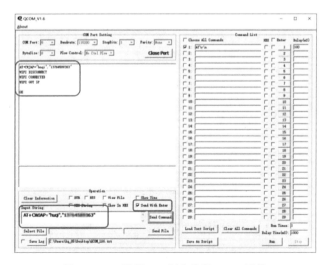

图 5.2.15　发送 AT 指令连接 WiFi 网络

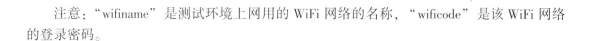

注意："wifiname"是测试环境上网用的 WiFi 网络的名称，"wificode"是该 WiFi 网络的登录密码。

5.2.2　知识链接

1. AT 指令

AT 即 Attention，AT 指令集是从终端设备（Terminal Equipment，TE）或数据终端设备（Data Terminal Equipment，DTE）向终端适配器（Terminal Adapter，TA）或数据电路终端设备（Data Circuit Terminal Equipment，DCE）发送的。通过 TA，TE 发送 AT 指令来控制移动台（Mobile Station，MS）的功能，与 GSM 网络业务进行交互。用户可以通过 AT 指令进行呼叫、短信、电话本、数据业务、传真等方面的控制。

2. 指令说明

每条指令可以细分为 4 种命令，见表 5.2.1。

表 5.2.1　指令命令表

类型	指令格式	描述
测试命令	AT+<x>＝?	返回参数的当前值
查询命令	AT+<x>?	查询设置命令或内部程序设置的参数及其取值范围
设置命令	AT+<x>＝<…>	设置用户自定义的参数值
执行命令	AT+<x>	执行受模块内部程序控制的变参数不可变的功能

注意：

①不是每条 AT 指令都具备上述 4 类命令；

②< >内数据为默认值，不必填写或可能不显示；

③使用双引号表示字符串数据；

④波特率为 115 200；

⑤AT 指令必须大写，以回车换行符"\r\n"结尾。

3. 基础 AT 指令

基础 AT 指令见表 5.2.2。

表 5.2.2　基础 AT 指令表

命令	描述
AT	测试 AT 启动
AT+RST	重启模块
AT+GMR	查看版本信息
AT+GSLP	进入 deep-sleep 模式
ATE	开关回显功能

续表

命令	描述
AT+RESTORE	恢复出厂设置
AT+UART	UART 配置，不建议使用
AT+UART_CUR	UART 当前临时配置
AT+UART_DEF	UART 默认配置，保存到 Flash
AT+SLEEP	设置 sleep 模式
AT+WAKEUPGPIO	设置 GPIO 唤醒 light-sleep 模式
AT+RFPOWER	设置 RF 发射功率上限
AT+ RFVDD	根据 VDD33 设置 RF 发射功率

4. WiFi 功能 AT 指令

WiFi 功能 AT 指令见表 5.2.3。

表 5.2.3 **WiFi 功能 AT 指令表**

命令	描述
AT+CWMODE	设置 WiFi 模式（sta/AP/sta+AP），不建议使用
AT+CWMODE_CUR	设置 WiFi 模式（sta/AP/sta+AP），不保存到 Flash
AT+CWMODE_DEF	设置 WiFi 模式（sta/AP/sta+AP），保存到 Flash
AT+CWJAP	连接 AP，[@ deprecated] 不建议使用
AT+CWJAP_CUR	连接 AP，不保存到 Flash
AT+CWJAP_DEF	连接 AP，保存到 Flash
AT+CWLAPOPT	设置 AT+CWLAP 指令扫描结果的属性
AT+CWLAP	扫描附近的 AP 信息
AT+CWQAP	与 AP 断开连接
AT+CWSAP	设置 ESP8266 softAP 配置，[@ deprecated] 不建议使用
AT+CWSAP_CUR	设置 ESP8266 soft-AP 配置，不保存到 Flash
AT+CWSAP_DEF	设置 ESP8266 soft-AP 配置，保存到 Flash
AT+CWLIF	获取连接到 ESP8266 soft-AP 的 station 的信息
AT+CWDHCP	设置 DHCP，不建议使用
AT+CWDHCP_CUR	设置 DHCP，不保存到 Flash
AT+CWDHCP_DEF	设置 DHCP，保存到 Flash
AT+CWDHCPS_CUR	设置 ESP8266 soft-AP DHCP 分配的 IP 范围
AT+CWDHCPS_DEF	设置 ESP8266 soft-AP DHCP 分配的 IP 范围，保存到 Flash
AT+CWAUTOCONN	设置上电时是否自动连接 AP

续表

命令	描述
AT+CIPSTAMAC	设置 ESP8266 station 的 MAC 地址，不建议使用
AT+CIPSTAMAC_CUR	设置 ESP8266 station 的 MAC 地址，不保存到 Flash
AT+CIPSTAMAC_DEF	设置 ESP8266 station 的 MAC 地址，保存到 Flash
AT+CIPAPMAC	设置 ESP8266 soft-AP 的 MAC 地址，不建议使用
AT+CIPAPMAC_CUR	设置 ESP8266 soft-AP 的 MAC 地址，不保存到 Flash
AT+CIPAPMAC_DEF	设置 ESP8266 soft-AP 的 MAC 地址，保存到 Flash
AT+CIPSTA	设置 ESP8266 station 的 IP 地址，不建议使用
AT+CIPSTA_CUR	设置 ESP8266 station 的 IP 地址，不保存到 Flash
AT+CIPSTA_DEF	设置 ESP8266 station 的 IP 地址，保存到 Flash
AT+CIPAP	设置 ESP8266 soft-AP 的 IP 地址，不建议使用
AT+CIPAP_CUR	设置 ESP8266 soft-AP 的 IP 地址，不保存到 Flash
AT+CIPAP_DEF	设置 ESP8266 soft-AP 的 IP 地址，保存到 Flash
AT+CWSTARTSMART	开始 SmartConfig
AT+CWSTOPSMART	停止 SmartConfig
AT+CWSTARTDISCOVER	开启可被局域网内的微信探测的模式
AT+CWSTOPDISCOVER	关闭可被局域网内的微信探测的模式
AT+WPS	设置 WPS 功能
AT+ MDNS	设置 MDNS 功能

5.2.3　思考与练习

（1）串口调试工具的配置参数有哪些？

（2）物联网开发板的 AT 命令主要有哪些功能？

任务 5.3　物联网开发板测试

学习型任务单	任务 5.3　物联网开发板测试

1. 任务描述

　　小陈在计算机上的准备工作已经完成，开发板已经连上了计算机。但是小陈不知道如何判断开发板是否能工作正常，"开发板的测试也是研发工作中一个很重要的环节，必须要掌握好。"李经理说着，就带着小陈开始了开发板的测试。

　　那么我们也跟着小陈一起开始测试吧。

续表

学习型任务单	任务 5.3　物联网开发板测试
2. 任务分析 通过本任务的学习，使学员掌握以下内容： （1）物联网开发板的固件下载方法； （2）物联网开发板的功能测试。	
3. 任务要求 （1）通过学习，掌握以下知识点： ● 熟悉物联网开发板的固件原理； ● 熟悉物联网开发板的功能。 （2）通过学习，掌握以下技能点： ● 掌握物联网开发板的固件下载方法； ● 掌握物联网开发板的功能测试。	
学习总结：	

5.3.1　操作方法与步骤

1. 准备工作

为完成本任务，需要做软、硬件环境准备工作，软、硬件清单如图 5.3.1 所示。

联网的计算机　　　物联网开发板　　　Micro USB 线　　　相关软件

图 5.3.1　软、硬件清单

首先，将开发板断电。接着，使用跳线帽将开发板上 J4 的 TX3 和 WiFi-RX 短路、RX3 和 WiFi-TX 短路。然后，连接好开发板和计算机，将 USB 线在开发板一端插入 USB 口。最后，为开发板通电。

2. 开发板测试配置

1）固件程序下载

输入网址 http://www.everylinked.com/monitor，打开 Web 登录界面，如图 5.3.2 所示。

在界面的文字框内输入开发板设备的 ID 号，ID 号可以在开发板上找到。单击"确定"按钮后，会有登录成功提示，并显示一个初始页面，如图 5.3.3 所示。

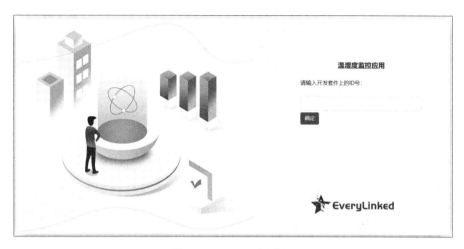

图 5.3.2　Web 登录界面

图 5.3.3　初始页面

单击图 5.3.3 所示页面右下角的"下载"按钮，把开发板固件文件（＊.bin 格式文件）下载到计算机上，固件文件如图 5.3.4 所示。

打开"我的电脑"，找到"可移动存储的设备"，双击打开移动存储设备，里面只有一个文件"DETAILS.TXT"，复制并粘贴固件文件（＊.bin 格式文件）到"可移动存储的设备"，如图 5.3.5 所示。粘贴完成后，文件目录中多了一个固件文件。

图 5.3.4　固件文件

图 5.3.5　将固件文件复制粘贴到可移动存储设备内

开发板更新固件文件后，需要重启开发板。可以按下开发板上的复位键，或者给开发板断电后重新上电。开发板重启成功后，可以看到设备启动页面和设备 GUI 温湿度显示界面，如图 5.3.6 所示。

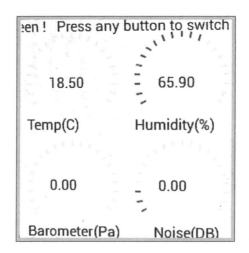

图 5.3.6　温湿度显示页面

2）连接 WiFi 网络

开发板开机后，立即运行串口助手软件，在软件窗口单击"Open Port"按钮，打开开发板连接的计算机串口。在"Input String"输入连接 WiFi 的指令"netmgr connect wifiname wificode"，如图 5.3.7 所示。这里 wifiname 为当前 WiFi 网络名称，wificode 为 WiFi 密码。同时也可以参考任务 5.2，通过 Debug 口的 AT 命令方式配置 WiFi 模块，来连接 WiFi 网络。

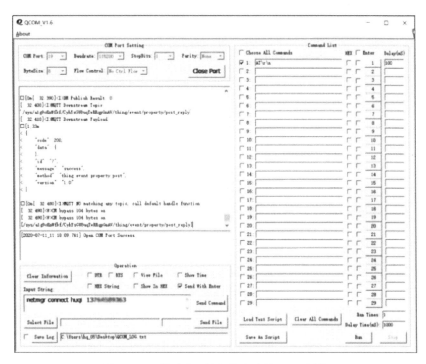

图 5.3.7　通过串口输入指令连接 WiFi 网络

3. 开发板测试结果

1）观察串口输出

从串口输出框中可以查看到以 JSON 格式发送的温度和湿度值，如图 5.3.8 和图 5.3.9 所示。

图 5.3.8　当前的温度值

```
/sys/a1g9cKnWfkf/CyhYsGU8uqTwRRqpGnAV/thing/event/property/post, Payload:
{"id":"8","version":"1.0","params":
{"CurrentHumidity":52.5},"method":"thing.event.property.post"}
[ 27.140]<I>MQTT Upstream Topic:
'/sys/a1g9cKnWfkf/CyhYsGU8uqTwRRqpGnAV/thing/event/property/post'
[ 27.150]<I>MQTT Upstream Payload:
[1;33m
{
    "id": "8",
    "version": "1.0",
    "params": {
        "CurrentHumidity": 52.5
    },
    "method": "thing.event.property.post"
}
[0m[ 27.200]<I>DM Publish Result: 0
[ 27.200]<I>DM DM Send Message, URI:
/sys/a1g9cKnWfkf/CyhYsGU8uqTwRRqpGnAV/thing/event/property/post, Payload:
{"id":"9","version":"1.0","params":
```

图 5.3.9　当前的湿度值

2）Web 页面测试

开发板每 5 s 通过 WiFi 网络往云端上传一次温湿度值，此时可以看到 Web 页面的温度和湿度值在发生变化，如看不到变化，可以刷新 Web 网页。当手触碰开发板左下角温度传感器时，Web 页面显示的温度值会升高。假设设置温度的报警阈值为 32 ℃，那么当开发板上温度传感器采集到的环境温度超过 32 ℃时，则会触发开发板上的蜂鸣器报警。当温度值超过报警阈值时，开发板会每 10 s 上传一次。在 Web 页面报警区域的指示灯会变成红色，如图 5.3.10 所示。

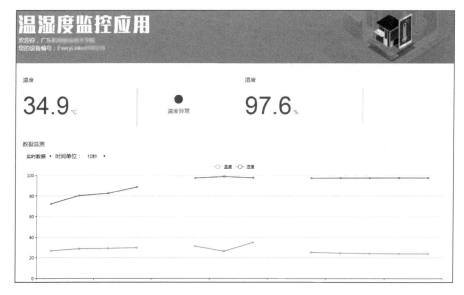

图 5.3.10　Web 页面显示当前设备的温湿度值

3）钉钉报警测试

下载并安装钉钉软件，直接在搜索框输入群号，选择"网络查找公开群组"，搜索到群组后会加入钉钉群。使用开发板 ID 号登录 Web 页面，在页面左下角可以找到自己的钉钉群号，如图 5.3.11 所示。

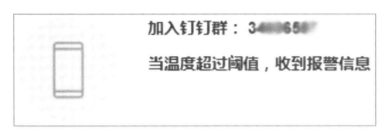

图 5.3.11　钉钉群信息

用手触摸开发板左下角的温度传感器，使温度传感器表面温度上升，当温度值超过报警阈值时，开发板上的蜂鸣器发出报警鸣响。同时，钉钉软件可以收到报警的提示信息，如图 5.3.12 所示。

图 5.3.12　钉钉上报送报警的提示信息

5.3.2　知识链接

STM32 程序串口下载的方法，使用串口下载程序，操作步骤如下。

（1）连接电源线，连接好串口线。

（2）在断电的状况下将 BOOT0 连接电源（3.3 V）配置为高电平。

（3）连接好串口线和电源线，打开电源开关。

（4）打开程序下载软件 STM32CubeProgrammer（可在 ST 公司官方网站下载），如图 5.3.13 所示。

（5）配置下载软件的串口信息，按图 5.3.13 所示，在右边选择串口号，选择波特率"115200"。

（6）单击"Open file"按钮，加载需要烧录的文件（一般为 HEX 文件或者 BIN 文件），如图 5.3.14 所示。

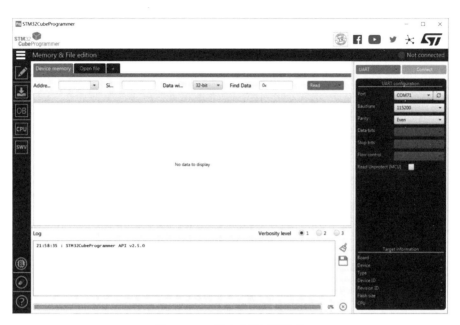

图 5.3.13　程序串口下载软件

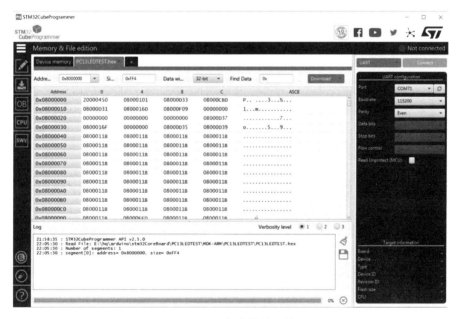

图 5.3.14　加载烧录文件

（7）单击"Download"按钮，即可进行下载。

STM32 的启动区域可以通过 BOOT0 和 BOOT1 两个引脚进行设置，各种设置方式所对应的启动区域如表 5.3.1 所示。使用串口下载需要单片机内有相应的程序支持，而系统存储器中就存放了这样一段程序，由 ST 在生产线上写入，用于通过可用的串行接口对闪存存储器进行重新编程，则可以称这段程序为 bootloader。

表 5.3.1　各种设置方式所对应的启动区域

启动模式选择引脚		启动模式	说明
BOOT1	BOOT0		
×	0	主闪存存储器	主闪存存储器被选为启动区域
0	1	系统存储器	系统存储器被选为启动区域
1	1	内置 SRAM	内置 SRAM 被选为启动区域

5.3.3　思考与练习

（1）简述物联网开发板初始化的具体流程。

（2）物联网开发板正常运行的状态有哪些？

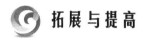

　　智能家居设备是电子器件的集成，是以一种特殊的设计来适应特定的消费者家庭环境和需求。智能家居设备在设计上具有共通的性能要求，如能加入通信网络、能采集环境参数等功能，此时一般会使用物联网开发板进行功能开发。

　　本项目学习了物联网开发板的基础知识和简单操作。当需要使用物联网开发板进行原型设计时，请思考以下问题：

（1）物联网开发板除了智能家居，还可以在哪些场景下使用。

（2）智能家居中的电路板与物联网开发板有哪些不同？并说出原因。

（3）物联网开发板固件更新后，查看配置信息是否保留。

项目 6

物联网云平台开发

 素养进课堂

【芯人物】骆建军

——他来自珍珠之乡，历经种种磨难终让中国芯扬名海外

骆建军，博士，教授/博导，国务院特殊津贴专家，国家"万人计划"专家，杭州华澜微电子股份有限公司创始人兼总裁，杭州电子科技大学微电子研究中心主任，浙江省固态存储和数据安全关键技术重点科技创新团队带头人等。2011年成立华澜微电子股份有限公司，该公司是极少数以中国芯片出口全球的中国芯片公司，主要提供存储控制器、大数据硬盘阵列、计算机接口和信息安全领域的集成电路芯片。

骆建军是中国最早期一批微电子专业科班出身的毕业生，30年间，从天堂杭州到美国硅谷、再从美国硅谷回到天堂杭州，用坚守书写出"西天取经"之路。

2011年，骆建军带领美国团队回国，成立了华澜微电子股份有限公司，专门提供数据存储和信息安全领域的集成电路芯片和技术方案。公司所在地就设在有天堂硅谷之称的城市——杭州。在美丽的杭州扎根后，骆建军的团队很快就取得了技术上的突破，同年9月便成功推出SD/TF卡主控芯片、MMC/eMMC主控芯片，后者被鉴定为"我国第一颗自主知识产权的eMMC片上系统芯片"。2012年6月，华澜微SATA固态硬盘主控芯片诞生。次年，该成果正式通过11位国内权威专家的技术成果鉴定，被评价为"我国第一颗自主设计的多CPU架构的固态硬盘控制器芯片"。那个时候，国内存储产业还处于萌芽状态，很多人甚至第一次听说固态硬盘的名词，甚至问是否有"液体硬盘"。这枚芯片采用国内110 nm工艺，实现了千万门级的大规模集成系统单芯片，让华澜微电子股份有限公司成为世界上少数拥有固态硬盘（SSD）控制器产品的公司之一。

2016年，华澜微电子股份有限公司与美国芯片厂商Initio Corporation签订了收购协议，获得Initio桥接芯片的完整产品线，以及该公司积累20余年的全部技术、相关知识产权（IP）、商标、品牌等高价值资产。华澜微电子股份有限公司也因此成为少有的拥有计算机接口核心技术的公司之一。云存储服务器中核心的磁盘阵列控制器核心芯片，华澜微电子股份有限公司已研制成第一代，应用于自主开发的大型云存储服务器内，第二代的研制现正在紧锣密鼓地进行。

这个成功的背后，是一个优秀团队的不懈奋斗，更是一个优秀的企业文化逐步升华。华澜微的英文名字Sage，正是这种文化的体现。

　　骆建军给出了具体解释："第一，华澜微英文名字 Sage 的本意翻译是'智者'；面对西方先进科技，我们要勇于挑战，充分发挥聪明才智；科技水平要达到国际一流，做国际水平的'智者'。第二，Sage 用拼音读就是'傻哥'；团队内部要做'愚公'，要有耐力恒心，要脚踏实地；一个人再聪明，也只有一个人的能力；而科学和技术往往需要很多重复劳动、辅助劳动，甚至学科交叉。真正具有强大攻关能力的是一个优良的团队。"

　　那什么样的人才能成为"中国芯"团队的合格一员呢，骆建军认为，"创业需要激情，激情会在艰难险阻中被消磨，但是，我们还是要讲激情，华澜微的团队宁缺毋滥，因为做芯片不是靠人海战术堆出来的，不符合华澜微文化的人不能够要，华澜微需要的是真正的战士，必须加持 8 个字座右铭：'激情创新，用心造芯'。激情必须有，也要有本领和实力（创新），更要有恒心和定力经受寂寞和挫折，才能最终造出中国芯"。

——来源：《芯人物——致中国强芯路上的奋斗者》系列报道

项目情境	××公司根据市场调研，计划开发一款智能温湿度计。这款产品能够采集家中温湿度情况并上传到物联网平台，可以通过 Web 端进行数据查看，更能够在家中温度过高时进行报警。这样一款智能家居产品的研发包括平台端和设备端开发，研发的产品要求能够实现智能家居设备的数据上传和应用等工作。 　　首先使用物联网开发板来实现这些功能，这次李经理让小陈也加入到智能温湿度计的研发工作中。
知识目标	● 了解物联网云平台的功能和应用； ● 了解物联网云平台的测试流程； ● 理解物联网设备和云平台的数据交互方式。
技能目标	● 能建立基本的物联网云设备管理平台； ● 能在物联网云平台进行数据监控； ● 能实现设备和物联网云平台的数据交互。

任务 6.1　物联网平台端开发

物联网平台端开发

学习型任务单	任务 6.1　物联网平台端开发

　1. 任务描述

　　李经理介绍道，物联网云平台是接收物联网设备数据并进行处理和应用的网络上层平台，而目前很多互联网公司都提供了通用的物联网平台技术，可以使用户花较少的资源，就能快速实现设备的物联网化。这次我们研发的智能温湿度计也是基于物联网平台开发的，首先需要新建一个物联网平台的上网设备。

　　那么我们就跟着小陈一起开始物联网平台的实践吧。

续表

学习型任务单	任务 6.1　物联网平台端开发
2. 任务分析 通过本任务的学习，使学员掌握以下内容： （1）物联网云平台的功能； （2）物联网云平台的注册登录； （3）物联网云平台的产品创建。	
3. 任务要求 （1）通过学习，掌握以下知识点： 熟悉物联网云平台的功能。 （2）通过学习，掌握以下技能点： ● 掌握物联网云平台的注册登录方法； ● 掌握物联网云平台的产品创建步骤。	
学习总结：	

6.1.1　操作方法与步骤

1. 准备工作

准备好阿里云的登录账号，可选择支付宝账号、淘宝账号、微博账号、钉钉账号其中的一种，并准备好图 6.1.1 所示的工具。

联网的计算机　　　　物联网开发板　　　　Micro USB线　　　　相关软件

图 6.1.1　软、硬件清单

2. 阿里物联网平台注册账户

1）阿里物联网平台介绍

阿里物联网平台是阿里云旗下的物联网平台。阿里云创立于 2009 年，隶属于阿里巴巴集团，是全球领先的云计算及人工智能科技公司，它的目标是致力于以在线公共服务的方式，提供安全、可靠的计算和数据处理能力，让计算和人工智能成为普惠科技。目前，阿里云已经服务了众多客户，拥有很高的市场占有率，涵盖了制造业、金融业、政务、交通、医药、医疗业、电信业、能源等众多领域的领军企业。

阿里云物联网平台为设备提供了安全、可靠的连接通信能力，可以实现向下连接海量设备，支撑设备数据采集上云；向上提供云端 API，服务端通过调用云端 API 将指令下发至设备端，实现远程控制。阿里物联网平台提供了设备接入、设备管理、设备安全和规则引擎功能，为各类 IoT 场景和行业开发者赋能，极大地满足了当前社会对于物联网技术的需求。

阿里云物联网平台依托阿里云平台的大型数据中心和服务器机房，能够满足各类物联网接入和管理的需求，且在设备接入、性能、安全、稳定性和易用性等方面都有绝对的优势。目前阿里物联网平台已经跻身世界十大物联网平台行列，是目前国内物联网平台的佼佼者。

2）登录阿里物联网平台

登录地址为 https：//www. aliyun. com/product/iot。阿里物联网登录界面如图 6.1.2 所示。

图 6.1.2　阿里物联网登录界面

3）注册账户

单击网页右上角的"立即注册"按钮，按照注册要求逐步完成账户注册操作，开通阿里云账号，通过支付宝实名认证。用户账户注册界面如图 6.1.3 所示。

欢迎注册阿里云

设置会员名

设置你的登录密码

请再次输入你的密码

+86　请输入手机号码

〉　请按住滑块，拖动到最右边

同意条款并注册

《阿里云网站服务条款》《法律声明和隐私权政策》

图 6.1.3　用户账户注册界面

4）用户登录

注册成功后，使用已注册用户名和密码登录，登录界面如图 6.1.4 所示。

图 6.1.4　阿里物联网平台账号和密码登录界面

5）进入物联网平台

登录成功后，在阿里云首页单击右上角的"控制台"按钮，进入阿里云控制台首页，如图 6.1.5 和图 6.1.6 所示。

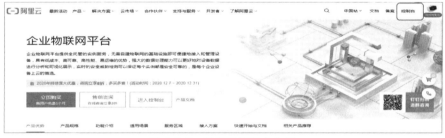

图 6.1.5　阿里云控制台入口

图 6.1.6　阿里云控制台首页

在图 6.1.6 所示的阿里云控制台首页单击标签"全部产品与服务"，找到"搜索产品与服务"内容，在搜索窗口输入"物联网平台"，待下拉列表中出现"物联网平台"标签，单击该标签进入物联网平台管理界面，如图 6.1.7 和图 6.1.8 所示。

图 6.1.7　搜索物联网平台产品与服务

图 6.1.8　物联网平台管理界面

这样就创建了一个属于自己的物联网管理平台，这个平台具有设备管理、规则引擎、监控运维、设备规划、数据分析等功能。物联网平台提供完整的设备生命周期管理功能，支持设备注册、功能定义、数据解析、在线调试、远程配置、实时监控、设备分组、设备删除等功能。

因为本课程学习需要接入的是智能家居产品，所以将重点介绍智能家居产品和设备的物联网平台管理功能。

3. 创建产品

使用物联网平台，首先就要在控制台创建产品。产品是设备的集合，通常是一组具有相同功能定义的设备集合。

1）创建产品

在图 6.1.8 所示的物联网平台管理界面，单击"公共实例"进入"公共实例管理界面"，如图 6.1.9 所示，本界面提供产品管理、设备管理、证书管理、规则引擎等功能。

在图 6.1.9 所示的公共实例管理界面左侧导航栏选择"设备管理"→"产品"，在产品管理页面单击"创建产品"按钮，打开产品新建页面，如图 6.1.10 所示。

图 6.1.9　公共实例管理界面

图 6.1.10　产品新建页面

2）填写参数信息

在图 6.1.10 所示的产品新建页面，根据要求输入产品信息。这里创建一款"智能温湿度计"智能家居产品，主要功能是实现远程测量温、湿度，产品名称填写"智能温湿度计"。"所属品类"可供选择的有"标准品类"或"自定义"品类，这里选中"自定义"品类。"连网方式"选择"WiFi"，填写完成后单击页面底部的"完成"按钮，保存设置内容，完成产品创建操作。创建好的产品自动出现在产品列表中，如图 6.1.11 所示。

图 6.1.11　创建产品显示列表

3）为产品定义物模型

在产品列表中，选中创建的产品，单击右侧的"查看"，可以进入产品详情页，如图 6.1.12 所示，在产品详情页中选择"功能定义"选项卡，单击"编辑草稿"按钮。

图 6.1.12　编辑功能定义

如图 6.1.13 所示，在"编辑草稿"页面选择"添加自定义功能"按钮，打开"编辑自定义功能"窗口。

图 6.1.13　"编辑草稿"页面

  首先，设置温度属性参数，设置完成后单击"确认"按钮，保存温度属性设置内容。接着，设置湿度属性参数，如图 6.1.14 所示。最后，设置温度报警状态属性参数，如图 6.1.15 所示，设置完成后单击"确认"按钮，保存报警状态属性设置内容。

图 6.1.14　设置温度与湿度属性参数

图 6.1.15　设置温度报警状态属性参数

这里需要说明的是，产品的功能属性需要和真实的产品功能相对应。其中，标识符是产品和物联网平台沟通的重要桥梁，因此必须和真实产品的标识符一样，才能保证平台和产品数据的互相识别。

产品创建完成，在"产品详情"页面单击右上角的"发布"按钮，打开"确认发布产品"窗口，如图 6.1.16 所示，在该窗口完成第 1 步、第 2 步和第 3 步确认后，单击右下侧的"发布"按钮，完成智能温湿度计产品的发布操作。只有在产品完成发布后，才算真正建立完成该产品的模型属性定义操作。

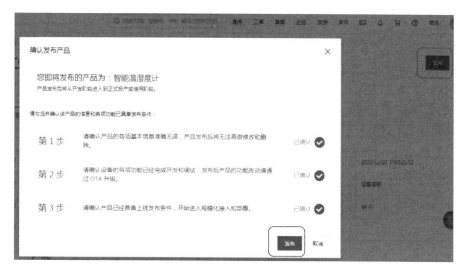

图 6.1.16　产品发布

4）为产品添加设备

在公共实例管理界面左侧导航栏选择"设备"，在右侧设备列表中单击"添加设备"按钮，如图 6.1.17 所示。

图 6.1.17　添加设备

在弹出的对话框中，选择"产品"为"智能温湿度计"，输入自定义"DeviceName"（设备名称）为"SmartThermometer521"，并输入自定义"备注名称"为"智能温湿度01号"，如图6.1.18所示。

图 6.1.18　产品详情页

单击"确认"按钮，保存设置内容。在"设备"页面可以看到新添加的设备，如图6.1.19所示。如果有多个设备，也可按上述方法继续添加。

图 6.1.19　查看添加的设备

5）查看设备三元组

设备创建完成后，平台会自动生成设备的三元组，即设备证书，包含 ProductKey、

DeviceName 和 DeviceSecret 信息。三元组是设备与物联网平台交流的重要凭证，需妥善保管。在"设备详情"页面，单击"DeviceSecret ＊＊＊＊＊＊＊＊＊"右侧"查看"按钮，打开"设备证书"信息对话框，如图 6.1.20 所示，该对话框可复制设备的三元组信息，也可查看"烧录方式介绍"。

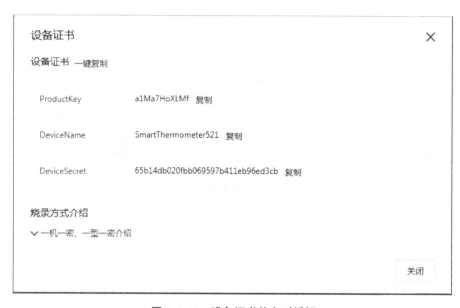

图 6.1.20　设备证书信息对话框

返回"设备"页面，在设备列表可以看到新添加的设备状态是"未激活"。我们会在后续的学习中，通过设备连接操作激活该设备，并可查看设备的相关数据，如图 6.1.21 所示。

图 6.1.21　设备状态

6.1.2　知识链接

设备安全认证

1. 概述

设备接入物联网平台之前，需通过身份认证。目前，物联网平台支持使用设备密钥、ID^2 和 X.509 证书进行设备身份认证。

2. 设备密钥认证

在创建产品时，认证方式选择为"设备密钥"，设备接入物联网平台时，需使用密钥进行身份认证。

物联网平台使用 ProductKey 标识产品，DeviceName 标识设备。ProductSecret 和 DeviceSecret 分别是产品和设备的密钥。设备证书（ProductKey、DeviceName 和 DeviceSecret）用于校验设备合法性。认证通过后，方可接入物联网平台。针对不同的使用环境，物联网平台提供了使用密钥认证的 3 种认证方案。

（1）一机一密：每台设备烧录自己的设备证书（ProductKey、DeviceName 和 DeviceSecret）。

（2）一型一密：同一产品下设备烧录相同产品证书（ProductKey 和 ProductSecret）。需开通产品的动态注册功能，设备通过动态注册获取 DeviceSecret。

（3）子设备动态注册：网关连接上云后，子设备通过动态注册获取 DeviceSecret。

这 3 种方案在易用性和安全性上各有优势，可以根据设备所需的安全等级和实际的产线条件灵活选择。认证方案对比如表 6.1.1 所示。

表 6.1.1　认证方案对比

对比项	一机一密	一型一密	子设备动态注册
设备端烧录信息	ProductKey、DeviceName、DeviceSecret	ProductKey、ProductSecret	ProductKey
云端是否需要开启动态注册	无须开启，默认支持	需打开动态注册开关	需打开动态注册开关
是否需要提前在物联网平台创建设备，注册 DeviceName	需要，确保产品下 DeviceName 唯一	需要，确保产品下 DeviceName 唯一	需要，确保产品下 DeviceName 唯一
产线烧录要求	逐一烧录设备证书，需确保设备证书的安全性	批量烧录相同的产品证书，需确保产品证书的安全存储	网关可以本地获取子设备 ProductKey，将子设备 ProductKey 烧录在网关上
安全性	较高	一般	一般
是否有配额限制	有，单个产品 50 万上限	有，单个产品 50 万上限	有，单个网关最多可注册 1 500 个子设备
其他外部依赖	无	无	依赖网关的安全性保障

3. ID^2 认证

阿里云提供 IoT 设备身份认证 ID^2（Internet Device ID）。ID^2 是一种物联网设备的可信身份标识，具备不可篡改、不可伪造、全球唯一等安全属性。

在创建产品时，认证方式选择为 ID^2，设备接入物联网平台时，使用 ID^2 身份认证。使用 ID^2 认证，需购买 ID^2 服务。ID^2 服务购买方式和使用指南可参见 IoT 设备身份认证（ID^2）用户手册。

4. X. 509 证书认证

X. 509 是由国际电信联盟（ITU-T）制定的数字证书标准，具有通信实体鉴别机制。目前物联网平台华东 2（上海）地域支持使用 X. 509 证书进行设备身份认证。

使用 X. 509 证书的操作流程如下：

（1）在创建产品时，认证方式选择为 X. 509 证书。

（2）在该产品下创建设备，物联网平台会为设备颁发 X. 509 证书和密钥。

（3）在开发设备端，将 X. 509 数字证书和密钥烧录到设备上。

6.1.3　思考与练习

（1）阿里物联网平台的主要功能有哪些？

（2）阿里物联网平台上创建设备的主要步骤是什么？

（3）阿里物联网平台的设备三元组是指什么？

任务 6.2　物联网平台端测试

学习型任务单	任务 6.2　物联网平台端测试
1. 任务描述 结束了平台端开发的工作后，李经理对小陈说："在开始数据传输之前，首先需要对云平台进行功能测试，验证数据是否连通，是否可以上传和下载数据，这个时候可以使用设备模拟通信软件来连接云平台。" 接下来就跟随小陈一起学习如何使用设备模拟通信软件来连接物联网平台吧。	
2. 任务分析 本任务通过 MQTT. fx 软件的应用，使学员掌握下列内容： （1）物联网云平台的功能； （2）物联网云平台的数据上传流程； （3）物联网云平台的交互数据通信测试。	
3. 任务要求 （1）通过学习，掌握以下知识点： 熟悉物联网云平台的功能。 （2）通过学习，掌握以下技能点： • 掌握物联网云平台的数据上传流程； • 掌握物联网云平台的交互数据通信测试。	
学习总结：	

6.2.1　操作方法与步骤

1. 准备工作

要完成物联网云平台的测试工作，需要准备好图 6.2.1 所示的工具。

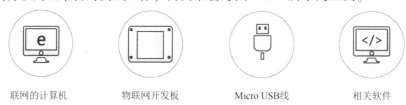

联网的计算机　　　物联网开发板　　　Micro USB线　　　相关软件

图 6.2.1　软、硬件清单

2. MQTT. fx 软件介绍

MQTT. fx 是一款基于 Eclipse Paho，采用 Java 语言编写，支持 MQTT 协议的第三方 MQTT 客户端工具，该软件支持通过 Topic 订阅和发布消息。MQTT. fx 是目前主流的 MQTT 客户端软件，可以快速验证是否可以与 IoT Hub 服务交流发布或订阅消息。

设备将当前所处的状态作为 MQTT 主题发送给 IoT Hub，每个 MQTT 主题具有不同等级的名称，如"建筑/楼层/温度"。MQTT 代理服务器将接收到的主题发送给所有订阅的客户端。

目前最新版 MQTT. fx 下载地址（支持 Windows、Linux、Mac）为：https://mqttfx. jensd. de/index. php/download? spm＝a2c4g. 11186623. 2. 16. 440c5800FzGM76。

3. 软件安装

按上述地址下载软件，并安装软件，软件安装完成后运行，界面如图 6.2.2 所示。

图 6.2.2　MQTT. fx 软件界面

1）连接阿里物联网平台

使用 MQTT. fx 软件连接阿里物联网平台前，首先在云平台创建好产品和设备，获取设备证书信息（ProductKey、DeviceName 和 DeviceSecret）。例如：

ProductKey = a1Ma7HoXLMf

DeviceName＝SmartThermometer521

DeviceSecret＝65b14db020fbb069597b411eb96ed3cb

2）打开 MQTT. fx 新建一个客户端

在图 6.2.2 所示界面单击设置图标，打开图 6.2.3 所示参数设置页面。

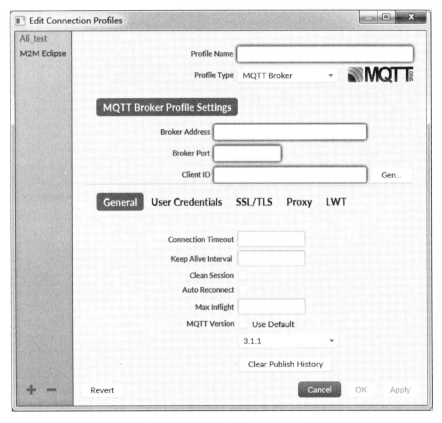

图 6.2.3　客户端参数设置页面

3）参数设置

在参数设置页面将对应的参数填入，如配置名称、登录名、阿里连接地址、端口、连接时间和断开时间等。参数按表 6.2.1 和表 6.2.2 中参数定义说明进行。图 6.2.4 和图 6.2.5 表示了客户参数设置过程。

客户端参数如表 6.2.1 所示。

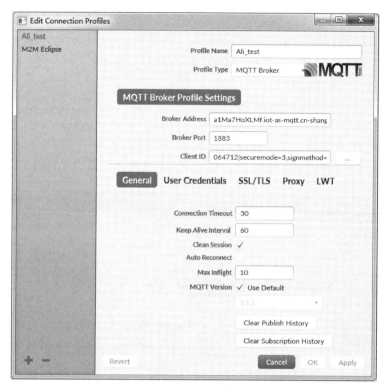

图 6.2.4　MQTT. fx 客户端的连接参数设置

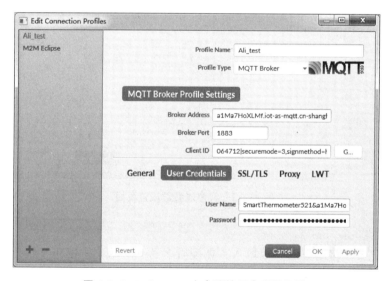

图 6.2.5　MQTT. fx 客户端的用户账号设置

表 6.2.1　客户端参数表

参数	说明
Profile Name	输入你的自定义名称。这里定义为 Ali_test
Profile Type	选择为 MQTT Broker

续表

参数	说明
MQTT Broker Profile Settings	
Broker Address	连接域名。 格式：$\{YourProductKey\}$. iot-as-mqtt. $\{region\}$. aliyuncs. com。 其中，$\{region\}$ 需替换为你物联网平台服务所在地域的代码。地域代码，这里用上海华东 2，如 a1Ma7HoXLMf. iot-as-mqtt. cn-shanghai. aliyuncs. com
Broker Port	设置为 1883
Client ID	填写 mqttClientId，用于 MQTT 的底层协议报文。 格式固定：$\{clientId\}$ | securemode=3, signmethod=hmacsha1 |。 完整示例：064712 | securemode=3, signmethod=hmacsha1 | . clientId 假如为 064712。 其中，$\{clientId\}$ 为设备的 ID 信息。可取任意值，长度在 64 字符以内。建议使用设备的 MAC 地址或 SN 码。 securemode 为安全模式，TCP 直连模式设置为 securemode=3，TLS 直连为 securemode=2。 signmethod 为算法类型，支持 hmacmd5 和 hmacsha1。 说明 输入 Client ID 信息后，请勿单击"Generate"按钮

客户端的用户账号信息设置说明如表 6.2.2 所示。

表 6.2.2　客户端的用户账号信息设置说明

参数	说明
User Name	由设备名 DeviceName、符号（&）和产品 ProductKey 组成。 固定格式：$\{YourDeviceName\}$ & $\{YourPrductKey\}$。 完整示例如 device&a1xxxxxxxxx
Password	密码由参数值拼接加密而成。 可以使用物联网平台提供的生成工具自动生成 Password，也可以手动生成 Password。 （1）使用工具： 下载 Password 生成小工具。解压缩下载包后，双击 sign 文件，即可使用。 使用 Password 生成小工具的输入参数： productKey：设备所属产品 Key。可在控制台设备详情页查看。 deviceName：设备名称。可在控制台设备详情页查看。 deviceSecret：设备密钥。可在控制台设备详情页查看。 timestamp：（可选）时间戳。 clientId：设备的 ID 信息，与 Client ID 中 $\{clientId\}$ 一致。 method：选择签名算法类型，与 Client ID 中 signmethod 确定的加密方法一致。 （2）手动生成方法如下： 拼接参数。 提交给服务器的 clientId、deviceName、productKey 和 timestamp（timestamp 为非必选参数）参数及参数值依次拼接。 　本例中，clientId 值为 064712，deviceName 值为 SmartThermometer521，productKey 值为 a1Ma7HoXLMf，拼接结果为：clientId064712deviceNameSmartThermometer521productKeya1Ma7HoXLMf 加密。 　通过 Client ID 中确定的加密方法，使用设备 deviceSecret，将拼接结果加密。 　假设设备的 deviceSecret 值为 abc123，加密计算格式为 hmacsha1（abc123, clientId064712deviceNameSmartThermometer521productKeya1Ma7HoXLMf）

使用工具的方法比较简单，其参数密码设置的方式如图 6.2.6 所示，单击工具 sign 文件，输入对应的三元组等参数。

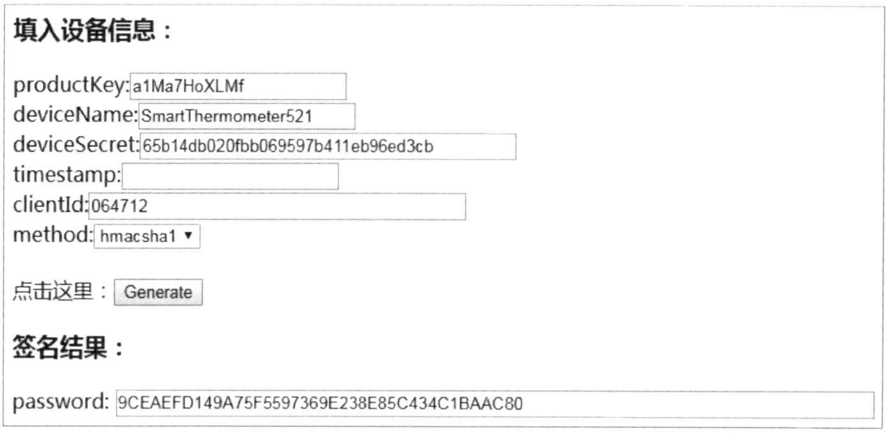

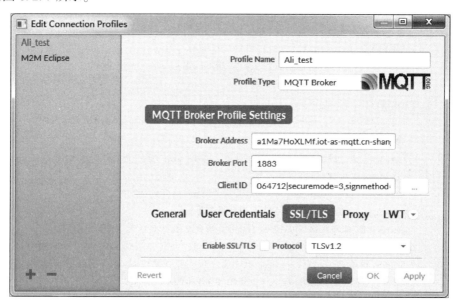

填入设备信息：

productKey: a1Ma7HoXLMf
deviceName: SmartThermometer521
deviceSecret: 65b14db020fbb069597b411eb96ed3cb
timestamp:
clientId: 064712
method: hmacsha1 ▼

点击这里： Generate

签名结果：

password: 9CEAEFD149A75F5597369E238E85C434C1BAAC80

图 6.2.6　用小工具产生密码

单击"SSL/TLS"按钮，选择 TLS 连接方式，这里选择 TCP 直连模式（即 securemode = 3）下，"Protocol"选择为"TLSv1.2"。无须设置 SSL/TLS 信息，直接单击"OK"按钮确定，如图 6.2.7 所示。

图 6.2.7　MQTT. fx 客户端的连接方式设置

4）连接物联网平台

完成第 2 步后，就用软件的方式设定了一个模拟的设备，用它来连接物联网平台，对其进行测试。

单击"Connect"（连接）按钮，实现和阿里云平台的连接，如图 6.2.8 所示，连接成功后右边图表会显示一个打开的锁和绿色的灯。

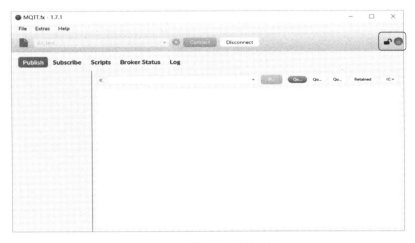

图 6.2.8　连接成功后的软件状态

5）查看物联网平台

在物联网平台管理导航栏选择"设备管理"→"设备"，可以看到设备状态为"在线"，指示灯颜色由原先的灰色转为绿色，说明设备端和平台端建立了连接，如图 6.2.9 所示。

图 6.2.9　连接成功后平台端显示设备已经在线

4. 下行通信测试

从物联网平台发送消息，在 MQTT.fx 上接收消息，测试 MQTT.fx 与物联网平台连接是否成功。

1）输入订阅主题（Topic）

如图 6.2.10 所示，在 MQTT.fx 上单击"Subscribe"，输入一个具有订阅权限的主题，输入指令"/productKey/SmartThermometer521/user/get"，其中 productKey 要替换成设备实际的 productKey，如输入"/a1Ma7HoXLMf/SmartThermometer521/user/get"。

图 6.2.10　MQTT.fx 订阅测试

此时单击"Subscribe"按钮,订阅这个 Topic。如果订阅成功,则该 Topic 将显示在列表中,如图 6.2.11 所示。

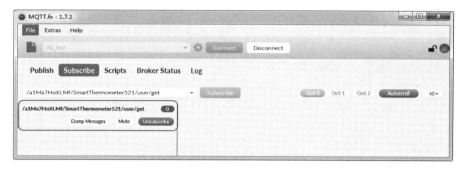

图 6.2.11　订阅 Topic 成功

2)在物联网平台上输入消息

在物联网平台控制台中,找到某个设备,打开详情页,可以看到该设备的"Topic 列表",在"Topic 列表"下可看到已经订阅的 Topic,这时即可单击"发布消息"功能按钮。具体操作步骤如表 6.2.3 所示。

表 6.2.3　在物联网平台上输入消息具体操作步骤

步骤	操作	图示
1	在"公共实例"界面,单击"设备"。在右侧设备列表中找到设备 SmartThermometer521。单击设备名称,打开"设备详情"页面。	

步骤	操作	图示
2	在"设备详情"页面单击"Topic 列表"，查看 Topic 列表信息。	 阿里云　华东2（上海）▼　　　Q 搜索文档 排查台 AP 解决方案 ← 公共实例　　物联网平台 / 设备管理 / 设备 / 设备详情 设备管理　　　← **SmartThermometer521** 在线 　产品　　　　产品　　智能温湿度计 查看 　设备　　　　ProductKey　a1Ma7HoXLMf 复制 　分组　　　设备信息 | Topic 列表 | 物模型数据 | 设备影子 | 文件管理 | 日 　CA 证书　　**设备信息** 规则引擎　　　产品名称　　智能温湿度计　　　ProductKey 　服务端订阅　　节点类型　　设备　　　　　DeviceName 　云产品流转　　备注名称 ⊘　智能温湿度521号 编辑　IP地址 　场景联动
3	在"Topic 列表"信息界面，可查阅已订阅的 Topic 内容，单击"已订阅 Topic 列表"右侧的"发布消息"按钮，打开"发布消息"窗口。	 物联网平台 / 设备管理 / 设备 / 设备详情 ← **SmartThermometer521** 在线 产品　　智能温湿度计 查看 ProductKey　a1Ma7HoXLMf 复制 设备信息　　Topic 列表　　物模型数据　　设备影子　　文件管理 **已订阅 Topic 列表** 设备的 Topic　　　　　　　　　　　　　　　操作 /a1Ma7HoXLMf/SmartThermometer521/user/get　　发布消息

续表

步骤	操作	图示
4	在"发布消息"窗口的"消息内容"输入框内输入消息"I Like IoT!"。单击窗口右下角的"确认"按钮，即可发布消息。	

3）在 MQTT. fx 上查看消息

回到 MQTT. fx 上，选择查看消息的 Topic：/a1Ma7HoXLMf/SmartThermometer521/user/get。此时查看是否收到了平台端发来的消息，在软件下方的消息接收框内接收到"I Like IoT!"，说明平台下行数据发送成功，如图 6.2.12 所示。

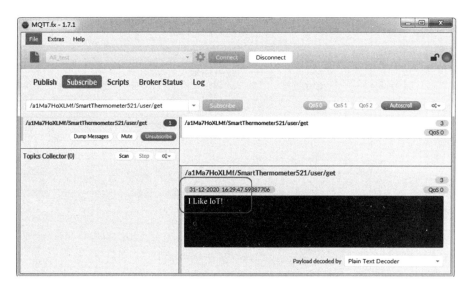

图 6.2.12　软件设备端查看消息

5. 上行通信测试

在 MQTT. fx 上发送消息，通过查看设备日志，测试 MQTT. fx 与物联网平台连接是否成功。

1）在 MQTT. fx 上发布消息

如图 6. 2. 13 所示，按照图上标注的序号 1~4 的顺序操作。首先，单击"Publish"。接着，在指令框输入一个设备具有发布权限的 Topic，如 a1Ma7HoXLMf/SmartThermometer521/user/set，其中 a1Ma7HoXLMf 要替换成设备实际的 productKey。然后，在消息框中输入要发送的消息内容"i am massage!"。最后，单击指令框右边的"Publish"按钮，向 Topic 推送一条消息。

图 6. 2. 13　在软件端发布消息

2）在物联网平台上查看上行消息

在物联网平台控制台中，依次选择该设备的"监控运维"→"日志服务"，在上行消息分析栏中查看上行消息，如图 6. 2. 14 所示。注意：之所以在这里查看消息，是因为从软件发布的消息并没有按照 JSON 格式发出，事实上平台端是不能够正确解析的，但日志是记录所有消息内容的，无论对错，因此这里能够看到没有正确发布的消息。

图 6. 2. 14　在物联网平台上查看上行消息

6. 发送温度和湿度

1）发布温湿度数据

在 MQTT. fx 上，单击"Publish"，输入一个设备属性的 Topic，如/sys/a1Ma7HoXLMf/SmartThermometer521/thing/event/property/post（其中 a1Ma7HoXLMf 要替换成设备实际的 productKey），如果要正确发送消息内容，平台端能够正确解析，就需要按 JSON 语句格式来输入温度值。如图 6.2.15 所示，按图中代码输入后，单击左边"Publish"按钮发布。

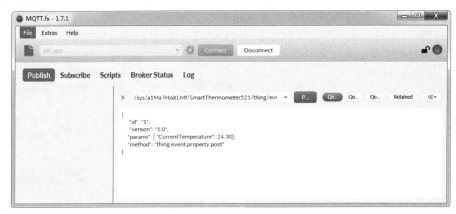

图 6.2.15 输入含温度值的 JSON 语句

再输入含有湿度值的 JSON 语句，单击左边"Publish"按钮发布，如图 6.2.16 所示。

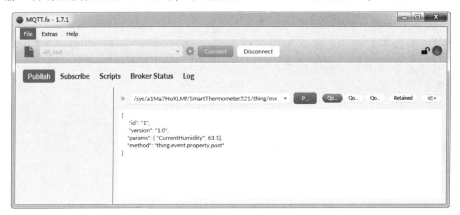

图 6.2.16 输入含湿度值的 JSON 语句

当然也可以一次输入温度值和湿度值，平台端也能解析，输入格式如下：

```
{
"id":"1",
"version":"1.0",
"params":{"CurrentHumidity":24.30,"AlarmState":1,"CurrentTemper-
ature":63.1},
"method":"thing.event.property.post"
}
```

2）在物联网平台上查看温湿度数据

在物联网平台控制台中，依次选择该设备的"设备"详情→"物模型数据"→"运行状态"，查看温湿度数据。可以看到，在物联网平台显示的温度和湿度数据与软件模拟发布的一样，如图 6.2.17 所示。

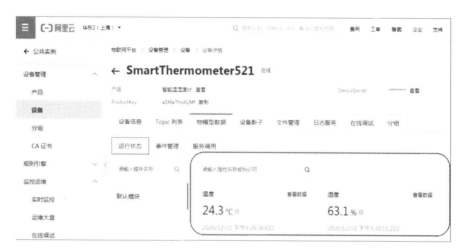

图 6.2.17 在物联网平台查看温湿度数据

6.2.2 知识链接

1. Topic 概述

物联网平台中，服务端和设备端通过 Topic 来实现消息通信。Topic 是针对设备的概念，Topic 类是针对产品的概念。产品的 Topic 类会自动映射到产品下的所有设备中，生成用于消息通信的具体设备 Topic。

2. 产品 Topic 类

为了方便海量设备基于海量 Topic 进行通信，简化授权操作，物联网平台增加了产品 Topic 类的概念。Topic 类是一类 Topic 的集合。例如，产品的自定义 Topic 类"/${YourProductKey}/${YourDeviceName}/user/update"是具体 Topic"/${YourProductKey}/device1/user/update"和"/${YourProductKey}/device2/user/update"的集合。

创建设备后，产品的所有 Topic 类会自动映射到设备上，而无须单独为每个设备创建 Topic，如图 6.2.18 所示。

关于 Topic 类的说明如下。

（1）在 Topic 类中，以正斜线（/）进行分层，区分每个类目。其中，有两个类目为既定类目：${YourProductKey} 表示产品的标识符 ProductKey；${YourDeviceName} 表示设备名称。

（2）类目命名只能包含字母、数字和下划线（_）。每级类目不能为空。

（3）设备操作权限：发布表示设备可以往该 Topic 发布消息；订阅表示设备可以订阅该 Topic 获取消息。

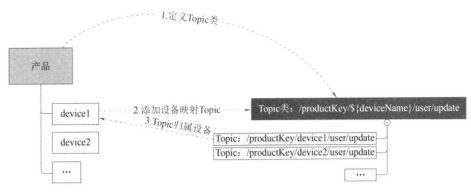

图 6.2.18　Topic 自动生成示意图

（4）Topic 类是一个 Topic 模板配置，编辑更新某个 Topic 类后，可能对产品下所有设备使用该类 Topic 通信产生影响。建议在设备研发阶段设计好，设备上线后不再变更 Topic 类。

（5）产品 Topic 类的订阅操作权限是定义产品（所有设备）对此类 Topic 是否有发起订阅指令（SUB）的权限。订阅（SUB）和取消订阅（UNSUB）都需由设备发起。设备发送 SUB 指令订阅某个 Topic 后，该订阅永久生效；仅在设备发起 UNSUB 指令取消订阅该 Topic 后，订阅才会被取消。

（6）如果需要管控单个设备的消息收发，应在控制台的设备列表页或服务端调用 DisableThing 接口，禁用该设备；或在业务上管控发送给设备的消息。

3. 设备 Topic

产品的 Topic 类不用于通信，只是定义 Topic。用于消息通信的是具体的设备 Topic。

Topic 格式和 Topic 类格式一致。区别在于 Topic 类中的变量＄{YourDeviceName｝在 Topic 中是具体的设备名称。

设备对应的 Topic 是从产品 Topic 类映射出来，并根据设备名称而动态创建的。设备的具体 Topic 中带有设备名称（即 DeviceName），只能被该设备用于消息通信。例如，Topic：/＄{YourProductKey｝/device1/user/update 归属于设备名为 device1 的设备，所以只能被设备 device1 用于发布或订阅消息，而不能被设备 device2 用于发布或订阅消息。

4. Topic 分类

物联网平台将 Topic 分为 3 类，如表 6.2.4 所示。

表 6.2.4　Topic 分类信息表

类别	说明
基础通信 Topic	物联网平台预定义的基础功能通信 Topic，包含： • 固件升级相关 Topic。各 Topic 的用途和消息数据格式，可参见固件升级。 • 设备标签相关 Topic。各 Topic 的用途和消息数据格式，可参见设备标签。 • 时钟同步相关 Topic。时钟同步功能即 NTP 服务，可参见 NTP 服务。 • 设备影子相关 Topic。各 Topic 的用途和消息数据格式，可参见设备影子数据流。 • 配置更新相关 Topic。各 Topic 的用途和消息数据格式，可参见远程配置。 • 广播 Topic。调用云端 APIPubBroadcast 向订阅了该 Topic 的所有设备发送广播消息，实现批量控制设备

续表

类别	说明
物模型通信 Topic	物联网平台预定义的物模型通信 Topic，各物模型功能 Topic 消息的数据格式，可参见设备属性、事件、服务。 说明：在云端，不可调用 Pub 接口向物模型通信 Topic 发送消息。 在云端通过物模型功能远程控制设备，可调用 SetDeviceProperty 或 SetDevicesProperty 设置设备属性值；调用 InvokeThingService 或 InvokeThingsService 设备服务
自定义 Topic	可以根据业务需求，在产品的 Topic 类列表页自定义 Topic 类

5. Topic 通配符

物联网平台支持使用两种通配符，如表 6.2.5 所示。

表 6.2.5　物联网平台通配符信息表

通配符	描述
#	#必须出现在 Topic 的最后一个类目，代表本级及下级所有类目。例如，/a1aycMA ＊ ＊ ＊ ＊/device1/user/#，表示设备 Topic /a1aycMA ＊ ＊ ＊ ＊/device1/user/update 和/a1aycMA ＊ ＊ ＊ ＊/device1/user/update/error
+	代表本级所有类目。例如，/a1aycMA ＊ ＊ ＊ ＊/device1/user/+/error，表示设备 Topic /a1aycMA ＊ ＊ ＊ ＊/device1/user/get/error 和/a1aycMA ＊ ＊ ＊ ＊/device1/user/update/error

通配符可用于以下两种场合：

（1）使用通配符自定义 Topic，实现批量订阅。

（2）编写规则引擎数据流转 SQL 时，指定数据源为一批 Topic。

6.2.3　思考与练习

（1）MQTT.fx 软件的主要功能是什么？

（2）阿里物联网平台上行和下行的通信测试流程是什么？

（3）阿里物联网平台的数据通信的 Topic 主要实现什么作用？

任务 6.3　物联网设备端开发

学习型任务单	任务 6.3　物联网设备端开发

1. 任务描述

　　小陈在平台上能看见设备的数据，但总感觉这不是智能家居产品。李经理解释说："前面是通过软件模拟的设备，只是用来测试物联网平台功能，现在我们将开发板接入物联网平台。"

　　下面就跟随小陈一起开始学习将开发板接入物联网云平台。

续表

学习型任务单	任务 6.3　物联网设备端开发
2. 任务分析 本任务通过物联网开发板的实践，使学员掌握下列内容： （1）物联网开发板的固件下载； （2）物联网开发板的测试方法； （3）物联网云平台的数据查看。	
3. 任务要求 （1）通过学习，掌握以下知识点： 熟悉物联网开发板的固件原理。 （2）通过学习，掌握以下技能点： ● 掌握物联网开发板的固件下载； ● 掌握物联网开发板的测试方法； ● 掌握物联网云平台的数据查看。	
学习总结：	

6.3.1　操作方法与步骤

1. 准备工作

要完成物联网设备开发板和云平台的连接工作，需要准备下面的工具，并连接好开发板和计算机，如图 6.3.1 所示。

联网的计算机　　物联网开发板　　Micro USB线　　相关软件

图 6.3.1　软、硬件清单

2. 物联网平台读取设备信息

在平台端找到对应产品详情页，打开产品证书，如图 6.3.2 所示，并记录下产品密钥。同时，在平台端找到对应的设备详情页，打开"设备证书"对话框，如图 6.3.3 所示，并记录下设备三元组和产品密钥，代码如下：

```
ProductSecret = 6Ck0jaXBKK0IWmSU
ProductKey = a1Ma7HoXLMf
DeviceName = SmartThermometer521
DeviceSecret = 65b14db020fbb069597b411eb96ed3cb
```

图 6.3.2　产品证书

图 6.3.3　"设备证书"对话框

3. 安装编译软件

物联网开发板使用 Keil MDK-ARM，单击 MDK 安装程序，进入安装界面，如图 6.3.4 所示。单击"Next"按钮，勾选同意后继续单击"Next"按钮安装，选择好安装路径并进一步安装，在弹出的页面填写对应信息，继续安装，直到安装完成，过程如图 6.3.5 所示。安装完成后再安装 Keil. STM32L4xx_DFP. 2. 0. 0. pack 包，双击安装即可。

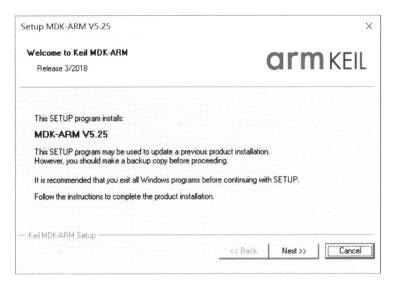

图 6.3.4 MDK 安装界面

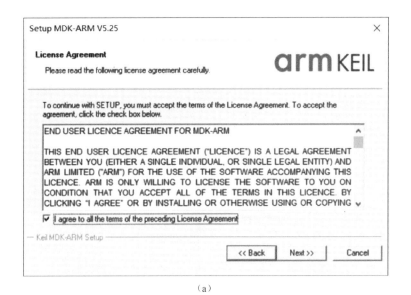

（a）

图 6.3.5 软件安装过程

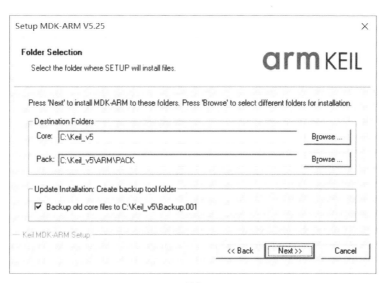

（b）

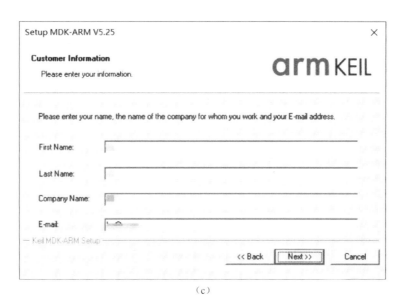

（c）

图 6.3.5　软件安装过程（续）

4. 源代码修改与下载

1）打开源代码工程文件

单击项目工程 everylinked. uvprojx，打开源代码的工程文件，如图 6.3.6 所示。

2）云平台认证信息替换

找到并打开 IoT. h 文件，参照物联网平台读取到的设备信息进行替换，如图 6.3.7 所示。

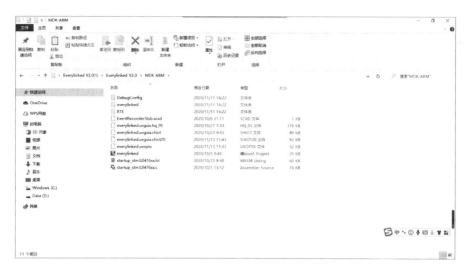

图 6.3.6　源代码工程文件

图 6.3.7　Keil 工程中替换三元组信息

源代码中替换物联网设备三元组有关的信息，替换的源代码如下：

#define PRODUCTKEY " a1Ma7HoXLMf "

#define DEVICENAME" SmartThermometer521"

#define DEVICESECRE"65b14db020fbb069597b411eb96ed3cb"

#define S_TOPIC_NAME" /sys/a1Ma7HoXLMf/SmartThermometer521/thing/
service/property/set "

　　#define P_TOPIC_NAME" /sys/a1Ma7HoXLMf/SmartThermometer521/thing/
event/property/post "

　　3）WiFi 网络信息替换

　　找到并打开 wifi.h 文件，将路由器名称和密码分别和宏定义的 SSID 与 PASS 进行替换，
服务器域名登录也做替换，如图 6.3.8 所示。

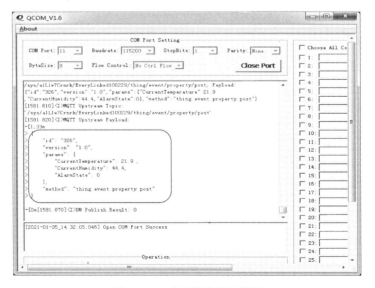

图 6.3.8 Keil 工程中替换网络信息

测试连接网络的名称和密码分别为"hello"和"12345678"，同时物联网云平台的地址与设备的 productKey 有关，替换的源代码为：

```
#define SSID "hello"
#define PASS "12345678"
#define IOT_DOMAIN_NAME " a1Ma7HoXLMf.iot-as-mqtt.cn-shanghai.
aliyuncs.com"
```

同时也可以参考项目 5 的任务 5.2，通过 Debug 口的 AT 命令方式配置 WiFi 模块，来连接 WiFi 网络。

4）编译代码下载并运行

单击 Build 工具按钮或者按 F7 键进行编译，编译成功后单击 Load 工具按钮下载，下载成功后串口输出采集数据，如图 6.3.9 所示。下载成功后复位开发板启动运行。

图 6.3.9 串口输出采集数据

5. 物联网平台查看数据

1）物联网平台端查看设备

在设备管理中打开设备，可以看到智能温湿度设备已经上线了，如图 6.3.10 所示，这说明开发板作为设备已经和物联网平台连接在一起了。

图 6.3.10　设备在线状态

2）查看温湿度实时数据

单击右侧的"查看"，进入设备详情页，选择"物模型数据"选项卡，可以看到物联网设备开发板实际上传到物联网的温度和湿度数据，如图 6.3.11 所示。

图 6.3.11　设备运行状态数据

至此，实现了物联网平台和设备开发板的远程连接，设备开发板将采集到的温湿度数据通过 WiFi 传送到了物联网平台。

6.3.2　知识链接

1. 数据格式概述

使用规则引擎，需要基于 Topic 编写 SQL 处理数据。自定义 Topic 中数据格式由自己定义，物联网平台不做处理。基础通信 Topic、物模型通信 Topic 中的数据格式由物联网平台定义，此时需要根据平台定义的数据格式处理数据。下面讲述基础通信 Topic、物模型通信 Topic 中的数据格式。

2. 设备上、下线状态

数据流转 Topic：/as/mqtt/status/{productKey}/{deviceName}。

通过该 Topic 获取设备的上下线状态。

数据格式如下：

```
{
    "status":"online|offline",
    "productKey":"a112345****",
    "deviceName":"deviceName1234",
    "time":"2018-08-31 15:32:28.205",
    "utcTime":"2018-08-31T07:32:28.205Z",
    "lastTime":"2018-08-31 15:32:28.195",
    "utcLastTime":"2018-08-31T07:32:28.195Z",
    "clientIp":"123.123.123.***"
}
```

设备上下线状态参数如表 6.3.1 所示。

表 6.3.1　设备上下线状态参数表

参数	类型	说明
status	String	设备状态 online：上线 offline：离线
productKey	String	设备所属产品的唯一标识
deviceName	String	设备名称
time	String	发送通知的时间点
utcTime	String	发送通知的 UTC 时间点
lastTime	String	状态变更前最后一次通信的时间 说明：为避免消息时序紊乱造成影响，建议根据 lastTime 来维护最终设备状态
utcLastTime	String	状态变更前最后一次通信的 UTC 时间
clientIp	String	设备公网出口 IP

3. 设备属性上报

数据流转 Topic：/sys/{productKey}/{deviceName}/thing/event/property/post。

通过该 Topic 获取设备上报的属性信息。

数据格式如下:

```
{
    "iotId":"4z819VQHk6VSLmmBJfrf00107e****",
    "productKey":"al12345****",
    "deviceName":"deviceName1234",
    "gmtCreate":1510799670074,
    "deviceType":"Ammeter",
    "items":{
        "Power":{
            "value":"on",
            "time":1510799670074
        },
        "Position":{
            "time":1510292697470,
            "value":{
                "latitude":39.9,
                "longitude":116.38
            }
        }
    }
}
```

设备属性参数如表 6.3.2 所示。

表 6.3.2 设备属性参数表

参数	类型	说明
iotId	String	设备在平台内的唯一标识
productKey	String	设备所属产品的唯一标识
deviceName	String	设备名称
deviceType	String	设备类型
items	Object	设备数据
Power	String	属性名称。产品所具有的属性名称可参见产品的 TSL 描述
Position	String	属性名称。产品所具有的属性名称可参见产品的 TSL 描述
value	根据 TSL 定义	属性值
time	Long	属性产生时间,如果设备没有上报数据,默认采用在云端生成的时间
gmtCreate	Long	数据流转消息产生时间

4. 设备事件上报

数据流转 Topic:/sys/{productKey}/{deviceName}/thing/event/{tsl.event.identifier}/post。

通过该 Topic 获取设备上报的事件信息。

数据格式如下：

```
{
    "identifier":"BrokenInfo",
    "name":"损坏率上报",
    "type":"info",
    "iotId":"4z819VQHk6VSLmmBJfrf00107e****",
    "productKey":"X5eCzh6****",
    "deviceName":"5gJtxDVeGAkaEztpisjX",
    "gmtCreate":1510799670074,
    "value":{
        "Power":"on",
        "Position":{
            "latitude":39.9,
            "longitude":116.38
        }
    },
    "time":1510799670074
}
```

设备事件参数如表 6.3.3 所示。

表 6.3.3   设备事件参数表

参数	类型	说明
iotId	String	设备在平台内的唯一标识
productKey	String	设备所属产品的唯一标识
deviceName	String	设备名称
type	String	事件类型，事件类型参见产品的 TSL 描述
value	Object	事件的参数
Power	String	事件参数名称
Position	String	事件参数名称
time	Long	事件产生时间，如果设备没有上报数据，默认采用云端生成的时间
gmtCreate	Long	数据流转消息产生时间

5. 设备生命周期变更

数据流转 Topic：/sys/{productKey}/{deviceName}/thing/lifecycle。

通过该 Topic 获得设备创建、删除、禁用、启用等消息。

数据格式如下：

```
{
    "action" : "create |delete |enable |disable",
```

```
    "iotId" : "4z819VQHk6VSLmmBJfrf00107e * * * *",
    "productKey" : "a15eCzh * * * *",
    "deviceName" : "5gJtxDVeGAkaEztpisjX",
    "deviceSecret" : "",
    "messageCreateTime":1510292739881
}
```

设备生命周期参数如表 6.3.4 所示。

表 6.3.4　设备生命周期参数

参数	类型	说明
action	String	create：创建设备 delete：删除设备 enable：启用设备 disable：禁用设备
iotId	String	设备在平台内的唯一标识
productKey	String	产品的唯一标识
deviceName	String	设备名称
deviceSecret	String	设备密钥，仅在 action 为 create 时包含
messageCreateTime	Integer	消息产生时间戳，单位为 ms

6. 设备下行指令结果

数据流转 Topic：/sys/{productKey}/{deviceName}/thing/downlink/reply/message。

通过该 Topic 可以获取异步方式下发指令给设备，设备进行处理后返回的结果信息。如果下发指令过程中出现错误，也可以通过该 Topic 得到指令下发的错误信息。

数据格式如下：

```
{
    "gmtCreate":1510292739881,
    "iotId":"4z819VQHk6VSLmmBJfrf00107e * * * *",
    "productKey":"al12355 * * * *",
    "deviceName":"deviceName1234",
    "requestId":1234,
    "code":200,
    "message":"success",
    "topic":"/sys/al12355 * * * */deviceName1234/thing/service/
property/set",
    "data":{
    }
}
```

设备下行指令结果参数如表 6.3.5 和表 6.3.6 所示。

表 6.3.5　设备下行指令结果参数表 1

参数	类型	说明
gmtCreate	Long	UTC 时间戳
iotId	String	设备在平台内的唯一标识
productKey	String	设备所属产品的唯一标识
deviceName	String	设备名称
requestId	Long	阿里云产生和设备通信的信息 ID
code	Integer	结果状态码，说明参见表 6.3.6
message	String	结果状态码信息，说明参见表 6.3.6
data	Object	设备返回的结果。Alink 格式数据直接返回设备处理结果，透传格式数据则需要经过脚本转换

表 6.3.6　设备下行指令结果参数表 2

表 6.3.5 结果状态码		
code	message	说明
200	success	请求成功
400	request error	内部服务错误，处理时发生内部错误
460	request parameter error	请求参数错误，设备入参校验失败
429	too many requests	请求过于频繁
9 200	device not actived	设备没有激活
9 201	device offline	设备不在线
403	request forbidden	由于欠费导致请求被禁止

错误码相应解决办法可参见设备端错误码。

7. 历史属性上报

数据流转 Topic：/sys/｛productKey｝/｛deviceName｝/thing/event/property/history/post。

通过该 Topic 获取设备上报的物模型历史数据。

数据格式如下：

```
{
    "iotId":"4z819VQHk6VSLmmBJfrf00107e****",
    "productKey":"12345****",
    "deviceName":"deviceName1234",
    "gmtCreate":1510799670074,
    "deviceType":"Ammeter",
    "items":{
        "Power":{
            "value":"on",
            "time":1510799670074
        },
```

```
    "Position":{
        "time":1510292697470,
        "value":{
            "latitude":39.9,
            "longitude":116.38
        }
    }
}
```

历史属性上报参数如表 6.3.7 所示。

表 6.3.7　历史属性上报参数

参数	类型	说明
iotId	String	设备在平台内的唯一标识
productKey	String	设备所属产品的唯一标识
deviceName	String	设备名称
gmtCreate	Long	数据流转消息产生时间
deviceType	String	物模型类型，详情参见产品的 TSL 描述
items	Object	设备数据
Power	String	属性名称。产品所具有的属性名称可参见产品的 TSL 描述
Position	String	属性名称。产品所具有的属性名称可参见产品的 TSL 描述
value	根据 TSL 定义	属性值
time	Long	属性产生时间，如果设备没有上报数据，默认采用云端生成的时间

8. 历史事件上报

数据流转 Topic：/sys/{ productKey }/{ deviceName }/thing/event/{ tsl. event. identifier }/history/post。

通过该 Topic 获取设备上报的历史事件数据。

数据格式如下：

```
{
    "identifier":"BrokenInfo",
    "name":"损坏率上报",
    "type":"info",
    "iotId":"4z819VQHk6VSLmmBJfrf00107e****",
    "productKey":"X5eCzh6****",
    "deviceName":"5gJtxDVeGAkaEztpisjX",
    "gmtCreate":1510799670074,
    "value":{
```

```
    "Power":"on",
    "Position":{
        "latitude":39.9,
        "longitude":116.38
    }
},
"time":1510799670074
}
```

历史事件上报参数如表 6.3.8 所示。

表 6.3.8　历史事件上报参数

参数	类型	说明
identifier	String	事件的标识符
name	String	事件的名称
type	String	事件类型，事件类型参见产品的 TSL 描述
iotId	String	设备在平台内的唯一标识
productKey	String	设备所属产品的唯一标识
deviceName	String	设备名称
gmtCreate	Long	数据流转消息产生时间
value	Object	事件的参数
Power	String	事件参数名称
Position	String	事件参数名称
time	Long	事件产生时间，如果设备没有上报数据，默认采用云端生成的时间

6.3.3　思考与练习

（1）开发板的程序成功下载后，LED 屏上会有什么反应？
（2）为什么物联开发板的三元组需要与云平台的一致？
（3）JSON 数据格式中大括号的作用是什么？

拓展与提高

阿里物联网平台是将具有计算、通信和信息感知能力的设备嵌入物品中，然后按照约定的协议把物品与互联网连接起来，进行信息交换和通信，以实现智能化识别、定位、跟踪、监控和管理的一种网络。

本项目学习了物联网平台搭建、测试和连接的操作，当需要使用物联网平台时，请思考以下问题：

    （1）物联网平台支持的设备接入方式有哪些？

    （2）物联网平台提供的设备安全保障有哪些？

    （3）物联网平台除了智能家居外还可以在哪些场景应用？

项目 7

数据平台应用开发

项目情境	智能温湿度计产品已经实现了数据上传到物联网平台的功能，小陈已经能在物联网云平台上看到智能温湿度计的数据。那么接下来如何让用户也能把智能温湿度计应用到生活中，就需要对智能温湿度计的用户界面进行开发，小陈前面已经学习了物联网设备端和平台端的工作，现在对智能温湿度计应用开发也充满了兴趣。 物联网平台提供了应用开发工具，开发工具同时连接了平台端和设备端，帮助完成设备、服务及应用开发，如 Web 页面数据展示、业务逻辑联动、设备协同调试等功能。 让我们跟随小陈一起开始学习物联网平台的应用开发吧。
知识目标	• 理解物联网平台的作用； • 了解物联网平台的可视化 Web 应用流程； • 了解物联网平台的业务逻辑服务设计流程； • 了解物联网平台的设备在线调试流程。
技能目标	• 能在物联网平台进行设备管理； • 能通过配置设备参数来连接物联网平台； • 能在物联网平台上进行可视化 Web 应用设计； • 能在物联网平台上进行业务逻辑设计； • 能在物联网平台上配置虚拟设备完成服务在线调试。

任务 7.1　物联网平台端应用开发

学习型任务单	任务 7.1　物联网平台端应用开发
1. 任务描述 　　物联网平台应用开发工具包含可视化开发工具，可视化开发工具采用了低代码编程的方式进行开发，可以帮助企业高效进行用户界面的搭建。智能温湿度计的应用也会用到这个工具，李经理带着小陈开始熟悉 Web 应用和业务逻辑的开发。 　　接下来我们和小陈一起开始学习如何进行物联网的应用开发吧。	

续表

学习型任务单	任务 7.1　物联网平台端应用开发
2. 任务分析 本任务通过物联网平台的实践，使学员掌握下列内容： （1）物联网平台的可视化 Web 设计； （2）物联网平台的业务逻辑开发。	
3. 任务要求 （1）通过学习，掌握以下知识点： 熟悉物联网平台的可视化和业务逻辑开发原理。 （2）通过学习，掌握以下技能点： ● 掌握物联网平台的可视化 Web 设计； ● 掌握物联网平台的业务逻辑开发。	
学习总结：	

7.1.1　操作方法与步骤

1. 准备工作

准备好阿里云的登录账号，并准备好图 7.1.1 所示的工具。

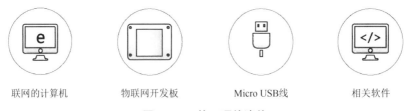

联网的计算机　　　物联网开发板　　　Micro USB线　　　相关软件

图 7.1.1　软、硬件清单

2. 可视化 Web 开发

1）项目创建

在创建 Web 应用之前，需要先完成项目创建。选择基于普通项目来创建可视化 Web 应用。

首先，登录"物联网平台控制台"，在该页面的左侧导航栏单击"相关服务"选项，在右侧单击物联网应用开发的"前往使用"按钮，在"项目管理"页面的"自建项目"

选项区域单击"新建项目"按钮，在弹出的"新建项目"页面，将鼠标移动至新建空白项目区域，并单击"新建空白项目"，如图 7.1.2 所示。

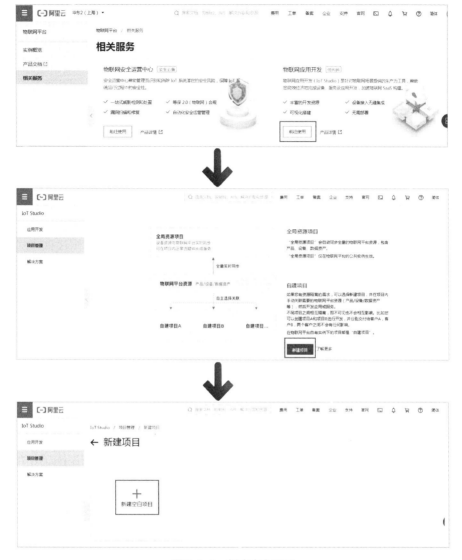

图 7.1.2　新建空白项目

在"新建空白项目"对话框中输入基本项目信息，如图 7.1.3 所示。

注意：参数说明见表 7.1.1。

在"项目名称"文本框中输入"智能家居"，在"描述"文本框中输入"这是一个教学示例。"单击"确认"按钮完成项目创建，创建好的项目页面如图 7.1.4 所示。

图 7.1.3　输入基本项目信息

表 7.1.1　参数说明

参数	说明
项目名称	仅支持中文汉字、英文字母、数字、下划线（_）、连接号（-）、英文圆括号（()），且必须以中文汉字、英文字母或数字开头，长度不超过 30 个字符（一个中文汉字算一个字符）
描述	描述项目。描述长度不超过 100 个字符（一个中文汉字算一个字符）

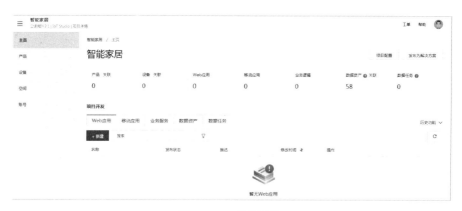

图 7.1.4　项目页面

2）创建 Web 应用

进入"物联网平台"→"相关服务"→"物联网应用开发"页面，单击"前往使用"按钮，进入"IoT Studio"→"应用开发"页面，在"开发工具"模块，单击"Web 可视化开发"，如图 7.1.5 所示。

图 7.1.5   "开发工具"模块页面

在如图 7.1.6 所示的"可视化 Web 应用开发"页面单击新建的空白应用区域，弹出"新建 Web 应用"对话框。

图 7.1.6   "可视化 Web 应用开发"页面

在弹出的"新建 Web 应用"对话框中输入相关配置信息，并单击"确认"按钮，如图 7.1.7 所示。

在"应用名称"文本框中输入"智能温湿计"，在"所属项目"下拉列表框中选中上一步创建的"智能家居"，单击"确定"按钮完成 Web 应用创建，如图 7.1.8 所示。

图 7.1.7　新建 Web 应用配置信息

图 7.1.8　新建 Web 应用配置信息输入

注意：参数说明见表 7.1.2。

表 7.1.2 参数说明

参数	描述
应用名称	设置应用名称。支持中文汉字、英文大小写字母、数字、下划线（_）、连接号（-）和英文圆括号（()）；必须以中文汉字、英文字母或数字开头；长度不超过 30 个字符（一个中文汉字算一个字符）
所属项目	应用所属项目
描述	描述该应用。长度不超过 100 字符（一个中文汉字算一个字符）

Web 应用创建完成后，会自动打开 Web 应用编辑器，如图 7.1.9 所示。

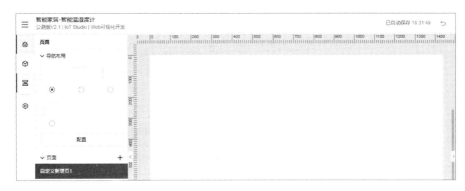

图 7.1.9 Web 应用编辑器

3）搭建 Web 应用

搭建 Web 应用的具体步骤如表 7.1.3 所示。

表 7.1.3 搭建 Web 应用具体步骤

步骤	操作	图示
1	从左侧操作栏切换到"组件"列表界面。	

续表

步骤	操作	图示
2	从左侧"组件"中拖曳一个"文字"组件到画布上，摆放到合适的位置，作为 Web 应用页面的标题。	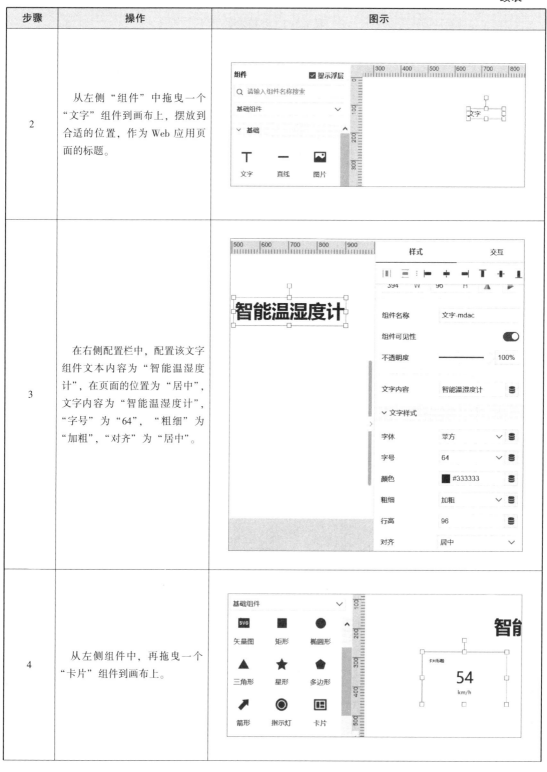
3	在右侧配置栏中，配置该文字组件文本内容为"智能温湿度计"，在页面的位置为"居中"，文字内容为"智能温湿度计"，"字号"为"64"，"粗细"为"加粗"，"对齐"为"居中"。	
4	从左侧组件中，再拖曳一个"卡片"组件到画布上。	

续表

步骤	操作	图示
5	在右侧配置栏中，配置该卡片组件的"标题"为"温度"，"单位"为"℃"。	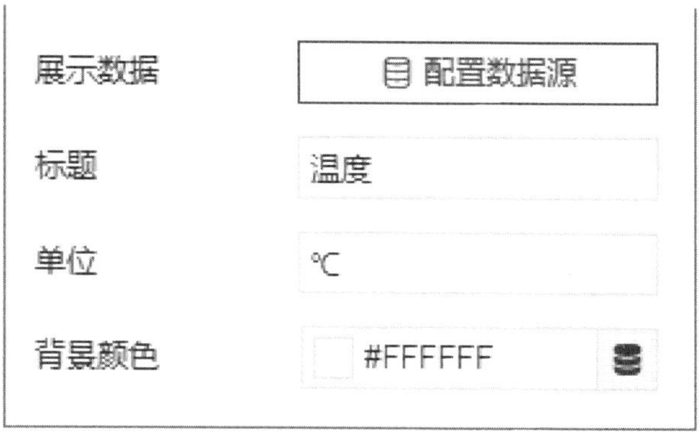 展示数据　　🗐 配置数据源 标题　　温度 单位　　℃ 背景颜色　□ #FFFFFF
6	在右侧配置栏中，再单击"配置数据源"按钮弹出"展示数据-数据源配置"对话框，为卡片组件的温度值显示配置数据源。 首先，数据源类型选择"设备"；然后，单击"关联产品"按钮，打开"产品列表"页面。	 展示数据-数据源配置　　✕ 选择数据源 设备　　　　　　　　　∨ 刷新失败，请检查产品是否已经成功创建或关联 关联产品 刷新列表 确定　取消　　　　　帮助文档
7	在产品列表页面，单击"关联物联网平台产品"按钮，打开"关联物联网产品"对话框。	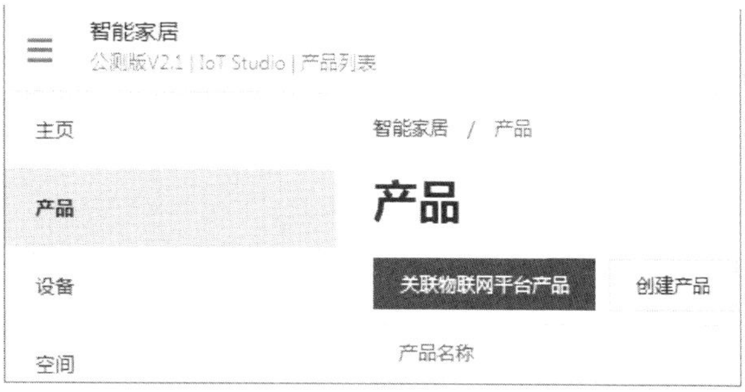 ☰　智能家居 　　公测版V2.1 | IoT Studio | 产品列表 主页　　　　　　智能家居 / 产品 产品　　　　　　**产品** 设备　　　　　关联物联网平台产品　创建产品 空间　　　　　产品名称

步骤	操作	图示
8	在"关联物联网产品"对话框中，首先在产品列表中选择"智能温湿度计"产品；然后在页面左下角选中"关联产品同时关联其下所有设备"；最后在页面右下角单击"确定"按钮。	
9	产品及产品下设备关联成功后，重新切换至 Web 应用编辑器窗口。	
10	在 Web 应用编辑器窗口中重新单击"配置数据源"按钮，弹出"展示数据−数据源配置"对话框，为卡片组件的温度值显示配置数据源，单击"选择产品"按钮，打开产品列表。	

步骤	操作	图示
11	在产品列表中选择"智能温湿度计"产品，单击"确定"按钮，系统返回"展示数据-数据源配置"对话框。	 **选择产品**　✕ 搜索产品　🔍　⟳ 智能温湿度计 产品管理　　确定　取消
12	在"展示数据-数据源配置"对话框中单击"指定设备"按钮，打开设备列表。	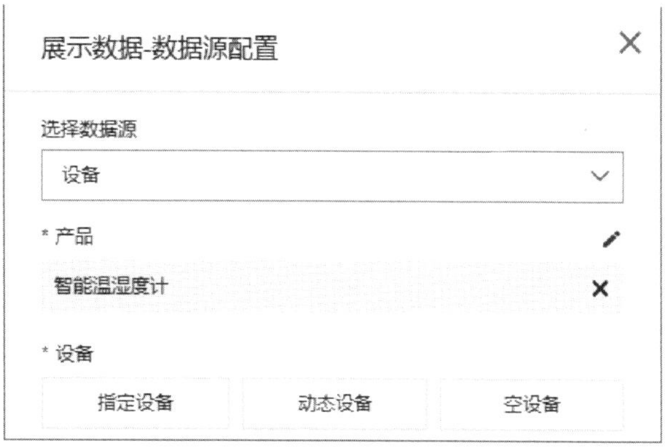 **展示数据-数据源配置**　✕ 选择数据源 设备　　　　　　　　∨ * 产品　　　　　　　　✎ 智能温湿度计　　　　✕ * 设备 指定设备　动态设备　空设备
13	在设备列表中选择设备"SmartThermometer521"，单击"确定"按钮，系统返回"展示数据-数据源配置"对话框。	 **选择设备**　✕ 搜索DeviceName　🔍　⚙　⟳ SmartThermometer521 智能温湿度521号 设备管理　　确定　取消

步骤	操作	图示
14	在"展示数据-数据源配置"对话框中单击"选择属性"按钮，打开设备属性列表。	 * 产品 智能温湿度计 ✕ * 设备 SmartThermometer521 (智能温湿度521号) ✕ 数据项 ⦿ 设备属性 ❓ * 属性 ❓ 选择属性 格式参考　验证数据格式
15	在设备属性列表中选择"温度"属性，单击"确定"按钮，系统返回"展示数据-数据源配置"对话框。	 选择属性 ✕ 搜索属性 🔍 ↻ 温度（FLOAT） 报警状态（BOOL） 湿度（FLOAT） 功能定义　确定　取消

步骤	操作	图示
16	在"展示数据－数据源配置"对话框中单击"确定"按钮，保存数据源"温度"的参数设置。	
17	如果配置成功，卡片组件上将会显示开发板设备上报的温度数值，且卡片组件右侧配置栏中的"展示数据"属性将显示"已配置数据源"字样。	

步骤	操作	图示
18	采用与温度卡片同样的方式，添加好湿度卡片。设置湿度卡片组件的标题为"湿度"，单位为"％RH"，数据源选择设备的"湿度"属性。添加好的湿度卡片效果如右图所示。	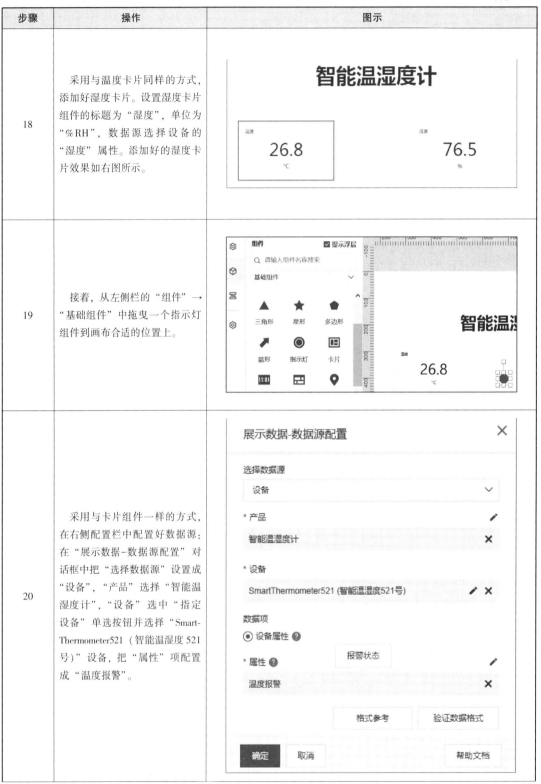
19	接着，从左侧栏的"组件"→"基础组件"中拖曳一个指示灯组件到画布合适的位置上。	
20	采用与卡片组件一样的方式，在右侧配置栏中配置好数据源：在"展示数据-数据源配置"对话框中把"选择数据源"设置成"设备"，"产品"选择"智能温湿度计"，"设备"选中"指定设备"单选按钮并选择"Smart-Thermometer521（智能温湿度521号）"设备，把"属性"项配置成"温度报警"。	

步骤	操作	图示
21	同样地，数据源配置好后，指示灯的"展示数据"右侧将显示为"已配置数据源"。默认地，如果温度正常，指示灯显示蓝色，如果温度异常，指示灯显示黄色。	
22	再拖曳一个文字组件到画布上，用来显示"温度报警"文本，放在指示灯的正上方，该文本组件的配置如右图所示。	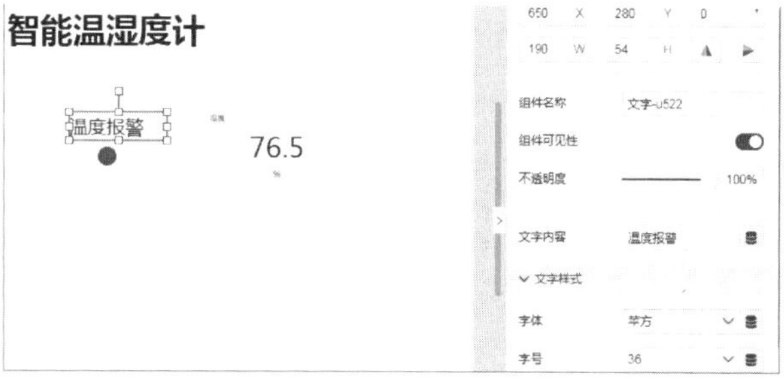
23	接着，从左侧栏的"组件"→"图表"中拖曳一个实时曲线组件到画布合适的位置上。	

步骤	操作	图示
24	在右侧配置栏中，单击"展示数据"项的"配置数据源"按钮弹出"展示数据-数据源配置"对话框，把"模式"项设置成"单设备多属性"，"产品"项设置成"智能温湿度计"，"设备"项设置成"SmartThermometer521（智能温湿度521号）"，"属性"项设置成"温度"和"湿度"，实时数据时间段"近3小时"。	
25	这样，可视化Web应用开发就已完成。最后，单击编辑器页面右上角的"保存"按钮完成保存。	

4）生成 Web 应用

在 Web 应用编辑器页面的右上角提供有"预览"按钮，单击该按钮可生成装载有可视化 Web 应用的网页，如图 7.1.10 所示。

图 7.1.10　编辑器页面预览功能

生成的可视化 Web 应用运行效果如图 7.1.11 所示。

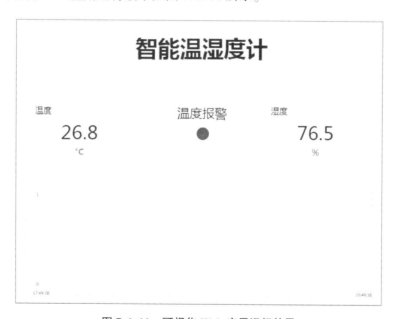

图 7.1.11　可视化 Web 应用运行效果

5）发布 Web 应用

Web 应用编辑完成后，接下来将应用发布到云端，以供使用。单击编辑器页面右上方的"发布"按钮，如图 7.1.12 所示。

在"发布应用"界面中，可以输入当前版本的释放信息，如版本号、新增内容、修复内容等，如图 7.1.13 所示。

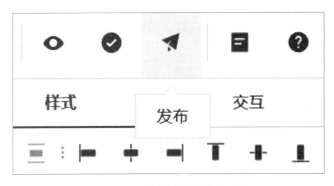

图 7.1.12　编辑器页面发布功能

图 7.1.13　版本信息编辑界面

单击"确定"按钮完成发布动作。发布成功后，将有发布成功的提示界面，如图 7.1.14 所示。

可视化 Web 应用发布完成后，在"IoT Studio"→"应用开发"页面的"Web 应用"选项卡，将能看到处于已发布状态的 Web 应用，如图 7.1.15 所示。

至此，小陈已完成了数据采集可视化 Web 应用开发工作。

3. 业务逻辑开发

小陈将使用阿里云的业务逻辑开发工具继续为温度采集报警功能，实现钉钉群的消息报警。

1）确定设计思路

首先小陈根据任务需求来确定业务服务的设计思路，他打算继续使用物联网平台的"设备管理"→"设备"中的"SmartThermometer521"设备。

图 7.1.14　发布成功提示

图 7.1.15　已发布 Web 应用

在业务逻辑开发工作台创建一个设备触发服务，相关节点说明如表 7.1.4 所示。

表 7.1.4　节点说明

节点	描述
设备触发	获取智能温湿度计上报的温度数据
条件判断	设置触发钉钉机器人发送报警信息的超限温度条件
钉钉机器人	钉钉群中发送报警信息

2）创建业务服务

依次单击"物联网平台"→"物联网应用开发"→"前往使用"按钮，打开 IoT Studio 窗口，选择"项目管理"服务，在项目管理页面，单击已建"智能家居"项目，进入智能家居项目主页，在智能家居项目主页单击"业务服务"选项卡，单击"新建"按钮，如图 7.1.16 所示，在下拉列表框中选择"新建"，打开"新建业务服务"对话框。

图 7.1.16　业务逻辑开发

在"新建业务服务"对话框中配置服务基本信息，如图 7.1.17 所示。在"业务服务名称"文本框中输入"温度采集报警"，在"描述"文本框中输入"这是一个温度采集报警业务服务"。

图 7.1.17　"新建业务服务"对话框

注意：参数说明见表 7.1.5 所示。

表 7.1.5 参数说明

参数	说明
业务服务名称	服务的唯一标识符，在项目下具有唯一性。 仅支持中文汉字、英文字母、数字、下划线（_）、连接号（-）和英文圆括号（（））），且必须以中文汉字、英文字母或数字开头，长度不超过 30 个字符（一个中文汉字算一个字符）
描述	描述服务的用途等信息。长度不超过 100 个字符（一个中文汉字算一个字符）

单击"确定"按钮，业务服务创建成功后，页面跳转到业务服务编辑页面，如图 7.1.18 所示。

图 7.1.18 业务服务编辑页面

3）配置温度采集报警服务

物联网应用开发（IoT Studio）支持拖曳功能节点到画布，并配置节点名称、数据源、参数等，以可视化的方式开发业务逻辑服务。"温度采集报警"业务逻辑服务的配置步骤如下。

（1）在服务列表下，选择要编辑的服务，再单击左侧导航栏中"节点"按钮，如图 7.1.19 所示。

图 7.1.19 服务列表

（2）打开节点功能列表，配置"设备触发"节点。在节点列表中的"触发"页签，拖曳一个"设备触发"节点到画布上，如图 7.1.20 所示。

图 7.1.20　节点触发页签

（3）在画布右侧配置节点名称为"智能温度计"，产品选择为"智能温湿度计"，设备选择为"SmartThermometer521"，上报类型为"属性上报"等，如图 7.1.21 所示。

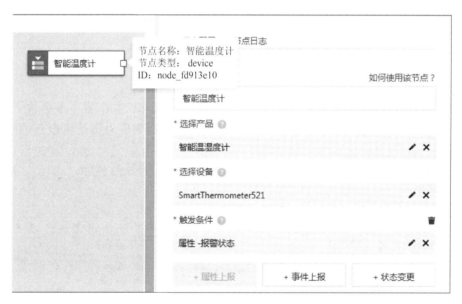

图 7.1.21　设备信息配置

（4）配置条件判断节点。在节点功能列表的"功能"页签，拖曳一个"条件判断"节点到画布上，同时把"智能温度计"节点的右侧锚点与"条件判断"节点的左侧锚点相连，如图 7.1.22 所示。

（5）接着配置条件判断节点。包含条件："智能温度计"设备上报的温度值大于 30 ℃时，条件的配置设置如图 7.1.23 所示。

图 7.1.22　节点功能页签添加条件判断

图 7.1.23　条件判断配置界面

配置完成的条件判断节点如图 7.1.24 所示。

（6）接着从"消息"页签中拖曳一个"钉钉机器人"节点到画布上，同时把"条件判断"节点的右侧上锚点（条件为真时输出信号）与"钉钉机器人"节点的左侧锚点相连，如图 7.1.25 所示。

图 7.1.24 条件判断配置完成

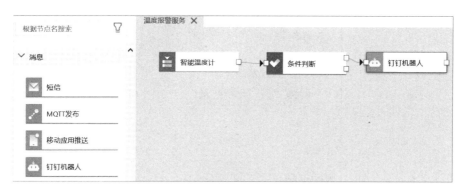

图 7.1.25 条件判断与钉钉机器人相连

（7）使用已有账号，在个人计算机上登录钉钉 PC 版，按照表 7.1.6 所示步骤，获取报警机器人的 Webhook 地址和自定义关键词。

表 7.1.6 获取报警机器人的 Webhook 地址和自定义关键词

步骤	操作	图示
1	单击钉钉 PC 版左上角头像，在弹出菜单中选择"机器人管理"命令。	实习生小王 小王 上班 系统设置 修改头像 修改密码 机器人管理 服务大厅

步骤	操作	图示
2	在"机器人管理"界面，单击底部已经添加的"×××机器人"右侧的设置按钮。	
3	在机器人"设置"对话框中，单击 Webhook 行的复制按钮，复制 Webhook 地址。 自定义关键词：最多可以设置10个关键词，消息中至少包含其中一个关键词才可以发送成功。 例如，添加了一个自定义关键词"设备报警"，则这个机器人所发送的消息必须包含"设备报警"这个词，才能发送成功。	

（8）再配置"钉钉机器人"节点，Webhook 的网址可从钉钉群中"群机器人"菜单中获得。注意：提示文档中的关键词至少要包含一条钉钉机器人设置页面中的"自定义关键词"词条，如"设备报警"，否则钉钉机器人收不到报警信息。完整的节点配置如图 7.1.26 所示。

（9）配置完成后，单击页面右上角"部署"按钮将服务部署到云端，如图 7.1.27 所示。

图 7.1.26　钉钉机器人节点配置

图 7.1.27　服务部署到云端

（10）部署成功后，单击"部署"右侧的"启动"按钮启动服务进行测试，如图 7.1.28 所示。

图 7.1.28　启动测试

（11）测试成功后，就可以单击图7.1.29所示的"发布"按钮正式发布业务逻辑服务了。

图7.1.29 业务逻辑服务发布

发布成功的界面如图7.1.30所示。

图7.1.30 发布成功的界面

7.1.2 知识链接

1. IoT Studio 中项目管理

项目是物联网应用开发（IoT Studio）中多个应用、服务和物联网平台资源（产品、设备、数据资产、数据任务等）的集合。同一个项目内的不同应用或服务共享资源，如产品、设备。不同项目之间的应用、服务和资源都相互隔离、互不影响。

IoT Studio 的项目管理页面提供了两种类型的项目：

①全局资源项目：IoT Studio 默认提供了一个全局资源项目，需要手动创建后使用。该项目已自动同步物联网平台的全量资源。可以在该项目中直接创建多个应用或服务等。

②普通项目：普通项目主要用于提供一个针对客户交付的隔离维度，是开发者自己在IoT Studio 平台中创建的一个包含应用、服务和各种资源的集合。可自定义项目名称，手动关联或新增所需要的资源，并基于该项目创建多个应用或服务等。

全局资源项目创建步骤如下。

（1）登录物联网平台控制台，在左侧导航栏中单击"IoT Studio"→"项目管理"，在

"全局资源项目"下，单击"立即创建"按钮，如图 7.1.31 所示。

图 7.1.31 创建项目

（2）在"创建全局资源项目"对话框中，勾选"我已知晓并同意创建全局资源项目"复选框，如图 7.1.32 所示。

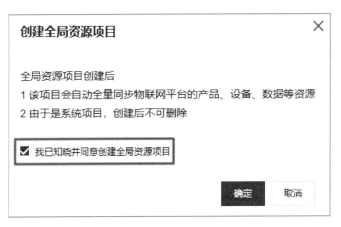

图 7.1.32 提示信息确认

（3）单击"确定"按钮完成创建。成功后，可查看已同步的全局资源信息，如图 7.1.33 所示。

图 7.1.33 资源信息

2. 域名概述

域名全称网站域名，是由一串用点分隔的字符组成的互联网上某一台计算机或计算机组的名称，用于在数据传输时标识计算机的电子方位。域名可以说是一个 IP 地址的代称，目的是便于记忆后者。例如，aliyun.com 是一个域名，和 IP 地址 106.11.253.86 相对应。

域名的核心是域名系统（Domain Name System，DNS），会将域名转化成便于机器识别的 IP 地址。因此，人们可以直接访问 aliyun.com 来代替 IP 地址，这样，人们只需要记忆 aliyun.com 这一串带有特殊含义的字符，而不需要记忆没有含义的数字。

在域名系统的层次结构中，各种域名都隶属于域名系统根域的下级。域名的第一级是顶级域，它包括通用顶级域，如 .com、.net 和 .org；以及国家和地区顶级域，如 .us、.cn 和 .tk。顶级域名下一层是二级域名，一级一级地往下。这些域名向人们提供注册服务，人们可以用它创建公开的互联网资源或运行网站。顶级域名的管理服务由对应的域名注册管理机构（域名注册局）负责，注册服务通常由域名注册商负责。

7.1.3 思考与练习

（1）在物联网 IoT Studio 中新建一个项目，并添加物联网开发板设备。
（2）在物联网平台上新建一个数据 Web 展示界面。
（3）在物联网平台上新增一个湿度报警服务。

任务 7.2 物联网平台端应用联调

智能家居系统
设计—虚拟仿真

学习型任务单	任务 7.2 物联网平台端应用联调
1. 任务描述 智能温湿度计的开发中平台端和设备端同时进行，小陈不清楚它们相互之间如何进行协调。李经理解惑说，"我们可以先通过虚拟设备来调试平台端的功能，然后再通过在线设备调试来进行设备端联调"。接下来就和小陈一起开始学习如何应用联调吧。	
2. 任务分析 本任务通过物联网平台的实践，使学员掌握下列内容： （1）物联网平台的虚拟设备模拟； （2）物联网平台的设备端联调。	
3. 任务要求 （1）通过学习，掌握以下知识点： 熟悉物联网平台的虚拟设备和联调原理。 （2）通过学习，掌握以下技能点： • 掌握物联网平台的虚拟设备模拟； • 掌握物联网平台的设备端联调。	
学习总结：	

7.2.1 操作方法与步骤

1. 准备工作

准备好阿里云的登录账号，并准备好图7.2.1所示的工具。

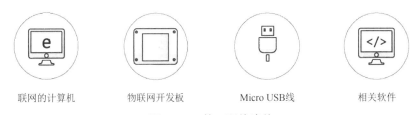

| 联网的计算机 | 物联网开发板 | Micro USB线 | 相关软件 |

图7.2.1 软、硬件清单

2. 虚拟设备模拟

1）启动虚拟设备

登录阿里云物联网平台，进入"物联网平台"→"实例概览"→"公共实例"控制台页面。在物联网平台控制台页面的左侧导航栏，单击"监控运维"→"在线调试"，如图7.2.2所示。

图7.2.2 物联网平台控制台

"在线调试"的功能页面如图 7.2.3 所示。

图 7.2.3 "在线调试"的功能页面

在"在线调试"页面需要先设置好要调试的目标产品和目标设备，在该页面找到"请选择设备"栏，选择产品"智能温湿度计"，然后选择该产品下的设备"SmartThermometer521"，如图 7.2.4 所示。

图 7.2.4 目标"产品–设备"选择

进入"调试虚拟设备"选项卡，如图 7.2.5 所示。

单击"启动虚拟设备"按钮启动虚拟设备，虚拟设备启动后的页面如图 7.2.6 所示。

2）推送一组虚拟数据

因为在前述项目任务中，为"智能温湿度计"产品定义物模型时添加的温度、温度报警、湿度都是属性值，因此在利用虚拟设备上报数据时，需切换到"属性上报"页签，如图 7.2.7 所示。

图 7.2.5　调试虚拟设备

图 7.2.6　虚拟设备启动后的页面

图 7.2.7　"属性上报"页签

在"温度"文本框中输入温度值"26.8"，在"报警状态"下拉列表框中选择"温度正常-0"，在"湿度"文本框中输入湿度值"76.5"，再单击"推送"按钮触发上报一组虚拟数据到云端，如图 7.2.8 所示。

图 7.2.8　虚拟设备属性上报数据输入

3）查看推送结果

一组虚拟数据触发上报后，可在"在线调试"页面右侧"实时日志"下查看虚拟设备上报到云端的数据日志信息。日志信息中包括上报数据的时间戳和具体内容，其中，"params ="后的大括号中的数据为 JSON 格式，从中可以找到刚才触发上报的"Current-Temperature""AlarmState"和"CurrentHumidity"等虚拟数据信息，如图 7.2.9 所示。

图 7.2.9　在线调试实时日志

也可以到"SmartThermometer521"设备的物模型数据中查看云端接收到的情况。

方法一：进入"设备管理"→"设备"页面，如图 7.2.10 所示。

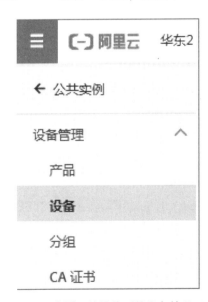

图 7.2.10　查看云端接收到的设备情况（一）

在"设备列表"中找到"SmartThermometer521"设备，单击该设备右侧的"查看"按钮，如图 7.2.11 所示。

图 7.2.11　查看云端接收到的设备情况（二）

进入"SmartThermometer521"设备详情页面，如图 7.2.12 所示。

图 7.2.12　设备详情页面

切换到"物模型数据"选项卡，在该选项卡下可看到刚才触发上报的那组虚拟数据，如图 7.2.13 所示。

图 7.2.13　"物模型数据"选项卡

方法二：单击"调试虚拟设备"→"属性上报"页面底部最右侧的"查看数据"按钮，可以一步跳转到"SmartThermometer521"设备的"物模型数据"页面，如图 7.2.14 所示。

图 7.2.14　物模型数据页面

4）查看应用联调效果

通过虚拟设备上报"温度"值为"28.6"，"报警状态"为"温度正常-0"，"湿度"值为"68"，单击底部"推送"按钮，完成虚拟数据上报，如图 7.2.15 所示。

图 7.2.15　虚拟数据上报

在"物联网平台"→"相关服务"页面，找到"物联网应用开发"服务，如图 7.2.16 所示，单击"前往使用"按钮，打开 IoT Studio 应用开发页面，如图 7.2.17 所示。

图 7.2.16　物联网平台主页面

图 7.2.17　IoT Studio 应用开发页面

在"Web 应用"选项卡中找到名称为"智能温湿度计"的应用，单击"发布地址"启动 Web 网页，如图 7.2.18 所示。

图 7.2.18　智能温湿度计应用发布地址

再切换到可视化 Web 温度报警应用的网页，可看到网页上温度数据的变化和蓝色报警指示灯，如图 7.2.19 所示。

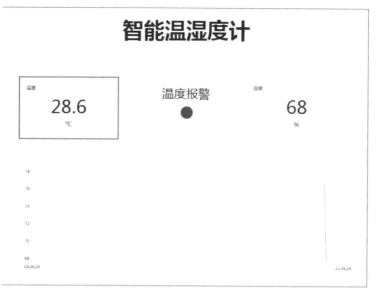

图 7.2.19 设备数据显示

通过虚拟设备上报"温度"值为"28.6","报警状态"为"温度正常-0","湿度"值为"68",最后单击"推送"按钮完成虚拟数据上报。

当调试虚拟设备上报的"温度"值超过"30","报警状态"为"温度异常-1",时，网页上的报警指示灯将亮黄灯，如图 7.2.20 所示。

图 7.2.20 设备报警状态

因为虚拟设备上报的温度值超过阈值 30 ℃，业务逻辑服务也将触发钉钉机器人在其所在的钉钉群中给所有人推送报警信息，如图 7.2.21 所示。

图 7.2.21　报警信息推送

5）关闭虚拟设备

虚拟设备使用完后，记得要把它关闭，不然它会一直处于工作状态。切换页面回到"监控运维"→"在线调试"→"调试虚拟设备"→"属性上报"，单击该页面的"在线"开关，关闭调试虚拟设备，如图 7.2.22 所示。

图 7.2.22　关闭"调试虚拟设备"开关

3. 平台端设备联调

1）在线调试真实设备

"调试真实设备"功能与"调试虚拟设备"功能同在"在线调试"页面下，可以通过前文路径找到"在线调试"页面，如图 7.2.23 所示。

在"在线调试"页面，先选择要调试的设备"智能温湿度计"，再通过"调试真实设备"→"属性调试"来获取开发板上报到物联网云平台的属性值，单击"温度"属性右侧的"调试"按钮旁边的箭头，选择"获取"，即可获取到开发板设备实时上报的温度数据，如图 7.2.24 所示。

图 7.2.23　真实设备在线调试页面

图 7.2.24　在线调试

采用同样的方法，可以调试获取开发板设备上报到物联网云平台的"湿度报警"属性值。

2）可视化应用、业务逻辑服务联调

进入"IoT Studio"→"应用开发"，在"Web 应用"选项卡中找到名称为"智能温湿度计"的应用，单击"发布地址"启动可视化 Web 应用，如图 7.2.25 所示。

接着，根据本项目的前述任务 7.1 中的步骤，配置好开发板设备，使其接入阿里物联网平台。在开发板设备的 LCD 显示屏上将显示温湿度传感器采集到的当前环境的温湿度数值，如图 7.2.26 所示。

然后对比开发板设备 LCD 显示屏上显示的温湿度数值与 Web 应用上的温湿度数值。如果两者完全一致，则证明开发板设备已成功把温湿度数据上报到云端，并在可视化 Web 应用上正确获取和展示。可视化 Web 应用的运行效果如图 7.2.27 所示。

图 7.2.25　启动可视化 Web 应用

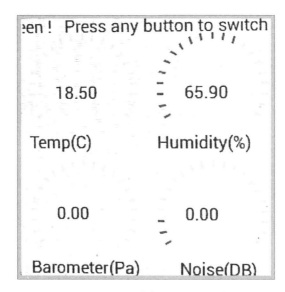

图 7.2.26　开发板 LCD 显示屏

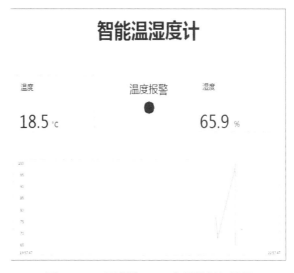

图 7.2.27　可视化 Web 应用的运行效果

　　同样地，当开发板设备的 LCD 显示屏上温度显示超过 30 ℃时，钉钉群中将收到钉钉机器人温度超限的报警信息，证明业务逻辑服务也能正常工作。

7.2.2 知识链接

1. 虚拟设备的作用

物联网平台设备的正常开发流程：设备端开发完成→设备上报数据→云端接收数据→云端开始开发工作。该开发流程战线较长，耗时较久，主要是因为云端的开发调试工作要依赖设备端，只有设备端开发完成了，才能给云端的调试提供数据支撑。为了优化和加快开发流程，阿里物联网平台提供了虚拟设备功能来模拟真实设备产生业务数据供云端开发调试使用，从而让开发团队将设备端开发和云端开发同时开展。虚拟设备是最快体验 IoT Studio 开发能力的一种快捷途径，使用虚拟设备可调试：属性上报、事件上报、属性调试和服务调用，且虚拟设备还支持调试数据格式为透传/自定义的设备。

2. 虚拟设备上报模拟数据

虚拟设备上报模拟数据有两种方式，即推送和策略推送。推送只上报一次数据到云端，而策略推送则根据设置的策略来进行数据上报，分定时推送和连续推送。

定时推送是根据设定的时间进行推送，也只推送一次，如图 7.2.28 所示。

图 7.2.28 策略推送设置的定时推送

连续推送是在起始时间和结束时间内，根据间隔时间反复推送数据，如图 7.2.29 所示。

图 7.2.29 策略推送设置的连续推送

3. 虚拟设备调试项目说明

"调试虚拟设备"选项卡中各个调试项目的操作步骤详细说明如表 7.2.1 所示。

表 7.2.1 各个调试项目操作步骤

调试项目	操作步骤
属性上报	（1）使用虚拟设备上报模拟属性值到云端。 （2）单击"属性上报"。 （3）在属性对应的输入框中输入属性值。 （4）可输入符合属性数据类型和取值范围的值，或使用 random( ) 函数生成随机值。 （5）推送指令。 可选择推送方式如下： ● 推送：立即推送数据。 ● 策略推送：设置推送策略。 ● 定时推送：在设置好的时间推送数据，仅推送一次。 ● 连续推送：在设置好的时间段内，按照固定时间间隔推送数据，时间间隔单位为 s
事件上报	（1）使用虚拟设备上报模拟事件到云端。 （2）单击"事件上报"。 （3）在事件对应的输入框中输入一个模拟输出参数值。 （4）可输入符合事件输出参数数据类型和取值范围的值，或使用 random（ ）函数生成随机值； （5）推送指令。 可选择推送方式如下： ● 推送：立即推送数据。 ● 策略推送：设置推送策略。 ● 定时推送：在设置好的时间推送数据，仅推送一次。 ● 连续推送：在设置好的时间段内，按照固定时间间隔推送数据，时间间隔单位为 s
属性调试	（1）从云端下发设置属性值的指令给设备。设备收到指令后，设置属性值，并将最新属性值上报给云端。 （2）选择"属性调试"。 （3）从调试功能下拉列表框中选择要调试的属性，并选择方法为设置。选择完成后，输入框中将自动显示该属性的数据格式，如{"Temperature":0}。 （4）设置一个属性值，单击发送指令
属性获取	（1）从设备上获取指定属性的值。 （2）选择"属性调试"。 （3）从调试功能下拉列表框中选择要调试的属性，并选择方法为"获取"。 （4）单击发送指令。 说明：调试获取属性时，无须在输入框中输入任何数据。 （5）指令发送成功后，输入框中将显示获取到的最新属性数据。如果设备上没有该属性的数据，则数据为空
服务调试	（1）单击"服务调用"。 （2）从调试功能下拉列表框中选择要调试的服务。 （3）在输入框中输入调用服务的入参，单击发送指令。 （4）输入的服务入参数据，需为标准的 JSON 格式，如{"Switch":0}

7.2.3 思考与练习

(1) 在物联网平台上使用虚拟设备调试的流程是什么？

(2) 通过物联网平台在线调试物联网开发板的流程是什么？

(3) 如何使用虚拟设备触发一次温度报警？

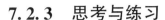

拓展与提高

在物联网世界中有数以亿计的传感设备，这些传感设备时刻都在收集、传输和交换数据，因此，物联网是一个数据的海洋，需要一个强有力的存储平台来满足其应用需求，物联网平台通过物与物之间的互联交换来为用户提供智能化服务。

本项目学习了物联网平台设备接入、应用设计和联调的操作，当需要使用物联网平台连接现场设备时，请思考以下问题：

(1) 物联网平台的主要功能有哪些？

(2) 物联网平台的数据展示方式有哪些？

(3) 物联网平台的虚拟设备联调是否存在风险？